室内环境与健康丛书

健康厨房环境营造
理论与技术

高 军 曹昌盛 著

中国建筑工业出版社

图书在版编目（CIP）数据

健康厨房环境营造理论与技术 / 高军，曹昌盛著.
北京：中国建筑工业出版社，2024.12. -- (室内环境
与健康丛书). -- ISBN 978-7-112-30754-8

Ⅰ. TU241.043

中国国家版本馆 CIP 数据核字第 20256GQ695 号

本书从厨房油烟污染暴露严重健康风险出发，首先实测研究了典型烹饪过程中油烟颗粒源散发强度粒径分布特征、颗粒相多环芳烃（PPAHs）散发强度量化表征及油烟个体吸入暴露水平，实测探究了氧化应激相关的尿液 MDA、8-OHdG 等生物标志物用于评价短期急性油烟暴露的潜力。其次，探究了典型厨房油烟污染现状，梳理了油烟污染通风控制的影响因素及其评价方法，并开展了有组织补风参数化优化研究。最后，从油烟捕集设备性能提升出发，研发了基于 FOC 矢量控制的恒风量吸油烟机产品，揭示了气幕式吸油烟机的"无效射流"-"增强射流"-"破坏射流"机制并明确了其优化设计参数，构思出循环净化一体式吸油烟机油烟高效捕集与净化的技术途径，开发了低阻高效的新型油烟离心分离净化装置，构建了以吸油烟机局部排风源头捕集能力为表征的直接捕集效率指标及其确定方法。

本书涉及室内环境、通风控制、生物学等诸多学科，可供相关专业的研究人员、工程技术人员等参考。

责任编辑：胡欣蕊　齐庆梅
责任校对：芦欣甜

室内环境与健康丛书

健康厨房环境营造理论与技术
高　军　曹昌盛　著

*

中国建筑工业出版社出版、发行（北京海淀三里河路 9 号）
各地新华书店、建筑书店经销
北京科地亚盟排版公司制版
建工社（河北）印刷有限公司印刷

*

开本：787 毫米×1092 毫米　1/16　印张：16¼　字数：382 千字
2025 年 1 月第一版　　2025 年 1 月第一次印刷
定价：**70.00** 元
ISBN 978-7-112-30754-8
(43948)

前　言

随着经济发展和生活水平的提高，人们对健康室内环境质量的关注和需求也不断提升。近 20 年来，我国围绕室内空气污染与控制问题开展了大量研究，推动了室内空气污染控制技术的长足发展，并较好地解决了建筑物装修装饰引起的室内空气污染问题。中式高温爆炒等烹饪过程产生的大量油烟污染逐步成为室内空气污染的一个重要源头，严重影响了室内环境和人员健康。环境品质较差、缺乏健康和舒适保障的空间。大量流行病学研究表明：烹饪油烟已成为肺癌发病率中的一个不可忽视的致病因素，超过 60% 的非吸烟女性肺癌患者长期接触烹饪油烟。此外，烹饪油烟还会对儿童呼吸道疾病和身体正常发育等产生重要影响。

《"健康中国 2030"规划纲要》明确了要加强重点人群（妇幼等）健康服务，加强影响人群健康的室内污染控制。烹饪油烟是住宅室内颗粒物的重要来源，室内通风环境（特别是厨房通风环境）还没有得到足够的重视，烹饪时厨房 PM2.5 平均质量浓度会提升几十倍甚至上百倍。而在实际住宅厨房场景下，厨房空间相对狭小且烹饪过程同时伴随烹饪热羽流、补风扰动气流等多股复杂气流的交互作用，对厨房油烟污染有效控制造成了较大的挑战和困难。可见，厨房油烟污染通风控制问题需要重点关注和深入研究，以期为《"健康中国 2030"规划纲要》提出的形成"有利于健康的生产生活环境"这一目标的实现提供坚实的技术支撑。

基于以上，本书重点围绕厨房油烟污染散发特征与呼吸暴露评价、厨房油烟污染通风控制方法、新型油烟捕集净化设备研发与捕集性能指标科学重构等方面研究成果进行了编写，分为三篇共 12 章。第一篇聚焦油烟污染散发特性与呼吸暴露特征，研究确定了典型中式烹饪油烟颗粒散发强度粒径分布特征与油烟 PPAHs 散发强度特征，实测揭示了中式家庭日常烹饪的人员油烟吸入暴露水平，研究筛选出短期烹饪油烟暴露敏感的生物标志物。第二篇重点研究厨房油烟污染通风控制的气流组织方式及其评价方法，提出了顶棚贴附、橱柜等新型有组织补风方式及其合理化参数水平。第三篇围绕油烟捕集净化设备性能优化，研究提出了吸油烟机恒风量控制技术、气幕式吸油烟机捕集性能提升机理及其合理参数水平、外排＋净化一体式吸油烟机的关键气流配置参数、高效低阻型油烟颗粒离心分离装置结构优化设计方法，并实现部分产品化。上述相关研究成果预期可为厨房油烟污染控制相关领域的发展提供支撑，为厨房油烟污染控制的科研工作者、政策制定者、企业制造商以及关心厨房油烟污染控制技术和厨房健康环境的读者提供参考。

感谢"十四五"国家重点研发计划项目"典型场景室内空气与餐饮油烟污染控制支撑技术及应用示范"（2023YFC3708400）对本书的资助支持。此外，本书部分研究成果来自国家自然科学基金项目（NSFC 50908163、51578387、52208123）。感谢海尔、美的、方太提供的研发支持。感谢课题组简亚婷、陈磊、陈洁、杜博文、童乐棋、吕立鹏、谢午豪、阳帆、吴宇航等研究生为本书成果做出的努力和贡献。感谢侯玉梅、贺廉洁等在本书编辑过程中付出的辛勤工作。

由于编者水平有限，书中难免存在一些问题与不足之处，希望读者多提宝贵意见和建议。

目　录

扫码可看书中部分彩图

（见 ＊ 标记）

第1篇

厨房油烟散发特性与呼吸暴露

第1章 厨房油烟污染物散发特性
第2章 厨房油烟污染物呼吸暴露研究
第3章 厨房呼吸生物标志物指标评价

厨房是住宅内环境品质较差、最缺乏健康和舒适保障的空间。中式烹饪多通过炒、炖、煎、炸等高温加热食物的烹饪方式，常散发大量油烟。大量流行病学研究表明，长期暴露于烹饪油烟可导致严重的健康风险，造成肺癌、呼吸系统疾病、心血管疾病、白内障等疾病患病风险上升。本篇利用实验研究的方法，给出油烟中典型污染物的散发特性与呼吸暴露水平。

（1）以颗粒物与多环芳烃等为主要研究对象，通过实验仪器筛选、实验方法探索，开展加热油烟颗粒粒径分布和源散发强度实验研究，实现源散发强度粒径分布的量化描述。以静态油加热过程为简化的烹饪过程，在标准散发舱内测试油烟颗粒散发的浓度。开展热油阶段和典型烹饪过程颗粒相多环芳烃（PPAHs）散发特性实验研究，实现油烟PPAHs散发强度的量化描述。

（2）开展人员全日空气污染的入户监测。利用厨房固定 PM2.5 质量浓度监测仪 24h 个体随身 PM2.5 质量浓度监测仪进行测试。利用厨房实验舱在受控条件下对油烟暴露进行实验再现，以研究中式家庭日常烹饪期间人员的油烟吸入暴露水平；通过严格控制烹饪方式、烹饪流程、烹饪温度、食材用量和通风条件，在受控条件下测量典型中式烹饪期间人员呼吸区油烟颗粒物浓度。

（3）为寻找对短期烹饪油烟暴露敏感的人体生理指标，测试了多种生物标志物在烹饪油烟暴露前后的变化，以自身对照方式检验其对烹饪油烟暴露的敏感性。还研究了咳嗽和眨眼这两种人体对外界环境刺激做出的防御性反射行为与烹饪期间油烟暴露浓度水平之间的关系，从而判断利用它们作为非侵入式生物标志物评价烹饪油烟暴露的可行性。

第 1 章　厨房油烟污染物散发特性

厨房油烟污染物的成分极为复杂，含各类污染物质多达 300 余种，主要有醛、酮、烃、酯、醇、脂肪酸、芳香族化合物、杂环化合物等。大量流行病学研究表明，长期烹饪暴露于油烟可导致严重的健康风险，造成肺癌、呼吸系统疾病、心血管疾病、白内障等疾病患病风险上升。本章以烹饪油烟中的颗粒物与多环芳烃为主要对象，通过实验仪器筛选、实验方法探索，研究厨房油烟散发颗粒物质量浓度与颗粒物粒径谱、数量浓度，研究热油阶段和典型中式烹饪阶段多环芳烃的散发特性，为后续厨房油烟污染的通风控制提供基础支撑。

1.1　油烟污染成分和理化特性

1.1.1　油烟颗粒物

厨房油烟污染按其物理形态大致可以分为 3 类：第一类为可沉降颗粒，其粒径在 $10\,\mu m$ 以上，此类污染物的自身重力可以克服空气浮力，而后沉降到地面，不会造成持久性污染；第二类为可吸入颗粒，其粒径为 $0.01 \sim 10\,\mu m$，该类污染物的自身重力不能克服空气浮力，在空气中呈漂浮状态而长期存在，对人体具有极大的危害；第三类为气体分子基团，该类物质主要为有机气体污染物，含有多种有毒化学成分，对机体的免疫性、遗传性等存在严重危害。

油烟颗粒物的来源主要是烹饪过程中燃料不完全燃烧以及食用油与食品高温分解的产物。扫描电镜结果显示，油烟颗粒物中含有脂肪酸、烃类、醛酮类、醇类和芳香类等有机物，以及硫酸根、钠离子、钙离子、钾离子、氯离子和镁离子等无机盐粒子；大部分是有机物颗粒物和无机粒子，少部分是有机物和无机盐聚集成的颗粒物和未知成分颗粒物。油烟颗粒物中有机碳占主要成分，占 $68\% \sim 73\%$，与烹饪方式、燃料、食材等有关。无机离子中钠离子、钾离子、钙离子、硫酸根和氯离子占比较高，主要来自食材、食用油、燃料、水和食盐等。在油烟颗粒物中还含有铝、钙、铁、硅等微量元素，甚至含有铅等重金属元素。

1.1.2　油烟气态污染物及典型成分

除颗粒物外，油烟污染物中还有大量的气态污染物，比如燃料燃烧产生的二氧化碳、一氧化碳；食用油和食材在高温下裂解产生的烷烃类、烯烃类、卤代烃类、醛酮类、芳香类、含硫化合物和杂环类化合物等 VOCs（Volatile Organic Compounds）气体。烹饪油烟气态污染物中，烃类污染物中烷烃和烯烃占主要部分，醛酮类污染物中甲醛、乙醛、丙酮、丙醛、丁醛和正戊醛占主要部分。不同的食用油品种产生的油烟气态污染物成分不同，但都含有烷烃、烯烃、醛酮类有机物等。油烟气态污染物中的 VOCs 气体大多具有特殊气味，如烯烃、芳香烃、卤代烃等。

1. 多环芳烃

在众多油烟气态污染物中，多环芳烃（Polycyclic Aromatic Hydrocarbons，PAHs）是一种非常重要的污染物。PAHs 被国际癌症研究机构（The International Agencyfo Research on Cancer，IARC）归为致癌物质，会对人体健康产生不利影响，具有致癌、致突变和致畸形的"三致"效应。PAHs 是指一系列分子中含有两个及两个以上苯环结构的稠环类有机化合物，其种类繁多，迄今已发现超过 200 种。PAHs 具有化学稳定性、持久性、毒性以及长距离迁移的特性，是持久性有机污染物中的一种，备受国际科学界及政府关注。

厨房中的 PAHs 主要来自两方面。一是食用油和食材本身含有的 PAHs 随着加热挥发到空气中；二是食用油和食材中的有机物由于高温产生热解重组形成 PAHs。PAHs 在环境中可以以气态和颗粒态两种形态存在，其中分子量小的 2～3 环 PAHs 主要以气态形式存在，4 环 PAHs 在气态、颗粒态中的分配基本相同，5～7 环的大分子量 PAHs 则绝大部分以颗粒态形式存在。一般大量的 PAHs 吸附或凝并在细颗粒物上，90%～95% 的颗粒相多环芳烃吸附在粒径小于 3.3μm 的颗粒物上。90%～95% 的颗粒相多环芳烃（Particle-Bound Polycyclic Aromatic Hydrocarbons，PPAHs）吸附在粒径小于 3.3μm 的颗粒物上，而且峰值在粒径范围为 400～1100nm 的颗粒物上。

2. 丙烯醛

丙烯醛是最简单的不饱和醛，化学式为 C_3H_4O，分子量为 56.06，在通常情况下是无色透明有恶臭的液体，丙烯醛蒸气有很强的刺激性和催泪性。丙烯醛的熔点为 $-87.7℃$，沸点为 52.5℃，相对密度（水＝1）为 0.84，饱和蒸气压为 28.53kPa（20℃），爆炸限为 2.8%～31.0%，易溶于水、乙醇、乙醚、甲苯、二甲苯等。

烹饪过程中（以油炸土豆条为例）：油脂在高温加热（150℃以上）过程中分解生成脂肪酸和丙三醇，脂肪酸进一步氧化降解或丙三醇进一步脱水均可产生小分子物质——丙烯醛（脂肪酸受热生成的丙烯醛量大于丙三醇受热生成的丙烯醛量），丙烯醛的主要来源是脂肪酸尤其是不饱和脂肪酸的分解；马铃薯中的天冬酰胺高温分解产生氨气，丙烯醛再与氨气作用，最终生成丙烯酰胺（神经毒性和致癌性）。

《美国科学院学报》（*Proceedings of National Academy of Sciences*，PNAS）一篇文章研究表明，在香烟和烹饪油烟中蕴含的丙烯醛是导致肺癌的主要原因之一。丙烯醛可以导致细胞基因突变，并降低细胞修复损伤的能力。在亚洲国家，很多妇女不吸烟也患了肺癌，其主要原因是这些妇女在烹饪时将油加热到很高的温度，从而释放了大量的丙烯醛。

3. 苯并芘

苯并芘是一种由 5 个苯环构成的多环芳烃。基于苯环的稠合位置不同，苯并芘分为两种，苯并［a］（1，2-苯并芘）芘和苯并［e］芘（4，5-苯并芘）。常见的是苯并［a］芘，英文缩写 B［a］P，化学式为 $C_{20}H_{12}$，分子量为 252.31。常温下状态为无色至淡黄色针状晶体（纯品），性质稳定，熔点 178℃，沸点 310～312℃，难溶于水，微溶于甲醇、乙醇，易溶于苯、甲苯、二甲苯、丙酮、乙醚等有机溶剂。

烹饪过程中，熏烤食品时所使用的熏烟中就含有苯并芘等多环芳烃类物质，熏烤所用的燃料木炭含有少量的苯并芘，在高温下有可能伴随烟雾侵入食品中，烤制时，滴于火上的食物脂肪焦化产物热聚合反应，形成苯并芘；熏烤的鱼或肉等自身的化学成分——糖和脂肪，其不完全燃烧也会产生苯并芘以及其他多环芳烃；食物炭化时，脂肪因高温裂解，产生自由基，并相互结合生成苯并芘。高温油炸、油炸过火、爆炒的食品都会产生苯并芘，煎炸时所用油温越高，产生的苯并芘越多。食用油加热到 270℃ 时，油烟中产生的苯并芘增加。300℃ 以上的加热，即便是短时间，也会产生大量的致癌物苯并芘。尤其是当食品在烟熏和烘烤过程中发生焦煳时，苯并芘的生成量将会比普通食物增加 10～20 倍。

苯并芘具有致癌性、致畸性和致突变性，能通过母体经胎盘影响子代，从而引起胚胎畸形或死亡以及幼仔免疫功能下降等。致突变性和致癌性紧密相关，致癌性强的，大多都有较强的致突变性，在 Ames（污染物致突变性检测，简称艾姆斯氏实验，Ames Test，美国加州大学生物化学家艾姆斯等人经多年研究创建的一种用于检测环境中致突变物的测试方法）实验及其他细菌突变、细菌 DNA 修复、姐妹染色单体交换、染色体畸变、哺乳类细胞培养及哺乳类动物精子畸变等实验中，苯并芘均呈阳性反应。苯并芘的毒性具有长期和隐匿的特性，当人体接触或摄入苯并芘后即便当时没有不适反应，但也会在体内蓄积，在表现出症状前有较长的潜伏期，一般为 20～25 年，同时也会使子孙后代受到影响。

1.2　颗粒物散发质量浓度

1.2.1　测试原理及仪器

1. 粒径分布测试仪器

根据被测颗粒性质及测试目标的不同，颗粒物粒径分布的测试方法有很多种，用于测试颗粒的装置和仪器已多达 200 种以上，它们各有特点和适用范围。就目前应用的测试方法来说，按其工作原理可分为以下几大类：筛分法、沉降法、库尔特法、图像法、光散射法等。其中光散射法是目前应用最广泛、技术发展最快、最具优势的测试方法。

（1）筛分法是用一定大小筛孔的筛子将被测颗粒分成两部分，即留在筛面上、粒径较大的不通过量（筛余量）和通过筛孔、粒径较小的通过量（筛过量）。实际操作中，通常按照被测颗粒粒径的大小和分布范围，选用 5～6 个不同大小筛孔的筛子叠放在一起，筛孔较大的在上面，筛孔较小的在下面。被测颗粒则从最上面的一个筛子加入，依次通过各个筛子后即可按颗粒粒径的大小被分成若干档。按操作方法经过规定的筛分时间后，称重并记录各个筛子上的筛余量，即可求得被测颗粒以重量计的颗粒粒径分布。

筛分法的优点是简单直观。缺点较多，如动态测试范围较小，常用于大于 40μm 的颗粒测定；测试速度慢，一次只能测量一个筛余值，不足以反映粒度分布；微小筛孔制作困难；误差大，通常达到 10%～20%；由于团聚作用，小颗粒通过筛孔较为困难；有人为误差，可信度下降。

（2）沉降法是根据颗粒在液体中最终沉降速度来确定颗粒粒径大小的，可以在重力场的作用下作自由沉降（重力沉降法），也可以在离心力的作用下沉降（离心力沉降法），被测试样可以在液柱的表面层加入（线始法），也可将试样均匀地分散在悬浮液体内各处向下沉降（均匀悬浮法）。实际操作时，都不是直接测量颗粒的最终沉降速度，而是测量某一个与最终沉降速度相关的其他物理量，如压力、密度、重量、浓度或光透过率等，从而求得颗粒的粒径分布。用沉降法测定颗粒时，细粉的沉降速度很慢，测定需要很长时间；同时由于受环境温度的影响，超细颗粒的布朗运动以及再凝聚等原因，得不到高的测量精度；由于密度一致性差，不适用于混合物料。重力沉降仪适用于 $10\,\mu m$ 以上的粉体，如果颗粒很细则需要离心沉降。

（3）库尔特法的原理是根据颗粒电阻的变化来表征和测量粒径。电阻的变化是以电压脉冲输出的，每当有一个颗粒经过，相应地输出一个电脉冲，电脉冲的幅值对应颗粒的体积和粒径。因此，对所有测量到的脉冲计数并确定其幅值，即可得到被测试样中颗粒的数目和粒径大小。

库尔特法的优点：分辨率高、测量速度快、重复性好、可以测定颗粒总数、等效概念明确、操作方便等。缺点：动态测试范围小、容易发生堵孔故障、对介质的电性能有严格要求等。

（4）图像法是利用显微镜对颗粒进行成像，然后利用计算机图像处理技术实现颗粒粒度的测定。当颗粒粒径大于 $2\,\mu m$ 时，采用光学显微镜进行成像；当粒径小于 $2\,\mu m$ 时，采用电子显微镜获取颗粒的几何图像信息。

图像法的优点：除了粒度测量外还可以进行一般的形貌特征分析，直观、可靠；既可以直接测量粒度分布，也可以作为其他粒度测试仪器可靠性评判的参考仪器。缺点：操作繁琐、测量时间长（典型时间为 30min）、易受人为因素影响、取样量小、代表性不强，只适合测量粒度分布范围较窄的样品。

（5）光散射法的原理是当入射光照射时颗粒会散射出一定频率的散射光，这种散射光频率与颗粒的粒径有关，对散射光进行相关运算即可得出颗粒的粒度信息。

光散射法是目前应用最广泛的颗粒测试方法，优点：测量范围广，可以测量微米至纳米级的颗粒；可以实现非接触测试，对被测样品的干扰很小，从而减小了测试的系统误差；光散射法中，光电转换元件的响应时间很短，可以实现快速测试；光散射法与计算机配合使用，易于实现测试过程的自动化；重复性好，平均粒径的典型精度可达 1% 以内；操作方便；光散射法可以同时反映颗粒的粒度和形状信息，可以全面表征颗粒的特性，方便开发集粒度、形状为一体的颗粒测试仪器。

表 1-1 所列为上述颗粒物粒径分布测试方法对比。

颗粒物粒径分布测试方法对比　　　　　　　　　　　　　　表 1-1

测试方法	测试原理	测试范围 （μm）	测试时间 （min）	重复性	备注
筛分法	机械分离	大于 45	大于 30	差	不能单独测粒度分布
沉降法	重力沉降	大于 2	大于 30	较差	小颗粒沉降太慢
	离心沉降	0.1～100	大于 30	较差	不适用大颗粒

测试方法	测试原理	测试范围（μm）	测试时间（min）	重复性	备注
库尔特法	电阻计数	0.4～1200	15	较好	不适用宽分布颗粒
光散射法	激光散射/衍射	0.05～2000	小于5	好	操作简单、测试快捷、适用广泛、重复性好、不能测颗粒形状
	动态光散射	0.001～3.5	小于10	好	专门用于纳米颗粒测试

本书颗粒物粒径分布实验所采用的仪器是英国某公司的 Spraytec 激光粒度仪，其工作原理是基于米氏理论的激光衍射理论，Spraytec 激光粒度仪测试原理如图 1-1 所示。由激光发射器 1 发射的一束激光经平行光学透镜 2 扩展形成更宽的平行光束，经过微小颗粒 3 散射后的散射光信号经聚焦透镜 4 聚焦后最终被探测器阵列 5 接收，根据散射角与粒径大小成反比，测出散射角即可得到颗粒的大小；同时，未经散射的平行光经聚焦透镜聚焦后穿过探测器阵列中心的圆孔，由 0 号探测器测出光强，得到激光穿透率Trans。测试到的总散射光信号由以下三个部分组成：电子背景、光学背景、散射光成分，电子背景在激光束尚未开启时被测出并扣除，光学背景在激光束开启、被测颗粒尚未进入测试范围时被测出并扣除，然后就可以得到只是因被测颗粒引起的散射光信号，最后转化成颗粒粒径分布。电子背景包括仪器自身的杂散电流等电子信号；光学背景包括环境中的背景颗粒、光学透镜上的颗粒等引起的散射光信号，以及日光、人工光源引起的散射信号等。另外，厨房油烟源散发浓度比较高，散射光会发生多重散射后被探测器接收，这使得测试过程比较复杂，而 Spraytec 激光粒度仪应用多重衍射运算可以对高浓度颗粒体积分布进行修正，可以很好地解决这一难题。

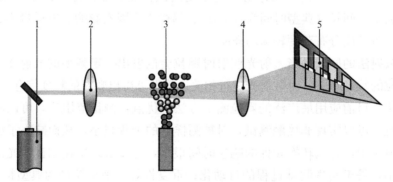

图 1-1　Spraytec 激光粒度仪测试原理

1—激光发射器；2—平行光学透镜；3—微小颗粒；4—聚焦透镜；5—探测器阵列

2. 质量浓度测试仪器

Spraytec 激光粒度仪仅能测试油烟颗粒的体积分布特征，但是油烟颗粒的质量浓度无法得出，因此，本书选择了另一种颗粒物的质量浓度测试仪器，用于测试油烟颗粒的总质量浓度。颗粒质量浓度测试方法包括滤膜称重法、光散射法、压电晶体法、微量振荡天平法、β射线法等。油烟颗粒 PM10、PM2.5 质量浓度通常采用基于光散射原理的气溶胶监测仪进行检测，但需要对气溶胶监测仪的光转换系数进行标定。

如图 1-2 所示为 TSI-8532 型气溶胶监测仪。通过采样泵抽取恒定流量的气体，将环境颗粒物吸入光学室内；利用 90°直角光散射原理，通过脉冲信号的数量和强弱，测量颗粒物的数量和粒径大小，最后计算得到颗粒物质量浓度。TSI-8532 型气溶胶监测仪的测量粒径范围为 0.1～15μm，可测量不同粒径段粒子的质量浓度，分别对应 PM1.0、PM2.5、可吸入微粒、PM10 和总 PM（＜15μm）。采样流量 1.40～3.0L/min，质量浓度范围为 0.001～150mg/m³，采样精度为±5%（内部流量控制），记录间隔为 1s～1h，本实验设置为 1s。

通过 Spraytec 激光粒度仪和 TSI-8532 型气溶胶监测仪的搭配使用，就可以测出厨房油烟颗粒物各粒径分布段散发的质量浓度，从而获得油烟颗粒物的散发强度。

图 1-2　TSI-8532 型气溶胶监测仪

1.2.2　实验方法

1. 实验系统

图 1-3 是厨房油烟污染散发特性研究实验平台（3.5m×1.8m×2.4m）及布局，搭建在大实验室空间内，有一个朝南的外窗，门朝向大空间实验室，与外窗相对。系统包括：高低速两挡风量的吸油烟机一台，电磁炉一台，加热锅一个。

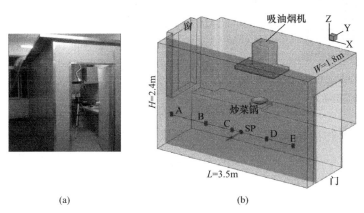

(a)　　　　　　　　　　　　(b)

图 1-3　厨房油烟污染散发特性研究实验平台及布局

（a）实验平台位置；（b）实验平台外形

实验用油：菜籽油、大豆油、橄榄油、花生油、葵花籽油及调和油，表 1-2 所列是实验用油成分。

实验用油成分　　　　　　　　　　　　　　　　　　表 1-2

每 100g 植物油	菜籽油	大豆油	橄榄油	花生油	葵花油	调和油
能量（kJ）	—	—	3778	3700	3700	3700
蛋白质（g）	—	—	0	0	0	0
脂肪（g）	—	100.0	99.9	100	100	100
饱和脂肪酸（g）	15	11.8	15.4	20	13	12

续表

每 100g 植物油	菜籽油	大豆油	橄榄油	花生油	葵花油	调和油
不饱和脂肪酸（g）	85	88.2	84.5	80	87	88
胆固醇（mg）	—	—	0	0	0	0
碳水化合物（g）	—	—	0	0	0	0
钠（mg）	—	—	0	0	0	0

实验仪器：Spraytec 激光粒度仪、TSI-8533 型气溶胶监测仪；测温仪器，Pt100 热电阻（测量油温）及 Fluke Hydra 2635A 便携式数据采集器。

2. 粒径分布实验方法

因烹饪过程的多样性和复杂性，油烟颗粒物散发的稳定性难以控制，所以本书油烟颗粒物粒径谱实验采用静态食用油加热的方法，以实现相对稳定的油烟散发过程。图 1-4 是 Spraytec 激光粒度仪测试油烟粒径分布的实验布局。

图 1-4　Spraytec 激光粒度仪测试油烟粒径分布的实验布局

实验流程：开启 Spraytec 激光粒度仪预热 30min，同时开启门窗及吸油烟机（调至高速挡），使厨房内的颗粒物浓度降低至背景值；然后关闭窗并拉上深色窗帘（光线会影响 Spraytec 激光粒度仪的测试精度，实验需在较暗环境下进行），门开启至近 30°位置处，使厨房有一稳定的补风，吸油烟机工作在高速挡位；接着依次开启电磁炉、Spraytec 激光粒度仪的监测界面，连续监测 2min，采样频率为 1s 每次；实验结束后，完全打开门窗加大厨房的换气次数，快速降低厨房内的油烟颗粒浓度至较低值，然后进行下一组实验工况。每种植物油进行了 15 次实验，每次实验时，电磁炉均处于同一加热挡位，额定加热功率为 1600W；加热油量为 80g，平均油消耗量为 1.12g，标准偏差为 0.148g。

油烟颗粒物粒径分布实验数据统计方法：分析静态油加热过程所产生油烟颗粒物体积分布的统计规律，重复测试得到粒径区间油烟颗粒物体积百分比的均值、标准差，具体定义如式（1-1）、式（1-2）所示：

$$p_i = \frac{1}{n} \sum_{j=1}^{n} p_{i,j} \tag{1-1}$$

$$S.D. = \sqrt{\frac{1}{n-1} \sum_{j=1}^{n} (p_{i,j} - \overline{p_i})^2} \tag{1-2}$$

式中　i——粒径区间；

　　p_i——油烟颗粒物体积百分比；

　$S.D.$——标准差；

　　$p_{i,j}$——某次测试中粒径区间 i 油烟颗粒物的体积百分比；

　　n——重复测试的次数。

3. 散发强度实验方法

散发强度计算原理如下。实验原理示意图对于一个房间，如图 1-5 所示，根据质量守恒原理，可建立如下的质量微分方程：

$$\frac{\mathrm{d}C_{in}}{\mathrm{d}t} = P\alpha C_{out} - (\alpha + k)C_{in} + \frac{S}{V} \tag{1-3}$$

式中　C_{in}——室内的颗粒物质量浓度，mg/m^3；

　　　　C_{out}——室外的颗粒物质量浓度，mg/m^3；

　　　　P——渗透系数无量纲；

　　　　α——房间换气次数，h^{-1}；

　　　　k——沉降速率（衰减率），s^{-1}；

　　　　S——房间内颗粒物的源散发强度，mg/s；

　　　　V——房间有效体积，m^3。

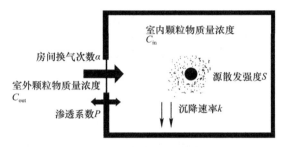

图 1-5　实验原理示意图

对于密闭的厨房且油烟机非工作状态，换气次数 $\alpha = 0$，方程式（1-3）简化为：

$$\frac{\mathrm{d}C_{in}}{\mathrm{d}t} = -kC_{in} + \frac{S}{V} \tag{1-4}$$

实验过程中厨房内的颗粒物浓度存在最大值 C_p，找出最大值对应的时间点 t_p，$t \geqslant t_p$ 时，$S = 0$，求解微分方程式（1-5），得到：

$$C_{in}(t) = \frac{S}{kV}(1 - e^{-kt}) \quad t < t_p \tag{1-5}$$

$$C_{in}(t) = C_p e^{-k(t-t_p)} \quad t \geqslant t_p \tag{1-6}$$

将实验测得的一系列 C_{in} 值取自然对数 $\ln C_{in}$，并随时间 t 进行线性拟合，由方程式（1-6）可知，拟合直线的负斜率即为衰减率 k；将 k 代入方程式（1-5）即可求出颗粒物的源散发强度 S，见式（1-7）：

$$S = kV\Delta C(1 - e^{-kt}) \tag{1-7}$$

根据上述计算原理，油烟颗粒物散发强度实验流程设置如下：开启门窗及吸油烟机（调至高速挡），以降低厨房内的颗粒物浓度至背景值；关闭门窗及吸油烟机；开启 TSI 气溶胶监测仪连续监测 2h，其间开启电磁炉至一恒定挡位加热实验用油 2min（1.5min 开始加热，3.5min 停止加热，同时盖上锅盖并用湿布盖住缝隙阻止油烟溢出）；实验结束后，完全打开门窗加大厨房的换气次数，快速降低厨房内的油烟颗粒物浓度至背景值，然后进行下一组实验工况，每种油进行了 5 组实验，每组实验时，锅放在同一直线上的不同位置，采样点的位置不变。

1.2.3　颗粒物散发体积分布

1. 加热过程油温

油温是油烟散发的一个重要影响因素，油烟散发量随着油温的升高而增加。植物油具有以下几个温度指标：发烟点、闪点、着火点。发烟点是指在避免通风并备用特殊照明的实验装置中觉察到冒烟时的最低加热温度；油脂大量冒烟的温度通常略高于油脂的发烟点。闪点是指油脂释放挥发性物质的速度，可能点燃但不能维持燃烧的温度，即油的挥发物与明火接触，瞬时发生火花，但又熄灭时的最低温度。着火点是指油脂挥发物能被点燃，并能维持燃烧不少于 5s 的温度。植物油的发烟点会因提炼方式不同而有较大差别，一般精炼油的发烟点在 240℃左右，未精炼的油发烟点在 190℃左右；闪点为 320～360℃，着火点为 350～380℃。表 1-3 是实验用油的提炼方式及发烟点。

实验用油的提炼方式及发烟点　　　　　　　　　　　表 1-3

油种	菜籽油	大豆油	橄榄油	花生油	葵花籽油	调和油
提炼方式	压榨	精炼	特级初榨	压榨	精炼	精炼
发烟点（℃）	204	238	191	200	227	—

通过测试，得出 6 种植物油加热 2min 内的油温变化，如图 1-6 所示。结果显示，6 种油的油温变化相似，2min 内最高温度为 216℃，接近植物油的发烟点。

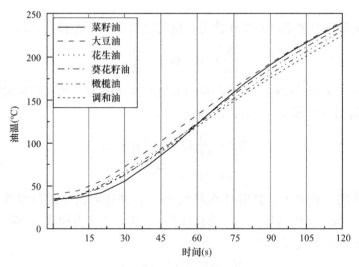

图 1-6　6 种植物油加热 2min 内的油温变化

2. 颗粒物粒径体积分布

本次实验测试了 6 种植物油加热 2min 内油烟颗粒物体积分布及统计平均变化曲线。2min 内油烟颗粒物体积分布的测试值是指：在 120s 内，对 Spraytec 激光粒度仪监测得到每一秒的体积分布进行统计平均，这个统计平均由 Spraytec 激光粒度仪的后处理软件计算出来。统计平均变化曲线是指：对 15 次实验得到的体积分布测试值进行统计平均，可确定油加热过程油烟颗粒物的体积粒径谱。图 1-7 为 2min 内油烟颗粒物体积分布测试值及其平均变化曲线。

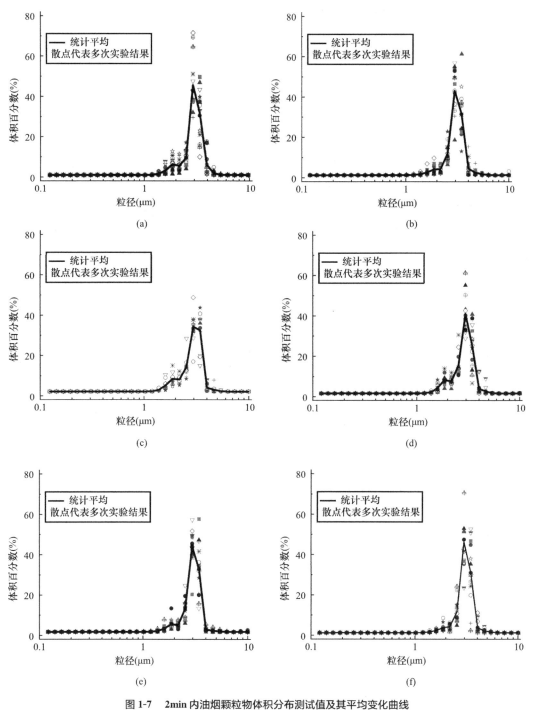

图 1-7　2min 内油烟颗粒物体积分布测试值及其平均变化曲线
（a）菜籽油；（b）大豆油；（c）橄榄油；（d）花生油；（e）葵花籽油；（f）调和油

　　图 1-8 分别给出了 2min 内油烟颗粒物体积分布、数量分布及相应累积分布，较小的置信区间及标准偏差表明实验结果一致性很好。从图中可以看出，每种植物油加热 2min

内的油烟颗粒物体积分布均呈现单峰分布，波峰出现在 1.0～4.0μm 区间；相应地，油烟颗粒累积分布在这区间有突增。这表明：在植物油预加热 2min 阶段，1.0～4.0μm 区间油烟颗粒体积百分数在 PM0.1～PM10 中几乎占 100%，其他粒径油烟颗粒的体积百分数不显著。

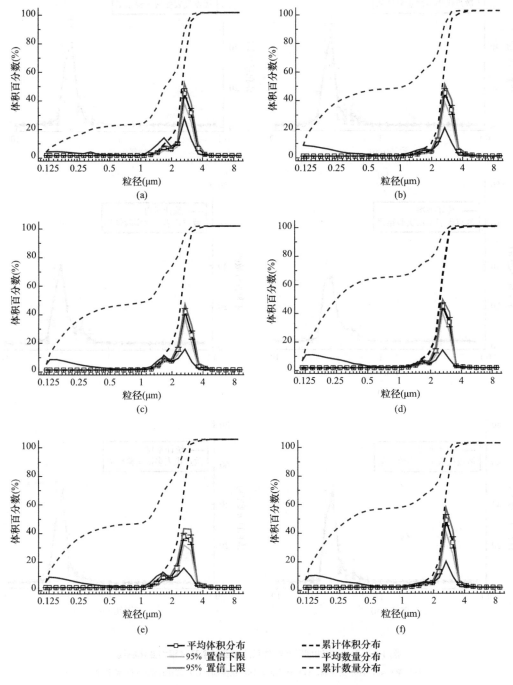

图 1-8　2min 内油烟颗粒物体积分布、数量分布及相应累积分布*

（a）菜籽油；（b）大豆油；（c）花生油；（d）葵花籽油；（e）橄榄油；（f）调和油

图 1-9 给出了 6 种植物油油烟颗粒物的平均体积分布。较小的置信区间及标准偏差表明不同植物油加热产生的油烟颗粒的体积分布有很好的一致性。这表明油烟颗粒的体积分布与油的种类（发烟点、饱和脂肪酸含量、制作方法等）间的关联性很小。

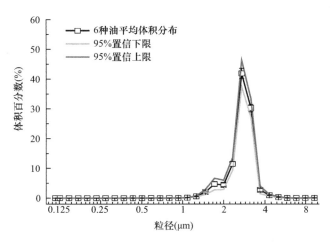

图 1-9　6 种植物油油烟颗粒物的平均体积分布*

1.2.4　颗粒物源散发强度

1. 测试时间的敏感性

在颗粒物散发质量浓度的结果处理中，不同时间长度的线性回归得到的直线会有不同的斜率，即不同的衰减率 k，进而计算得到不同的源散发强度 S，所以应当考虑实验测试时间对衰减率 k、源散发强度 S 的影响，从而选取一个合适的实验测试时间。图 1-10 是 2h 内大豆油 PM10 的质量浓度变化及相关拟合直线。从图中可以看出，峰值浓度出现在 180s，选取了 8 个不同时间长度进行了线性回归，随着时间的增加，线性相关系数 R^2 减小（900s 时，$R^2=0.83$；7200s 时，$R^2=0.36$），负斜率（衰减率 k）亦减小（900s 时，$k=9.2e^{-4}$；7200s 时，$k=2.5e^{-4}$）。

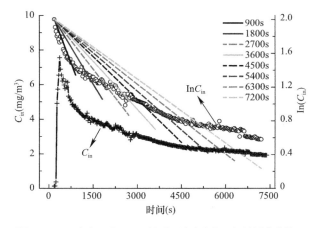

图 1-10　2h 内大豆油 PM10 的质量浓度变化及相关拟合直线*

图 1-11 是衰减率 k 及源散发强度 S 随时间的变化。从图中可以看出，随着时间长度

的增加，衰减率 k 显著减小，而源散发强度 S 变化不大。据式（1-7），分子与分母都随着 k 的减小而减小，使得随时间变化显著的 k 对源散发强度 S 的影响不大。从 900s 到 7200s，源散发强度 S 的最大相对误差为 5.5%，而衰减率 k 的最大相对误差达到 73%。由此可以得出，实验测试时间为 900s 时，足以得到一个可靠的源散发强度 S。

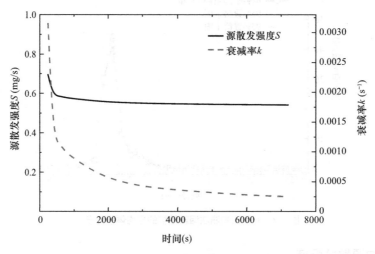

图1-11 衰减率 k 及源散发强度 S 随时间的变化

2. 不同植物油油烟颗粒的源散发强度

图1-12是6种油PM10、PM2.5质量浓度变化曲线，图中横坐标0时刻为实验开始加热时间，误差条为标准偏差。结果显示，6种油的PM10、PM2.5质量浓度变化规律趋于一致，先急剧增加，约在180s时达到最大，随后缓慢下降；每种油的峰值浓度较背景浓度提高了2~3个数量级，但不同种类油的峰值浓度差异很大，橄榄油的PM10峰值浓度最大（30.64mg/m³），葵花籽油的PM10峰值浓度最小（7.428mg/m³），最大值为最小值的4.12倍。

图1-13、图1-14分别为6种油PM10、PM2.5对数浓度 $\ln C_{in}$ 随时间 t 的线性回归直线及其方程，回归直线的负斜率即为油烟衰减率 k。结果显示，同一种实验用油，PM10的衰减率稍大于PM2.5的衰减率，此处油烟衰减主要由油烟颗粒自然沉降引起，重力作用对油烟颗粒衰减的影响比较大，所以PM10的衰减率稍大于对应油烟PM2.5的衰减率。

图1-15为6种油PM10的源散发强度 S 及衰减率 k。从图中可以看出，在同种条件下所得到的6种植物油的源散发强度 S 有显著差异，橄榄油的源散发强度最大（2.302mg/s），葵花籽油的最小（0.543mg/s），最大值为最小值的4.2倍。Buonanno 等研究同样发现：电煎锅在190℃炸50g土豆条和250g奶酪，使用葵花籽油时的油烟散发率最小，使用橄榄油时的油烟散发率最大。因此，对于中式高温烹饪，应当谨慎使用橄榄油和花生油。然而，6种植物油的衰减率 k 相差并不大，平均值为 0.00074s⁻¹，标准差为 0.00011s⁻¹，即（2.66±0.40）h⁻¹。这表明6种植物油加热产生的油烟颗粒有着类似的粒径特性，与油烟散发粒径分布实验所得出的结论相吻合。

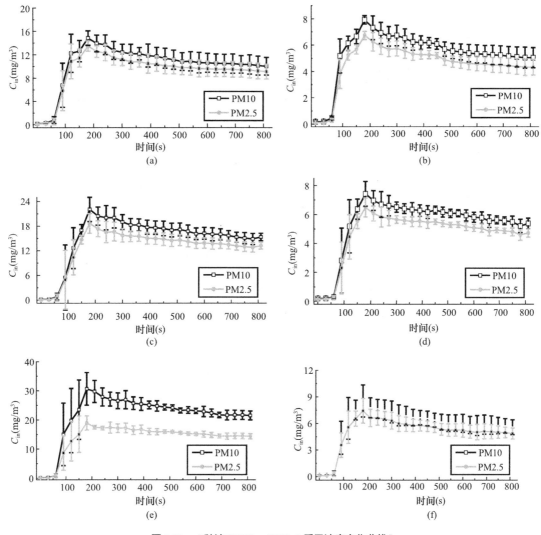

图 1-12　6 种油 PM10、 PM2.5 质量浓度变化曲线*

（a）菜籽油；（b）大豆油；（c）花生油；（d）葵花籽油；（e）橄榄油；（f）调和油

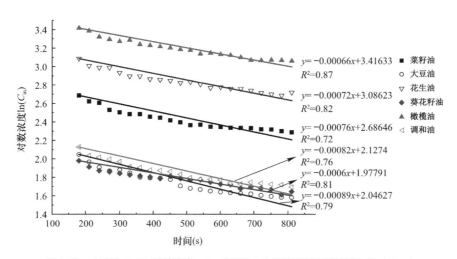

图 1-13　6 种油 PM10 对数浓度 $\ln C_{in}$ 随时间 t 的线性回归直线及其方程（$t > t_p$）

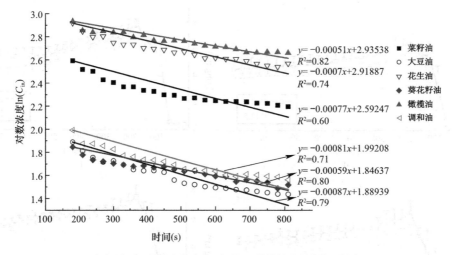

图 1-14　6 种油 PM2.5 对数浓度 $\ln C_{in}$ 随时间 t 的线性回归直线及其方程（$t > t_p$）*

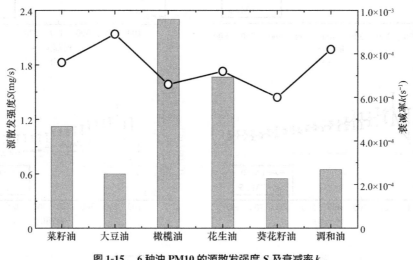

图 1-15　6 种油 PM10 的源散发强度 S 及衰减率 k

3. 颗粒物源散发强度的粒径分布

前述厨房油烟颗粒物体积分布实验及源散发强度实验分别已经得到了油烟颗粒物体积分布和源散发强度，将各种食用油油烟颗粒物的体积分布乘以相应的散发总强度就可以得到相应源散发强度的粒径分布。

图 1-16 为 6 种植物油油烟颗粒物源散发强度粒径分布及累积散发强度。结果显示，$1.0 \sim 4.0 \mu m$ 油烟颗粒物源散发强度近似为总散发强度的 100%，峰值源散发强度对应粒径即为油烟颗粒物体积分布中的峰值粒径 $2.7 \mu m$。6 种植物油油烟颗粒物的峰值源散发强度有显著差异。橄榄油峰值源散发强度最大，为 $0.7878 mg/s$，葵花籽油源散发强度最小，为 $0.2366 mg/s$，最大值为最小值的 3.33 倍。

油烟颗粒物源散发强度粒径分布可作为室内油烟颗粒物动力学计算的初始边界条件。本节计算出来的源散发强度粒径分布与房间体积、换气次数及衰减率这些变量无关。因此，对于室内空气质量模型，相对于利用体积/质量浓度来定义源散发强度，源散发强度粒径分布更具有实用性。

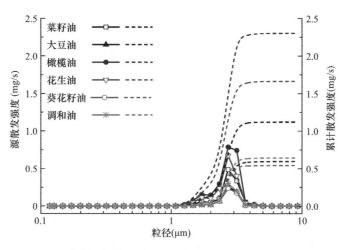

图 1-16　6 种植物油油烟颗粒物源散发强度粒径分布及累积散发强度 *

1.3　颗粒物散发数量浓度

1.3.1　测试原理及仪器

颗粒物数量浓度通常采用凝聚核粒子计数器进行测试。凝聚核粒子计数器有两种计数模式，即单颗粒计数模式（Single-particle-counting Mode）和光度计模式（Photometric Mode）。当气溶胶浓度低于 1000 个/cm³ 时采用单颗粒计数模式，该模式下气溶胶粒子是一颗一颗地进入光学检测区，因此能够检测浓度非常低（0.01 个/cm³）的粒子。当气溶胶浓度高于 1000 个/cm³ 时采用光度计模式，该模式下大量气溶胶粒子同时进入光检测区，然后通过测量粒子总散射光强，获得气溶胶粒子浓度。这两种计数模式的存在，使得凝结核粒子计数器浓度测量范围非常广，从 0.01 个/cm³ 到 10^7 个/cm³。

如图 1-17 为 CPC—3775 型醇基凝聚核粒子计数器，本书实验所使用的颗粒物数量浓度测试仪器是美国 TSI 公司的 CPC—3775 型醇基凝聚核粒子计数器（Condensation Particle Counter，CPC）。其工作原理是基于光的散射原理，气溶胶流经加热并充满饱和正丁醇蒸气的腔体内，然后经过冷却装置，超饱和正丁醇蒸气会凝结在气溶胶的表面并使其粒径增大到微米量级，增大后的颗粒通过激光束，其散射光将产生一个脉冲信号并被光电二极管探测到，从而实现对小至纳米级尺寸颗粒物的计数。

CPC—3775 型醇基凝聚核粒子计数器能够测量较宽的浓度范围（在 $0\sim10^7$ 个/cm³ 的范围内保证高精确性检测），可实现最小至 4nm 粒径尺寸颗粒的计数。测量范围小于 5×10^4 个/cm³ 时，采样精度为 ±10%；测量范围小于 10^7 个/cm³ 时，采样精度为 ±20%。CPC—3775 型醇基凝聚核粒子计

(a)　　　　　　　　　(b)

图 1-17　CPC—3775 型醇基凝聚核粒子计数器

（a）计数器外形；（b）计数器位置

数器同时具有单粒子计数和光度模式计数两个模式。在单粒子计数模式下，检测器对每个粒子通过感应区时产生的单个脉冲进行计数。在这种单粒子计数模式中提供连续、实时的重合校正，使测量精度最大化。在任何时刻，CPC—3775 型醇基凝聚核粒子计数器通过检测感应区中所有颗粒散射的总光线并将散射光的强度与校准水平（光度模式）进行比较来测定颗粒物数量浓度。

1.3.2 实验方法

图 1-18 是油烟颗粒物数量浓度测试实验台，搭建在同济大学济阳楼厨房油烟污染控制实验室内。油烟颗粒数量浓度的测量全部在该标准化的圆柱锥顶散发舱（半径 0.8m、高 0.75m，材料为耐高温的不锈钢）内进行，其可实现烹饪油烟颗粒物的完全捕集。排风量利用排风管上的喷嘴测得，根据微压计喷嘴前后静压差，由式（1-8）计算。

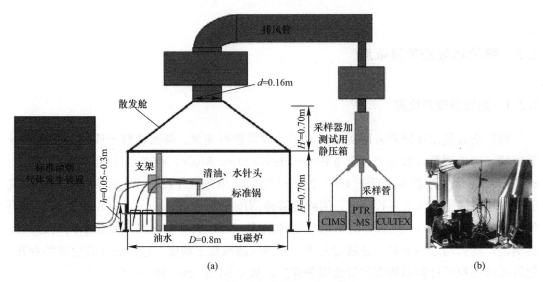

图 1-18   油烟颗粒物数量浓度测试实验台

(a) 实验台原理；(b) 实验台位置

CIMS—质量浓度测试仪；PTR-MS—数量浓度测试仪；CVLTEX—组分分析测试仪

通过单个喷嘴的流体流量按下式计算：

$$Q = 3600CA\sqrt{\frac{2\Delta p}{\rho}} \tag{1-8}$$

式中　Q——通过喷嘴的流量，即排风量，m^3/h；

C——喷嘴流量系数，根据雷诺数 Re 在喷嘴样本中查出；

A——喷嘴喉部面积，m^2；

Δp——喷嘴前后的静压差，Pa；

ρ——喷嘴喉部的流体密度，kg/m^3。

与散发质量浓度及粒径分布实验方法一致，本书采用静态油加热方式作为简化的烹饪过程来实现一个稳定的油烟散发。本实验选择测试 4 种植物油的加热油烟颗粒源散发率，并确定了一个相对稳定的可控散发工况。本次实验用油为花生油、菜籽油、大豆油及葵花籽油，油量均为 300mL。

实验流程：首先设置加热装置上油温的最终稳定温度为 260℃，并开启散发舱的离心风机，调整风阀开度，改变喷口前后静压差，计算排风量，使之维持在 300m³/h。接着开启门、窗和各监测仪器，运行风机 60min，降低散发舱的环境背景浓度至相对稳定值；随后开启加热装置（和搅拌器），从 25℃左右室温加热食用油，至第 4min 时加热到260℃后继续加热 10min。关闭加热装置。在实验的 14min 内利用 CPC—3775 型醇基凝聚核粒子计数器记录油烟颗粒物的数量浓度值，散发实验重复 3 次。

1.3.3　颗粒物数量浓度

1. 不同种类油品

图 1-19 是热油过程 4 种植物油 0.04μm 以上颗粒物数量浓度变化曲线，图中横坐标的 0 时刻对应实验开始加热的时间，误差条为标准偏差。结果显示，4 种食用油颗粒物数量浓度的变化规律趋于一致，先急剧增加，约在 460s 时达到最大，随后缓慢下降；但不同种类油的峰值浓度有显著差异，颗粒物数量浓度的峰值浓度按油品排序为花生油＞菜籽油＞大豆油＞葵花籽油，花生油的峰值浓度最大，为 $9.19×10^4$ 个/cm³，葵花籽油的峰值浓度最小，为 $4.17×10^4$ 个/cm³，最大值为最小值的 2.2 倍。在实验过程中，确实发现加热花生油时，油烟散发量明显比其他几种植物油要多。因此，对于中式高温烹饪，应当谨慎使用花生油，推荐使用葵花籽油等油烟颗粒散发量小的油品。

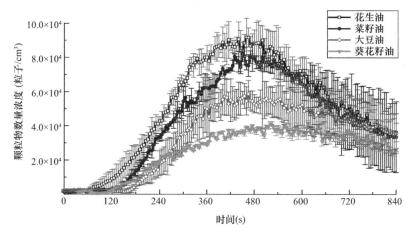

图 1-19　热油过程 4 种植物油 0.04μm 以上颗粒物数量浓度变化曲线[*]

2. 花生油加热动态油温和数量浓度

油烟颗粒数量散发强度可作为计算厨房空间的油烟颗粒物分布及呼吸暴露的重要初始边界条件，在前述实验基础上，本书选定相对不利的花生油作为散发源进一步研究。图 1-20 是实验过程的控制油温、锅内（外）壁温变化，结果显示，前 4min 内迅速从环境温度加热到 260℃，然后降低到 250℃左右的稳定温度。锅内（外）壁温的变化趋势几乎相同，在前 4min 内迅速达到较高温度后，缓慢增加。

图 1-21 是花生油热油过程油烟颗粒物浓度曲线，与图 1-22 温度曲线趋势大体一致，说明油烟颗粒的散发随温度的升高而增强。图中给出了三组重复性实验相应的标准差，

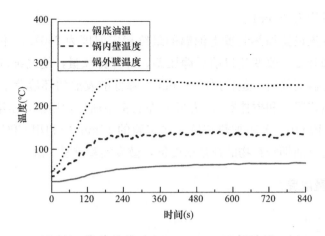

图 1-20　实验过程的控制油温、锅内（外）壁温变化

可以看出实验重复性及稳定性很好。$0.04\,\mu m$ 以上油烟颗粒物数量浓度和 PM2.5 质量浓度曲线均呈单峰分布。随着锅温不断上升，颗粒物数量浓度不断攀升，且在第 185s 达到峰值，约 1.45×10^5 个/cm^3；PM2.5 质量浓度在第 250s 达到峰值，为 $5247.52\,\mu g/m^3$。颗粒物浓度峰值出现的时间早于温度峰值，其下降趋势比温度曲线的下降趋势大。数量浓度和质量浓度的峰值时间有偏移，质量浓度的峰值时间靠后，这可能是由于热油过程中大粒径颗粒物出现时间比小粒径颗粒物要晚，而大粒径颗粒物对总粒子质量浓度贡献较大，因此质量浓度的峰值时间会后移。

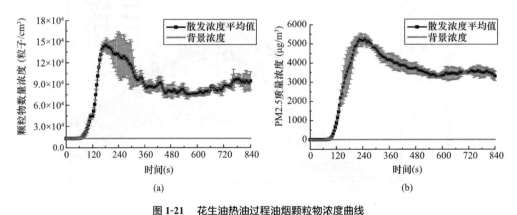

图 1-21　花生油热油过程油烟颗粒物浓度曲线

（a）$0.04\,\mu m$ 以上颗粒物数量浓度曲线；（b）PM2.5 质量浓度曲线

3. 花生油加热过程颗粒物源散发强度

颗粒物源散发强度由体积浓度法得来，即将图 1-21 中实验测得的颗粒物浓度值乘以油烟机排风量 $300m^3/h$，花生油热油过程油烟颗粒物源散发强度如图 1-22 所示。颗粒物源散发强度的变化规律和浓度一样。花生油加热过程数量散发强度峰值为 1.21×10^{10} 个/s，PM2.5 质量散发强度峰值为 $437.293\,\mu g/s$。在整个油加热过程中颗粒物源的累积散发量分别为 5.93×10^{12} 个/s 和 $228.97mg$。油烟颗粒物源散发特性可用作数值模拟的浓度释放边界条件对厨房空间内油烟颗粒物的分布及烹饪个体的暴露进行进一步的预测、研究。

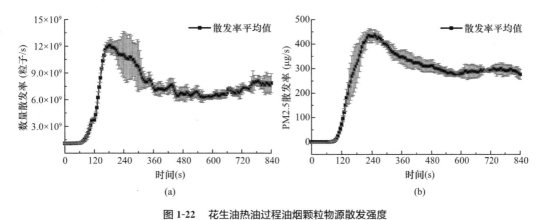

图 1-22　花生油热油过程油烟颗粒物源散发强度

(a) 0.04 μm 以上颗粒物数量散发强度；(b) PM2.5 质量散发强度

1.4　多环芳烃散发特性

1.4.1　测试原理及仪器

目前广泛采用的分离多环芳烃 PAHs 的方法有高效液相色谱法（HPLC）、气相色谱法（GC）、毛细管电泳分析法（HPCE）、气相色谱/质谱法（GC/MS）、薄层扫描分析法、荧光光度法、超临界流体色谱法（SFC）。即使采用现代化的分析仪器，这些技术仍是极为重要的纯化分离方法，尤其是样品成分比较复杂时，必须先用这些方法对样品进行分离后方可进行仪器分析。

（1）高效液相色谱法（HPLC）是近 30 年来发展起来的一项新的仪器分析技术，该技术具有速度快、灵敏度高的特点。现已逐步应用于物质分析的许多方面。利用高效液相色谱法（HPLC）测定环境中的 PAHs，效果良好。回收率和重现性符合痕量分析要求，特别适用于环境中化合物的轮廓分析。

（2）气相色谱法（GC）是以气体为流动相的色谱法，按固定相的聚集状态分为气-固色谱（GSC）及气-液色谱（GLC），按柱的粗细不同分为一般填充柱和毛细管柱两种色谱法，毛细管柱的主要优点是分离效率大大提高。可用 GC 测定的 PAHs 至少已有 20 多种。缺点是操作比较复杂，使用高压气作为流动相，有一定的危险性，且对测定物质的理化特性有一定要求。GC 适用于低沸点、易气化、热稳定性好的化合物的分析，而熔点高、极性大、不易挥发、对热不稳定的 PAHs 则峰形差、保留时间长、有时甚至不易出峰，对于这类物质一般需先进行衍生化，增加挥发性和热稳定性，减少吸附，提高检测灵敏度。

（3）气相色谱/质谱法（GC/MS），近年来色质联用技术日渐成熟。质谱法的优点就是可在多种有机化合物同时存在的情况下对其进行定性定量分析，尤其适合于 PAHs 分析。在一些发达国家，GC/MS 已成为常规的 PAHs 分析监测手段，成为定性及定量分析最得力的工具。

（4）毛细管电泳分析法（HPCE），毛细管电泳是色谱和电泳相结合的分离分析技术。毛细管电泳技术具有以下四个特点：高效率，理论塔板数高，柱子长，且进样端和检测端都无死体积，因此柱效高；高灵敏度，毛细管电泳分离后，用激光诱导荧光检测法（Lm）和安培型电化学检测法（EC），均可达到检测精度至 10mol/L，甚至可检测精度达到 1mol/L，即可达到几十个至几个分子及单细胞检测，故 HPCE 称为分子光谱的"指纹识别法"；高速度，使用细内径（25～75mm）的毛细管，它具有电阻高，能使用高的电场（100～500V/cm），高电场的应用提高了分离效率，缩短了分离时间，通常只需几十秒至几十分钟内就可完成分离，芯片式 CE 则更快，能以秒计算；易实现高自动化，毛细管是目前自动化程度最高的分离分析方法之一。所需的进样少（可少到 1μg，消耗体积在 1～50mL），运行成本低，应用范围广，几乎可以分离除挥发性和难溶物之外的各种物质。

（5）薄层扫描分析法是分析研究中最常用的分离手段，薄层层析是层析分离中应用最为普遍的方法之一，20 世纪 70 年代以后随着薄层扫描仪的发展，其在有机化学物质测定中日益受到重视，其灵敏度可达纳克水平。薄层层析分离效率高，不易受溶剂和杂质的干扰，其缺点是线性范围较窄、操作技术要求较高。

（6）荧光光度法是利用部分物质受紫外光或可见光照射激发后，能发射出比激发光波长更长荧光的原理测试的。荧光的产生是由于一些化学物质能从外界吸收并储存能量（如光能、化学能等）而进入激发态，当其从激发态再恢复到基态时，过剩的能量可以以电磁辐射的形式放射（即发光）。荧光发射的特点是：可产生荧光的分子或原子在接受能量后即刻引起发光；而一旦停止供能，发光（荧光）现象也随之在瞬间内消失。物质的激发光谱和荧光发射光谱，可以用作该物质的定性分析。荧光分析法的灵敏度一般较紫外分光光度法或比色法高，浓度太大的溶液会有"自熄灭"作用，以及由于在液面附近溶液会吸收激发光，使发射光强度下降，导致发射光强度与浓度不成正比，故荧光分析法应在低浓度溶液中进行。荧光分析法因灵敏度高，故干扰因素也多。溶剂不纯会引起较大误差，因此应先做空白检查，必要时，应用玻璃磨口蒸馏器蒸馏后再用。

（7）超临界流体色谱法（SFC）以超临界流体作为色谱流动相，能通过调节压力、温度、流动相组成多重梯度，选择最佳色谱条件。SFC 既综合了 GC 与 HPLC 的优点，又弥补了它们的不足，可在较低温度下分析分子量较大、对热不稳定的化合物和极性较强的化合物。可与大部分 GC、HPLC 的检测器联用，还可与红外（FTIR）、MS 联用，极大地拓宽了其应用范围。许多在 GC 或 HPLC 上需经衍生化才能分析的有机化合物，都可用 SFC 直接测定。

以上 PAHs 测试方法都有各自的优点，但是它们都存在一个共有的缺点：实际操作过程繁琐、耗时长，无法实时获得实验数据。本书测试对象为烹饪油烟中的颗粒相多环芳烃（PPAHs），采用的是另一种工作原理的监测方法。

本次实验所采用的仪器是 PAS2000CE 多环芳烃（PPAHs）监测仪，其工作原理是亚微颗粒物上吸附的 PAHs 光电电离，测试原理图如图 1-23 所示。颗粒物本身并不能被电离，因其表面凝结或吸附有一层 PAHs，而 PAHs 易被电离。准分子灯光源发射 UV 光束，使颗粒物表面的 PAHs 发生电离作用。粒子释放出光电子，使得自身带正电荷。在绝缘滤膜上收集颗粒物，并测量滤膜上收集的电流信号（分辨率 1fa）。电荷量就直接反映了 PAHs 的量，由 PAHs 传感器可以测量得到。

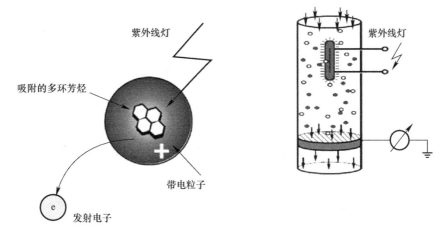

图 1-23　PAS2000CE 多环芳烃监测仪测试原理图

1.4.2　实验系统及方法

1. 实验烹饪方式

与颗粒物散发质量与数量强度实验类似，本实验同样选择热油过程进行油烟 PPAHs 散发特性的测试，油品选择大豆油；另选择两种家常菜肴（炒青菜和油爆虾），并严格规定了食材准备过程及烹饪操作流程，实验过程用油及食盐等调料保持使用同一品牌。

炒青菜：分别称量 3 份叶片部分大小约 3cm×3cm 的小青菜，每份 250g。将锅洗净擦干，量取大豆油 20g，称量盐 2g。将锅放在电磁炉上，打开电磁炉 210℃温度挡，加热油 1min，然后将小青菜放入锅中，翻炒 1min，加盐，继续翻炒 1min，关火，出锅，倒入盘中。

油爆虾：将剔除过的虾分别称量 3 份，每份 200g。将锅洗净擦干，量取大豆油 20g，称量盐 3g，酱油 5g，食用水 5g。将锅放在电磁炉上，打开电磁炉 210℃温度挡，加热油 1min，然后将虾放入锅中，翻炒 1min，加酱油 5g 及水 5g，加盐，加上锅盖焖 1min，打开盖子，继续翻炒 1min，关火，出锅，倒入盘中。

图 1-24 为烹饪完毕的两个典型中式菜肴。

2. 通风法

通风实验装置安装在同济大学厨房油烟污染控制实验室内，如图 1-25 所示为烹饪油烟 PPAHs 散发特性通风法实验装置，该装置由电磁炉（带有 7 个温度调节挡，输入功率为 2.10kW）、带锅盖的铸铁锅、锅铲、离心风机、排风管、左右两边带挡板的排风

(a)　　　　　　　(b)

图 1-24　烹饪完毕的两个典型中式菜肴

(a) 炒青菜；(2) 油爆虾

罩组成。油烟 PPAHs 的浓度利用 PAS2000CE 多环芳烃监测仪测量。测温仪器分别为

铜-康铜热电偶（测量厨房内的环境温度）、Pt100 热电阻（测量油烟热羽流温度）及 Fluke Hydra2635A 便携式数据采集器、FLIR 红外热成像仪（测量锅温）。考虑烹饪实验过程中锅铲不断翻动，无法用热电偶测量锅温，将锅面简化为锅底和锅边两个部分，利用 FLIR 红外热像仪测试获得烹饪过程中菜和锅的平均温度。PPAHs 浓度及油烟热羽流温度的采样监测点都设置在距离排风罩出口 10cm 处的排风管内。

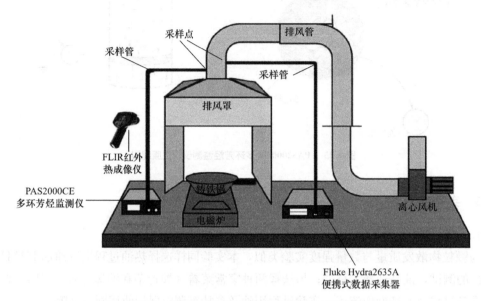

图 1-25　烹饪油烟 PPAHs 散发特性通风法实验装置

由于离心风机的排风量大，因此油烟到达排风管时可近似认为油烟在此处已经充分混合均匀。如式（1-9）所示，由排风管入口处测得的油烟 PPAHs 浓度值乘以离心风机的排风量即可获得烹饪过程中油烟 PPAHs 的散发强度。

$$E_m = C_n \times G \tag{1-9}$$

式中　E_m——油烟 PPAHs 散发强度，ng/s；

　　　C_n——实验测得油烟 PPAHs 的质量浓度值，ng/m³；

　　　G——离心风机风量，实验中测得为 734m³/h。

实验流程：同时开启门、窗及离心风机 45min，降低厨房环境背景浓度。然后关闭厨房实验室门，保持左半窗和离心风机开启，使厨房有一稳定的补风；按照标准化流程烹饪实验所选菜肴。在实验的过程中利用 PAS2000CE 多环芳烃监测仪测量记录烹饪过程中油烟 PPAHs 的浓度值。实验结束后，完全打开门，加大厨房的换气次数，快速降低厨房内的油烟颗粒浓度至较低值，然后进行下一组实验。每个菜肴重复实验三次。

3. 衰减法

衰减法的计算原理与本书 1.2 节颗粒物散发质量浓度一致。如图 1-26 所示为厨房油烟暴露实验室内部监测点及外部示意图。实验装置包括一台电磁炉、一个铸铁锅、一个锅铲。实验用仪器为 PAS2000CE 便携式多环芳烃监测仪，采样点设置在图中离外窗 1.45m，离地 1.0m，离灶台对面墙体 0.4m 位置的 P 点。

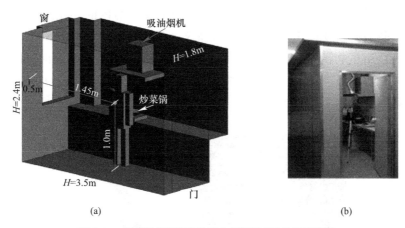

图 1-26　厨房油烟暴露实验室内部监测点及外部示意图

(a) 实验室外形；(b) 实验室位置

实验流程：同时开启门、窗及吸油烟机 45min，降低厨房环境背景浓度，然后关闭厨房实验室门、窗及吸油烟机。按照标准化操作流程烹饪实验所选菜肴，烹饪结束后，关闭电磁炉，盖上铸铁锅锅盖将其转移到实验室外，任油烟颗粒在实验室内自由沉降一段时间（炒青菜 7min、油爆虾 6min）。实验过程中打开 PAS2000CE 多环芳烃监测仪记录烹饪过程中油烟 PPAHs 的浓度值 10min。实验结束后，完全打开门、窗，加大厨房的换气次数，快速降低厨房内的油烟颗粒浓度至较低值，然后进行下一组实验。每个菜肴重复实验三次。

4. 羽流浓度法

羽流浓度法实验在大空间实验室内进行。笔者搭建了如图 1-27 所示的羽流浓度法实验装置。实验装置包括：一台电磁炉、一个铸铁锅、一个采样管支架。实验仪器包括：PAS2000CE 多环芳烃监测仪、FLIR 红外热成像仪。

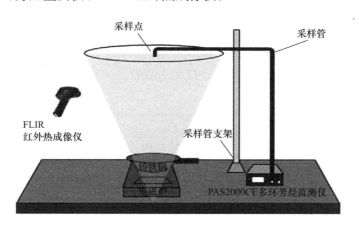

图 1-27　羽流浓度法实验装置布局图

实验流程：将采样管固定在支架上，采样点放置在距离铸铁锅平底面 $H = 1.4$m 高处，采样点正下方依次摆放一个铸铁锅及一台电磁炉。在采样点下利用铸铁锅按照标准化烹饪流程烹饪实验菜肴，在烹饪过程中利用 PAS2000CE 多环芳烃监测仪记录油烟

PPAHs 浓度值。测温仪器分别为铜-康铜热电偶（测量厨房内的环境温度）、Pt100 热电阻（测量油烟热羽流温度）、FLIR 红外热成像仪（测量锅温）。考虑烹饪实验过程中锅铲不断翻动，无法用热电偶测量锅温，如图 1-28 所示测量的两部分锅表面温度：第一部分锅底温度，第二部分锅边温度。将锅面简化为锅底和锅边两个部分，利用 FLIR 红外热像仪测试获得烹饪过程中菜和锅的平均温度。

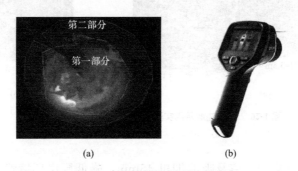

图 1-28   测量的两部分锅表面温度

(a) 锅表面温度；(b) 实验所用的 FLIR 红外热像仪

如图 1-27 所示，中式烹饪过程中油烟散发过程近似铸铁锅平底面受电磁炉加热后对流散热时形成的热射流。热射流是当热物体和周围空间有较大温差时，通过对流散热把热量传给相邻空气，周围空气受热上升而形成的。对热射流观察发现，在离热源表面 $(1\sim2)$ B（热源直径）处（通常在 $1.5B$ 以下）射流发生收缩，在收缩断面上流速最大，随后上升气流逐渐缓慢扩大。可以将它近似看作是从一个假想点源以一定角度扩散上升的气流。虚拟点源位于铸铁锅平底面下方。在 $H/B=0.9\sim7.4$ 的范围内，在不同高度上热射流的流量为：

$$L_z = 0.04Q^{\frac{1}{3}}Z^{\frac{3}{2}} \tag{1-10}$$

式中 Q——热源的对流散热量，kJ/s；

Z——虚拟点源至断面的距离，m。

$$L_z = H + 1.26B \tag{1-11}$$

式中 L_z——热射流的流量，m^3/s；

H——热源至计算断面距离，m；

B——热源水平投影的直径或边长尺寸，m。

热源的对流散热量可由直接计算法和间接计算法两种理论计算方法得到。直接计算法为正向考虑锅底平面散热问题，直接计算热源表面与周围空气的对流换热过程中散发的热量值，可按照式（1-12）～式（1-14）计算。

$$Q = hF\Delta t \tag{1-12}$$

$$h = Nu\frac{\lambda}{d} \tag{1-13}$$

$$Nu = 0.15 \times (GrPr)^{\frac{1}{3}} \tag{1-14}$$

式中　Q——对流换热量，J/s；

　　　h——对流放热系数，J/(m² · s · ℃)；

　　　F——热源的对流放热面积，m²；

　　　Δt——热源表面与周围空气温度差，℃；

　　　Nu——努谢尔数；

　　　Gr——格拉晓夫数；

　　　Pr——普朗特数；

　　　λ——空气的导热系数，W/(m · ℃)；

　　　d——铸铁锅平底面直径，m。

间接计算法即通过计算烹饪油烟热空气的得热量 Q，计算公式如下。

$$Q = cm\Delta t \tag{1-15}$$

式中　c——热空气的比热容，1.0133×10^3 J/(kg · K)；

　　　m——热空气的质量流量，kg/s；

　　　Δt——空气与周围空气温度差，℃。

烹饪油烟 PPAHs 的散发强度等于距离铸铁锅平面 H 高处的采样点采集的油烟 PPAHs 浓度值 C_n 乘以理论计算得到的体积流量 L_Z，如式（1-16）。

$$E_m = C_n \times L_Z \tag{1-16}$$

式中　E_m——油烟 PPAHs 散发强度，ng/s；

　　　C_n——实验测得油烟 PPAHs 的质量浓度值，ng/m³；

　　　L_Z——理论计算的热射流体积流量，m³/s。

1.4.3　热油阶段多环芳烃散发特性

1. 实验工况设置

热油实验分别针对加热温度和加热油量对油烟 PPAHs 散发特性影响的研究，共设置两个不同的实验对照组，大豆油加热过程油烟 PPAHs 实验工况如表 1-4 所列。第一组案例 1、案例 2 针对加热温度进行研究：改变实验加热温度挡，两组的加热油量都为固定的 85g。第二组针对加热油量进行研究：改变实验加热油量，案例 3 油量为 40g，案例 4 油量为 60g，两组的加热温度挡相同。每组实验各重复 3 次，案例 3（案例 4）、案例 1、案例 2 的改变加热温度，分别为高、中两挡。

大豆油加热过程油烟 PPAHs 实验工况　　　　　　　　　表 1-4

对照组	工况编号	加热温度	加热油量（g）
温度	案例 1	电磁炉高挡	85
	案例 2	电磁炉中挡	85
加热油量	案例 3	电磁炉高挡	40
	案例 4	电磁炉高挡	60

2. 油温与多环芳烃浓度

图 1-29 是不同加热温度挡下油温和 PPAHs 浓度测试结果。两图中较小的标准差说

明实验的重复性很好，误差在可接受范围内。从图 1-29(a) 可以看到案例 1 和案例 2 的温度曲线都呈现单峰分布，案例 2 的温度值大于案例 1 的温度值，这和案例 1 的温度挡是 160℃、案例 2 的温度挡是 180℃相符合。案例 1 的温度和案例 2 的温度峰值都出现在第 210s。相应的，案例 1PPAHs 浓度和案例 2 的 PPAHs 浓度值也都呈现单峰规律，案例 1 的峰值浓度为 198ng/m³，出现在第 140s；案例 2 的峰值浓度为 281ng/m³，出现在第 120。案例 2 的峰值浓度大于案例 1 的峰值浓度，且出现时间更早。PPAHs 浓度峰值出现时间早于温度峰值出现。在 PPAHs 达到浓度峰值后，骤然下降。本组实验可以得到：加热油温越高，油烟 PPAHs 出现峰值的时间越早，峰值浓度越大。

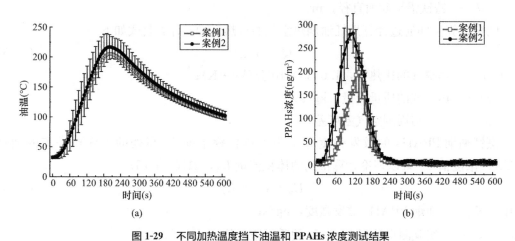

图 1-29　不同加热温度挡下油温和 PPAHs 浓度测试结果

(a) 案例 1 和案例 2 油温变化曲线浓度曲线；(b) 案例 1 和案例 2 油烟 PPAHs

　　不同加热油量下油温和 PPAHs 浓度测试结果如图 1-30 所示。其中，图 1-30(a) 是案例 3 和案例 4 的油温变化曲线，图 1-30(b) 是相应的油烟 PPAHs 浓度曲线。两图的标准差说明实验的误差都在可接受范围内。案例 3 的温度曲线和案例 4 的温度曲线呈现出单峰分布规律，温度峰值出现在第 180s。而案例 3PPAHs 浓度值和案例 4 的 PPAHs 浓度值也呈现出单峰的规律，案例 3 的峰值质量浓度为 97.75ng/m³，出现在第 140s；案例 4 的峰值浓度为 115.33ng/m³，出现在第 150s。案例 4 的峰值浓度大于案例 3 的峰值浓度，但案例 3 的峰值浓度出现的时间更早。同样地，油烟 PPAHs 浓度峰值出现的时间早于温度峰值出现的时间。在达到浓度峰值后，油烟 PPAHs 骤然下降。其下降趋势比温度曲线的下降趋势大。由此可以得到加热油量越大，油烟 PPAHs 的峰值浓度出现时间越迟，出现峰值浓度越大的规律。

　　3. 多环芳烃散发强度

　　油烟 PPAHs 的散发强度由体积浓度法得来，将实验测得的油烟 PPAHs 浓度值乘以排风量 0.2m³/s 即可求出散发量。图 1-31 分别给出了大豆油加热过程油烟 PPAHs 散发强度曲线。案例 1 的散发强度和案例 2 的散发强度曲线呈现单峰分布规律，案例 3 的散发强度和案例 4 的散发强度也呈现单峰分布规律。案例 1 的峰值散发强度为 39.6ng/s，出现在第 140s；案例 2 的峰值散发强度为 55.8ng/s，出现在第 110s；案例 3 的峰值散发强度为 19.55ng/s，出现在第 70s；案例 4 的峰值散发强度为 23.07ng/s，出现在第 80s。

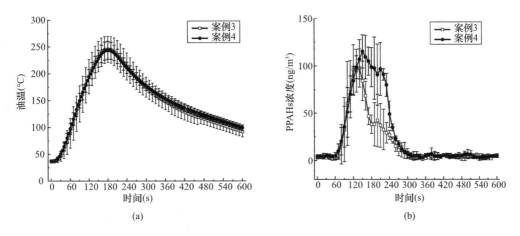

图 1-30　不同加热油量下油温和 PPAHs 浓度测试结果

(a) 案例 3 和案例 4 油温变化曲线；(b) 案例 3 和案例 4 油烟 PPAHs 浓度

由此得出以下结论：在相同油量下，加热温度越高，油烟 PPAHs 散发强度越大，峰值散发强度出现时间越早、浓度越大；在相同加热温度下，加热油量越多，油烟 PPAHs 散发强度越大，峰值散发强度出现的时间越晚、浓度值越大。四个案例的油烟 PPAHs 累积散发量分别为 4218ng、6183ng、2258ng、3217ng。相关研究发现：燃烧一支普通香烟，烟气中总的多环芳烃含量约为 100ng，上述四个案例热油过程中散发 PPAHs 的累积散发量分别约相当于燃烧 42 支、62 支、23 支和 33 支香烟烟气中的 PPAHs 含量。

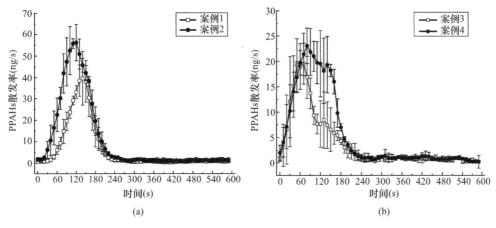

图 1-31　大豆油加热过程油烟 PPAHs 散发强度曲线

(a) 案例 1 和案例 2 油烟 PPAHs 散发强度；(b) 案例 3 和案例 4 油烟 PPAHs 散发强度

1.4.4　实际烹饪多环芳烃散发特性

1. 通风法散发特性

图 1-32 所示是两种烹饪菜肴锅温曲线。锅底温度随着实验操作的进行在不断地变化：前 60s 内，炒青菜和葱爆肉的锅底温度曲线都在不断地攀升，而且两个菜肴的温度趋势趋于一致。这是因为在第 1min 内的热油阶段中，锅内的油量相等，都为 20g，且电磁炉的温度挡都开在炒菜模式的 210℃挡。热油阶段结束，锅底温度达到最大值 250℃左

右。在第 60s 食材入锅后的瞬间，锅底温度骤然下降。在之后烹饪过程中，锅底温度又呈现上升趋势。平均温度为 100～150℃。这时油爆虾的锅底温度高于炒青菜的锅底温度。这可能是由于炒青菜的过程中锅内会产生水分，而油爆虾的烹饪过程中水分比较少的缘故。相比于图 1-32(a)，图 1-32(b) 锅边温度的变化比较单一，呈现稳定上升的趋势。温度范围为 20～80℃。

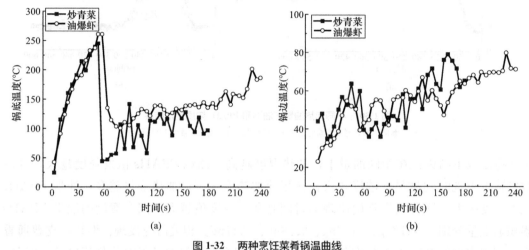

图 1-32　两种烹饪菜肴锅温曲线
(a) 第一部分锅底温度；(b) 第二部分锅边温度

图 1-33 是两种烹饪菜肴通风法油烟 PPAHs 质量浓度。图中给出了每个菜肴三组重复性实验相应的标准差，可以看出，炒青菜、油爆虾这两个菜肴实验重复性和一致性都很好。结果显示，炒青菜油烟 PPAHs 浓度曲线呈单峰分布，油爆虾油烟 PPAHs 浓度曲线呈双峰分布。烹饪的第 1min 内，随着锅温不断上升，炒青菜、油爆虾的 PPAHs 浓度值不断攀升，而且趋于一致。如图 1-32 所示，这可能是由于第 1min 内两种菜的锅温变化趋势一致所造成的。烹饪的第 2min 里，两种菜散发的 PPAHs 浓度值都达到了各自的峰值。炒青菜的峰值浓度为 167.30ng/m³，出现在第 70s，这个阶段是青菜下锅后的第 10s，与大豆油已经进行了充分的混合及反应。油爆虾的峰值浓度为 560.00ng/m³，出现在第 100s，是两个菜中峰值浓度最高、出现时间最迟的。这个阶段虾与油已经在锅里进行了 40s 的充分反应，锅内的水已经蒸干。两种菜的峰值浓度不同，与食材的组成成分和锅底的温度有密切且复杂的关系。两种菜肴在出现 PPAHs 峰值浓度后都逐渐呈下降趋势。炒青菜在第 3min 时 PPAHs 浓度值达到最小值，这可能是与锅内含水量逐渐增大以及锅内食材的化学反应有关。烹饪的第 4min 内，油爆虾散发的 PPAHs 浓度值瞬间上升，这是因为第 4min 锅盖打开的瞬间油烟瞬间溢出，形成了第二个 PPAHs 浓度峰值——533.70ng/m³。综上所述，烹饪过程中散发的油烟 PPAHs 浓度值与锅温、食材的种类、锅内含水量及烹饪方式（例如盖锅盖否）、烹饪时间等有密切的关系。

将油烟 PPAHs 浓度值与排风量 734m³/h 相乘即得炒青菜、油爆虾的 PPAHs 的散发强度，两种烹饪菜肴通风法油烟 PPAHs 散发强度如图 1-34 所示，散发强度的变化规律和浓度一样。炒青菜的峰值散发强度为 33.47ng/s，油爆虾的为 112.00ng/s。在整个烹饪过程中 PPAHs 的累积散发量分别为炒青菜 2501.30ng、油爆虾 8450.67ng。

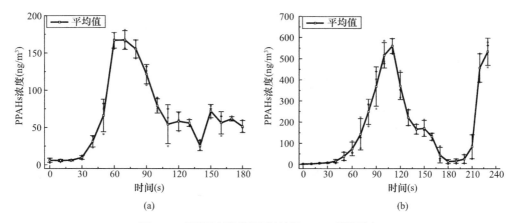

图 1-33　两种烹饪菜肴通风法油烟 PPAHs 质量浓度
（a）炒青菜；（b）油爆虾

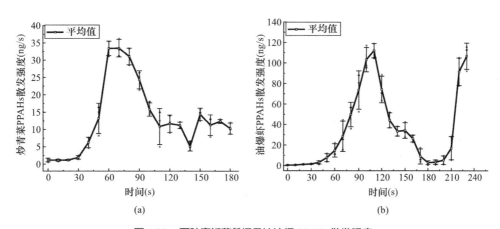

图 1-34　两种烹饪菜肴通风法油烟 PPAHs 散发强度
（a）炒青菜；（b）油爆虾

2. 衰减法散发特性

图 1-35 是两种烹饪菜肴衰减法油烟 PPAHs 质量浓度。结果显示，炒青菜和油爆虾的油烟 PPAHs 质量浓度变化规律趋于一致，都呈现单峰规律：先急剧增加，达到各自相应的最大值，随后缓慢下降；炒青菜的油烟 PPAHs 质量浓度峰值度出现在第 230s，浓度值为 109ng/m^3，油爆虾的油烟 PPAHs 质量浓度峰值度出现在第 340s，最大值为 364ng/m^3。两个质量浓度峰值都出现在各自烹饪过程结束后。在第 900s 后，质量浓度值都趋于 0。

图 1-36 为两种烹饪菜肴衰减法线性回归对数浓度 lnC_{in} 随时间 t 的线性回归直线及其方程，回归直线的负斜率即为油烟 PPAHs 的衰减率 k。结果显示，炒青菜的衰减率稍大于油爆虾的衰减率，分别为 0.005、0.0044。利用衰减率计算得到炒青菜和油爆虾油烟 PPAHs 总散发量分别为 2256.6ng 和 8829.9ng。油爆虾的 PPAHs 散发约为炒青菜的 4 倍。

3. 羽流浓度法散发特性

图 1-37 为两种菜肴油烟热羽流温度。从温度数值很容易得到这两种烹饪菜肴在烹饪

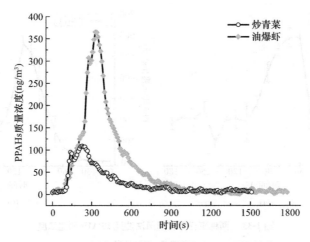

图 1-35 两种烹饪菜肴衰减法油烟 PPAHs 质量浓度

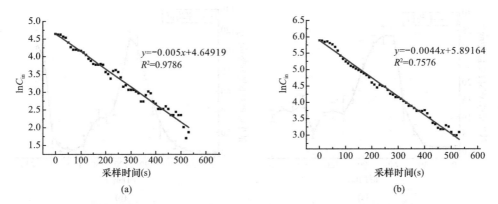

(a)   (b)

图 1-36 两种烹饪菜肴衰减法线性回归对数浓度 $\ln C_{in}$ 随时间 t 的线性回归直线及其方程（$t \geqslant t_p$）

(a) 炒青菜；(b) 油爆虾

过程中散发的油烟热羽流的体积流量，根据前述羽流浓度法的实验原理，可得到两种烹饪菜肴羽流体积法体积流量，如图 1-38 所示。

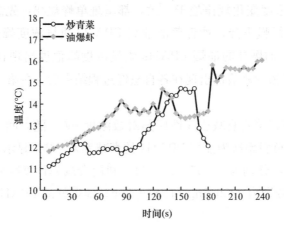

图 1-37 两种菜肴油烟热羽流温度

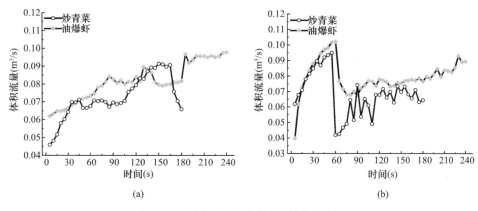

(a)　　　　　　　　　　　　(b)

图 1-38　两种烹饪菜肴羽流体积法体积流量

(a) 间接羽流体积法；(b) 直接羽流体积法

图 1-39 为两种烹饪菜肴羽流浓度法油烟 PPAHs 质量浓度。炒青菜的浓度曲线呈现双峰分布，油爆虾的呈现三峰分布。炒青菜的质量浓度峰值为 491ng/m³，出现在第 160s；油爆虾的质量浓度峰值为 1234.5ng/m³，出现在第 240s。通过间接羽流体积法及直接羽流体积法可以得到炒青菜、油爆虾的油烟 PPAHs 散发强度曲线，如图 1-40 所示为间接羽流浓度法、直接羽流浓度法油烟 PPAHs 散发强度对比图。结果显示，两种方法得到的散发强度曲线差别非常小，可以互相证明这两种方法的正确性。

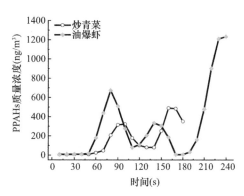

图 1-39　两种烹饪菜肴羽流浓度法油烟 PPAHs 质量浓度

最后，间接羽流浓度法得到的炒青菜和油爆虾的油烟 PPAHs 累积散发量分别为 2228.0、8412.4ng；直接羽流浓度法得到的炒青菜和油爆虾的油烟 PPAHs 累积散发量分别为 2285.3ng、8498.5ng。两种方法得到的累积散发量误差在 5% 以内。

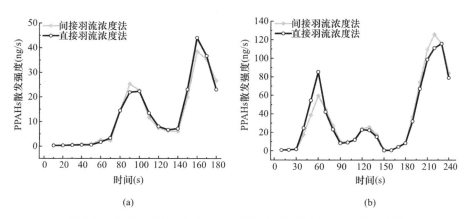

(a)　　　　　　　　　　　　(b)

图 1-40　间接羽流浓度法、直接羽流浓度法油烟 PPAHs 散发强度对比图

(a) 炒青菜；(b) 油爆虾

三种实验方法实验菜肴油烟 PPAHs 累积散发量如表 1-5 所示。实验结果的误差都在 5% 以内，可以互相验证所使用实验方法的正确性和可行性。有研究发现，燃烧一支普通香烟，烟气中总的多环芳烃含量约为 100ng，烹饪菜肴炒青菜、油爆虾过程中散发的 PPAHs 分别相当于 25 支和 85 支香烟的多环芳烃总含量。

三种实验方法实验菜肴油烟 PPAHs 累积散发量（ng）　　　　表 1-5

菜肴	通风法	衰减法	间接羽流浓度法	直接羽流浓度法
炒青菜	2501.3	2256.6	2228.0	2285.3
油爆虾	8450.7	8829.9	8412.4	8498.5

1.5　本章小结

（1）植物油油烟颗粒物的体积分布与油温密切相关，随着油温的升高，油烟颗粒物粒径分布从小于 $1.0\mu m$ 粒径向大于 $1.0\mu m$ 粒径迁移；与油的种类（发烟点、饱和脂肪酸含量、制作方法等）间的关联性很小，6 种植物油油烟颗粒物的体积分布均呈现单峰分布，峰值粒径为 2.7mm，1.0～4.0mm 区间油烟颗粒物体积百分数在 PM0.1～PM10 中几乎占 100%。

（2）油烟颗粒物的散发强度 S 与油的种类密切相关，6 种实验油品中，橄榄油的源散发强度最大（2.302mg/s），葵花籽油的最小（0.543mg/s），油烟颗粒物衰减率 k 与油的种类间的关联性不大；6 种植物油油烟颗粒物的体积分布乘以相应的源散发总量得到了相应的源散发强度粒径分布，其中，1.0～4.0μm 油烟颗粒物源散发强度近似为总散发强度的 100%。

（3）油烟颗粒物散发数量和食用油的品种和温度密切相关，本实验中，花生油的数量浓度峰值最大（9.19×10^4 个/cm³），葵花籽油的数量浓度峰值最小（4.17×10^4 个/cm³），最大值为最小值的 2.2 倍。

（4）加热油过程中，随着油温的升高，油烟 PPAHs 散发强度增大，峰值浓度时间提前。随着油量的增多，油烟 PPAHs 散发强度增大，峰值浓度时间延后。

（5）通过对通风法、衰减法、羽流浓度法等散发强度的实验方法量化对比，发现通风法最为简便易行，建议作为厨房油烟 PPAHs 标准测试的参考方法。烹饪过程中油烟 PPAHs 质量浓度值与锅温、食材的种类、锅内含水量及烹饪方式（例如盖锅盖否）、烹饪时间等有复杂且密切的关系。

参考文献

[1] 曹昌盛. 住宅厨房油烟颗粒个体暴露与通风改善 [D]. 上海：同济大学，2013.
[2] 陈洁. 住宅厨房空间油烟污染控制策略研究 [D]. 上海：同济大学，2018.
[3] 简亚炜. 厨房颗粒相多环芳烃污染特征与通风控制技术研究 [D]. 上海：同济大学，2015.
[4] Gao Jun，Cao Changsheng，Luo Zhiwen，et al. Inhalation exposure to particulate matter in rooms with under-

floor air distribution [J]. Indoor and Built Environment，2014，23（2）：236-245.

[5]　Gao Jun，Cao Changsheng，Zhang Xu，et al. Volume-based size distribution of accumulation and coarse particles（PM0. 1-10）from cooking fume during oil heating [J]. Building andEnvironment，2013，59：575-580.

[6]　Gao Jun，Cao Changsheng，Wang Lina，et al. Determination of size-dependent source emission rate of cooking-generated aerosol particles at the oil-heating stage in an experimental kitchen [J]. Aerosol and Air Quality Research，2013，13（2）：488-496.

[7]　Gao Jun，Jian Yating，Cao Changsheng，et al. Indoor emission，dispersion and exposure of total particle-bound polycyclic aromatic hydrocarbons during cooking [J]. Atmospheric Environment，2015，120：191-199.

[8]　Wang Lina，Xiang Zhiyuan，Stevanovic Svetlana，et al. Role of Chinese cooking emissions on ambient air quality and human health [J]. Science of The Total Environment，2017（589）：173-181.

[9]　王桂霞. 北京市餐饮源排放大气颗粒物中有机物的污染特征研究 [D]. 北京：中国地质大学（北京），2013.

[10]　李勤勤，吴爱华，龚道程，等. 餐饮源排放 PM2.5 污染特征研究进展 [J]. 环境科学与技术，2018，41（8）：41-50.

[11]　谭德生，邝元成，刘欣，等. 餐饮业油烟的颗粒物分析 [J]. 环境科学，2012，33（6）：1958-1963.

[12]　徐幽琼，Ignatius T S，林捷，等. 不同食用油和烹调方式的油烟成分分析 [J]. 中国卫生检验杂志，2012，22（10）：2271-2274＋2279.

[13]　朱利中，王静，江斌焕. 厨房空气中 PAHs 污染特征及来源初探 [J]. 中国环境科学，2002，22（2）：142-145.

[14]　Li C T，Lin Y C，Lee W J，et al. Emission of polycyclic aromatic hydrocarbons and their carcinogenic potencies from cooking sources to the urban atmosphere [J]. Environment Health Perspective，2003（111）：483-490.

[15]　Lu，H，Amagai T，et al. Comparison of polycyclic aromatic hydrocarbon pollution in Chinese and Japanese residential air [J]. Journal of Environmental Sciences，2011（9）：1512-1517.

[16]　Baek S O，Field R A，Goldstone M E，et al. A review of atmospheric polycyclic aromatic hydroc arbons：Sources，fate and behavior [J]. Water Air Soil Pollution，1991（60）：279-300.

[17]　郭浩，张秀喜，丁志伟，等. 家庭烹饪油烟污染物排放特征研究 [J]. 环境监控与预警，2018，10（1）：51-56.

[18]　Buonanno G，Stabile L，Morawska L. Particle emission factors during cooking activities [J]. Atmospheric Environment，2009，43（20）：3235-3242.

第 2 章　厨房油烟污染物呼吸暴露研究

厨房油烟散发具有时间上的不均匀性，分布具有空间上的不均匀性，且不同个案之间由于烹饪习惯和厨房条件的差异通常不具有可比性。除此之外，厨房内的油烟暴露属于短时急性暴露，目前缺乏污染物浓度限值作为参照。这些因素使厨房通风难以找到落脚点，如果以某代表性污染物在某一点处的平均或瞬时浓度作为控制目标，显然说服力不足。为明确研究烹饪油烟暴露与烹饪人员遭受健康风险之间的关系，需准确测量烹饪人员油烟污染物暴露剂量。因此，本章特以颗粒物为特征污染物，开展烹饪人员的吸入定量实验及实际暴露测试。

2.1　呼吸暴露实验方法

2.1.1　烹饪油烟暴露实验方法（实验室实验）

研究在同济大学中式厨房油烟污染控制实验台内进行（3.5m×2.7m×2.5m）。如图 2-1(a) 所示，厨房实验舱内安装了一套机械排风装置：包括顶吸式吸油烟机、排风管（配置标准喷嘴流量段）以及变频器控制的屋顶离心风机，排风量可实现从 0～700m³/h 的无级调控。一套机械送风装置：包括过滤装置、变频器控制的离心风机、送风管（配置标准喷嘴流量段）、静压箱、不同形式送风口，送风量也可实现从 0～700m³/h 的无级调控。实验装置：电磁炉、烹饪炒锅、油温加热装置。该实验舱有四扇朝南的平推窗、一扇朝南的下悬窗和位于地板、顶棚各一个的启闭式圆形（圆环）风口，另外设有灶台前侧面板前送风、灶台周围条缝风幕等多种可调节主动送风风口，本实验中选择灶台条缝补风方式，如图 2-1(b) 所示，其意在炒锅四周形成矩形风幕，包围炒锅上方油烟热羽流，从而限制油烟外溢、提高吸油烟机捕集效率。

实验仪器：烹饪油烟经由多歧管分流以保证仪器所需采样流量，PM2.5 质量浓度由 TSI-8532 便携式气溶胶检测仪测量。0.02～6.25 μm 范围内的颗粒物数量浓度使用 Dekati Electrical Low Pressure Impactor（ELPI）静电低压撞击器测量，如图 2-1(c) 所示。ELPI 的测试原理为：ELPI 的检测器主要由荷电器、梯级冲击式采样器和静电计三部分组成。颗粒物经过荷电器带上电荷后，通过梯级冲击式采样器实现按粒径分离，最后由静电计检测电荷并计数颗粒物。梯级冲击式采样器分离颗粒物的原理为：携带颗粒物的气流通过孔口加速后冲击到采集板上，粒径较大的颗粒物由于惯性较大，更容易脱离气流撞击到采集板上，而粒径较小的颗粒物更容易随气流运动进入下游采样器。

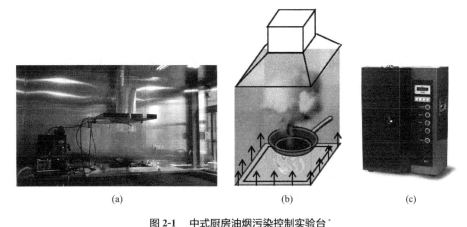

图 2-1　中式厨房油烟污染控制实验台*

（a）厨房实验舱布局图；（b）灶台条缝补风示意图；（c）ELPI 静电低压撞击器

实验流程：本实验邀请了 6 位志愿者，每位志愿者在厨房实验舱内连续两天、每天两次地（分别模拟烹饪午餐和晚餐）进行烹饪。在每次烹饪中，志愿者在不离开实验舱的情况下，连续烹饪三道典型家常菜肴：辣椒炒肉、番茄炒蛋和炒青菜，如图 2-2 所示为实验菜品示意图。烹饪三道菜品分别用时 6min、5min 和 3min30s，加上其间 2～3min 的清洗间隔时间，每次烹饪总计耗时约 20min。志愿者在完成全部三个菜品的烹饪后离开实验舱，后由研究人员清理、打扫实验舱并以风机过滤机组（FFU）净化厨房内油烟颗粒物，使污染物浓度恢复至背景值。

本实验中的三种菜肴标准化烹饪流程如下：

辣椒炒肉的配料包括 150g 猪肉片、150g 杭椒丝、5g 姜片、10g 蒜片、3g 盐、10mL 酱油和 20mL 花生油。烹饪流程为：电磁炉设置最大挡，加入 20mL 花生油预热 30s；30s 时放入肉片翻炒；2min30s 时加入姜片、蒜片和杭椒丝，翻炒；4min 时加入盐和酱油，继续翻炒；6min 时关火，盛出。

番茄炒蛋的配料包括 150g 鸡蛋、250g 番茄、3g 盐和 20mL 花生油。烹饪流程为：电磁炉设置最大挡，加入 20mL 花生油预热 30s；30s 时加入蛋液，稍等片刻后翻炒，持续 1min；1min30s 时加入番茄，持续翻炒；3min30s 时加入盐，继续翻炒；5min 时关火，盛出。

炒青菜的配料包括 300g 青菜、10g 蒜片、3g 盐和 20mL 花生油。烹饪流程为：电磁炉设置最大挡，加入 20mL 花生油预热 30s；30s 加入青菜，持续翻炒；2min30s 时加入蒜片和盐，继续翻炒；3min30s 关火，盛出。

图 2-2　实验菜品示意图

（a）辣椒炒肉；（b）番茄炒蛋；（c）炒青菜

　　实验工况：烹饪使用电磁炉和铸铁锅，加热温度设置 240℃。每位志愿者累积的 4 次烹饪均在 4 种不同的通风工况下完成，烹饪过程中，吸油烟机以恒定 300m³/h 的风量排风，而在灶台周围有 1cm 宽的条缝在不同通风工况下分别以 0、60m³/h、150m³/h 和 210m³/h 的风量（即吸油烟机排风量的 0、20%、50% 和 70%）补风，其余补风来自侧窗自然补风。

　　测点布置：为了充分研究人员烹饪期间油烟颗粒吸入暴露风险，油烟污染物采样点设置于人员进行烹饪时站姿呼吸区前端、吸油烟机罩内，距离地面 1.5m 高，距离吸油烟机排风口中心 0.2m 远，如图 2-3 所示为实验布局图。此处油烟污染物浓度接近排风污染物浓度，同时为人员烹饪时油烟吸入暴露的最不利水平。

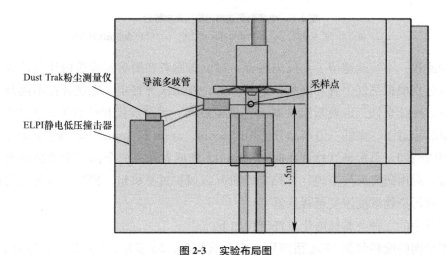

图 2-3　实验布局图

2.1.2　全天候实时暴露实验方法（入户实验）

　　厨房油烟全天候实时暴露实验采用入户调研的实验方法。调研于 2018 年 1 月 30 日—2 月 4 日内进行，调研对象为上海市杨浦区某住宅区内随机选取的 30 户人家，每户由日常从事烹饪活动的居民配合随身佩戴空气质量监测仪。30 位志愿者含 27 位女性和 3 位男性，其平均年龄为（63.3±6.4）岁。本次调研另随机选取了 7 户居民，对其厨房内灶台周边 PM2.5 质量浓度进行了 24h 监测。调研对象分布图如图 2-4 所示。

　　24h 厨房固定 PM2.5 质量浓度监测使用空气污染物浓度自记仪（QD-W1）测试，测点设置于灶台周边吸油烟机吸入口同高度范围内，距离灶台 0.2～0.3m，距地面高度 1.2～1.6m。仪器读数间隔为 5s，监测从入户调研当天起至翌日结束，截取 15：00 至次日 14：59 时段内数据用于分析。空气污染物浓度自记仪如图 2-5(a) 所示。

　　24h 个体移动 PM2.5 浓度监测使用便携式空气质量自记仪（B1）测试，由人员将仪器佩戴于胸前，距口鼻约 0.3m。仪器平时读数间隔为 10s，静止不动时切换至休眠状态，读数间隔变为 20min。监测从入户调研当天起至翌日结束，截取 15：00 至次日 14：59 时段内数据用于分析。与此同时，参与调研的志愿者自行记录佩戴仪器时段内的活动，包括烹饪、室内活动、户外活动和睡眠等，分辨率达 10min。便携式空气质量自记仪如图 2-5(b) 所示。

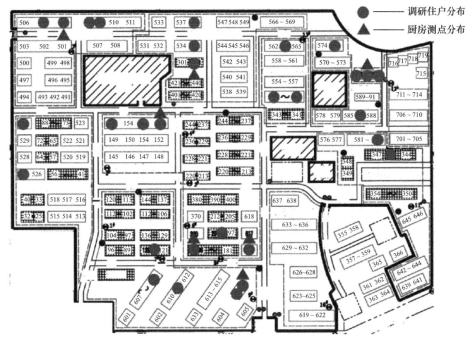

图 2-4　调研对象分布图

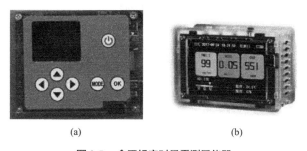

(a)　　　　　　　　　　　(b)

图 2-5　全天候实时暴露测量仪器

(a) 空气污染物浓度自记仪；(b) 便携式空气质量自记仪

2.2　油烟颗粒物暴露（实验室）

2.2.1　呼吸区 PM2.5 质量浓度

本书中有 6 位志愿者参与实验，且每人分别在 4 种不同通风工况下进行烹饪，总共获得 24 组有效数据。烹饪期间呼吸区油烟颗粒物浓度测量结果按照不同通风工况进行分组，相同通风工况下不同志愿者烹饪期间测得的数据取算术平均。油烟颗粒物浓度数据仅包括烹饪辣椒炒肉、番茄炒蛋和炒青菜三道菜肴期间（分别用时 6min、5min 和 3min30s）的测量结果，期间刷洗和准备时的测量数据已剔除。

在条缝补风量分别为吸油烟机排风量的 0、20%、50% 和 70% 条件下（即条缝补风量分别为 0、60m³/h、150m³/h 和 210m³/h）的烹饪期间人员呼吸区 PM2.5 质量浓度如

图 2-6 所示。由图可见，烹饪上述三道菜肴期间，人员呼吸区油烟 PM2.5 质量浓度变化呈现相似的趋势，均在热油阶段结束、食材被加入后（开始加热约 30s 后）迅速上升，于烹饪中期达到峰值，峰值可维持 1~2min 的时长，之后 PM2.5 质量浓度逐渐下降，但始终维持在 mg/m³ 的量级。另外，在加入其他食材或调料时 PM2.5 质量浓度可能再次出现局部峰值。

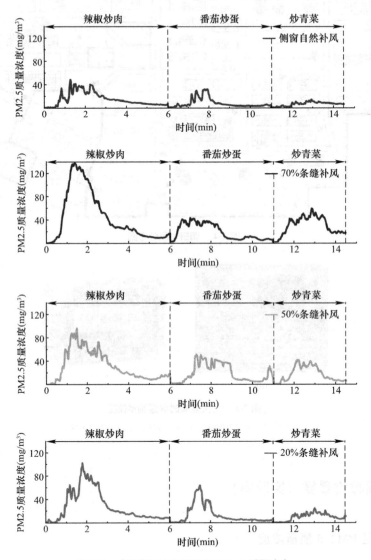

图 2-6　烹饪期间人员呼吸区 PM2.5 质量浓度

　　比较 4 种通风工况下的 PM2.5 质量浓度可知，不同通风工况下烹饪人员呼吸区的颗粒物浓度差异明显。上述 4 种工况中，除条缝补风量不同外，其余烹饪工况完全一致，因此污染物散发量差异相对较小。然而，不同的通风工况导致油烟热羽流的上升速度、扩散范围和流场分布可能不同，进而影响烹饪人员的吸入油烟污染物暴露剂量。不同通风工况下呼吸区 PM2.5 质量浓度如表 2-1 所示。

不同通风工况下呼吸区 PM2.5 质量浓度　　　　表 2-1

条缝补风量（m³/h）	0	60	150	210
平均浓度（mg/m³）	10.97	19.00	23.75	32.26
峰值浓度（mg/m³）	48.54	102.5	95.32	136.28

当灶台四周的条缝补风口密封而补风完全来自侧窗自然补风时，即条缝补风量为 0 的工况，此时的通风方式为一般家庭厨房最常用的通风方式，即开启油烟机排风并利用侧面平开窗补风。本次实验中，该工况下志愿者 PM2.5 吸入暴露剂量最小，呼吸区 PM2.5 质量浓度的均值为 10.97mg/m³，峰值为 48.54mg/m³。而当条缝补风量达到 210m³/h，即吸油烟机排风量的 70% 时，志愿者 PM2.5 吸入暴露剂量最大，呼吸区 PM2.5 质量浓度的均值为 32.26mg/m³，峰值为 136.28mg/m³，分别约为仅通过侧窗补风基础工况下呼吸区 PM2.5 浓度的 2.94 倍和 2.80 倍。而在条缝补风量分别为 60m³/h 和 150m³/h 的工况下，呼吸区 PM2.5 浓度质量浓度也等于条缝关闭时的 2 倍左右。

测量结果表明，开启用于控制油烟外溢的条缝补风会导致呼吸区油烟颗粒物浓度上升，其可能的原因如下：一方面条缝射流形成空气幕，阻碍油烟外溢，当吸油烟机排风量不够大时，大量烹饪油烟则聚集于灶台上方；另一方面条缝射流风速很高、湍流强度较大，会大量卷吸周围空气，增强与呼吸区空气的物质交换。

此外，比较图 2-6 中烹饪不同菜品期间呼吸区 PM2.5 质量浓度可知，烹饪辣椒炒肉时呼吸区 PM2.5 质量浓度远高于烹饪番茄炒蛋和炒青菜。烹饪不同菜品时呼吸区 PM2.5 质量浓度如表 2-2 所示，由表可见，烹饪辣椒炒肉人员呼吸区 PM2.5 质量浓度（30.15mg/m³）约为烹饪番茄炒蛋（14.94mg/m³）和炒青菜（16.02mg/m³）的 2 倍左右，后两者水平接近。结合图 2-6 可知该比例关系随通风工况略有变化，条缝补风量较小时，烹饪番茄炒蛋时呼吸区 PM2.5 质量浓度略大于烹饪炒青菜时，而条缝补风量较大时情况相反，但两者均远小于烹饪辣椒炒肉时呼吸区 PM2.5 质量浓度。鉴于通风条件相同，此差异应主要来源于不同菜品的油烟散发强度差异。

烹饪不同菜品时呼吸区 PM2.5 质量浓度　　　　表 2-2

	辣椒炒肉	番茄炒蛋	炒青菜
平均浓度（mg/m³）	30.15	14.94	16.02
峰值浓度（mg/m³）	136.28	63.92	58.45

2.2.2　呼吸区 0.02~6.25μm 颗粒物数量浓度

烹饪期间人员呼吸区 0.02~6.25μm 颗粒物数量浓度如图 2-7 所示。由图可见，烹饪期间呼吸区 0.02~6.25μm 颗粒物数量浓度与 PM2.5 质量浓度呈现相似的变化趋势，主要规律有：（1）颗粒物数量浓度在热油阶段结束、放入食材后迅速上升，于烹饪中期达到顶峰；（2）不同通风工况下呼吸区颗粒物数量浓度差异显著，条缝补风量越大时，颗粒物浓度越高；（3）烹饪不同菜品期间呼吸区颗粒物数量浓度差异显著，烹饪辣椒炒肉时颗粒物浓度最高，烹饪番茄炒蛋时次之。

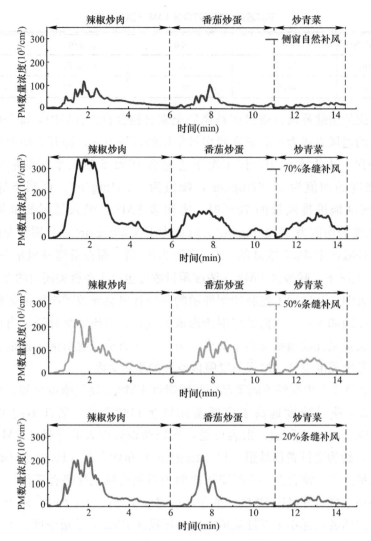

图 2-7 烹饪期间人员呼吸区 0.02~6.25μm 颗粒物数量浓度

不同通风工况下呼吸区 0.02~6.25μm 颗粒物数量浓度如表 2-3。由表可见，在仅通过侧窗补风的工况下，志愿者在烹饪过程中呼吸区 0.02~6.25μm 颗粒物数量浓度最小，其均值为 12.05×10³/cm³，峰值为 42.53×10³/cm³。该工况中的通风方式为一般中式家庭厨房烹饪期间普遍采用的通风方式，因而测量结果具有一定代表性。而当条缝补风量达到 210m³/h，即吸油烟机排风量的 70%时，志愿者烹饪期间呼吸区 0.02~6.25μm 颗粒物数量浓度最大，均值为 35.01×10³/cm³，峰值为 124.69×10³/cm³，分别约为仅通过侧窗补风工况下的 2.94 倍和 2.80 倍。另外，在条缝补风量分别为 60m³/h、150m³/h 的工况下，0.02~6.25μm 颗粒物数量浓度也远高于条缝关闭时，约为其 2 倍。

不同通风工况下呼吸区 0.02~6.25μm 颗粒物数量浓度　　　　　　　　表 2-3

条缝补风量（m³/h）	0	60	150	210
平均浓度（10³/cm³）	12.05	19.10	25.48	35.01
峰值浓度（10³/cm³）	42.53	91.92	98.02	124.69

　　烹饪辣椒炒肉、番茄炒蛋和炒青菜三道菜品期间，烹饪不同菜品时呼吸区 0.02～6.25 μm 颗粒物数量浓度如表 2-4 所示。烹饪辣椒炒肉期间烹饪人员呼吸区的 0.02～6.25 μm 颗粒物数量浓度也高于烹饪番茄炒蛋和炒青菜期间的。然而，烹饪番茄炒蛋期间的颗粒物数量浓度（平均 23.48×10³/cm³）与烹饪辣椒炒肉期间的（平均 28.16×10³/cm³）相似，二者均接近或超过烹饪炒青菜期间颗粒物数量浓度（平均 13.10×10³/cm³）的两倍。

烹饪不同菜品时呼吸区 0.02～6.25 μm 颗粒物数量浓度　　　表 2-4

	辣椒炒肉	番茄炒蛋	炒青菜
平均浓度（10³/cm³）	28.16	23.48	13.10
峰值浓度（10³/cm³）	124.69	91.92	43.49

2.2.3　呼吸区颗粒物粒径分布

　　本次呼吸暴露实验中，用于测量颗粒物数量浓度的 ELPI 静电低压撞击器共有 12 个通道，对应的测量粒径分别为：0.02 μm、0.03 μm、0.07 μm、0.11 μm、0.2 μm、0.31 μm、0.48 μm、0.75 μm、1.22 μm、1.94 μm、3.07 μm 和 6.25 μm。仪器采样间隔为 1s，每次烹饪的 14min30s 时间内采样数据 870 个，6 位志愿者在 4 种通风工况下共进行 24 次烹饪，则最终采样得到约 20800 组数据。各个粒径下的颗粒物数量浓度取算术平均值，即得到烹饪期间人员呼吸区颗粒物的粒径分布。

　　颗粒物数量浓度数据按不同通风工况取平均，不同通风工况下呼吸区颗粒物粒径分布如图 2-8 所示。由图可见，烹饪过程中人员呼吸区的颗粒物几乎全部为可吸入颗粒物（PM10），但超细颗粒物（PM0.1）仅占其中很小的一部分，约占所有颗粒物的 10%。绝大部分颗粒物分布在 0.1～2 μm 的范围内，0.1～1 μm 范围内的颗粒物占比达 89%～91%，0.1～2 μm 范围内的颗粒物占比约为 92%～94%。不同通风工况下，呼吸区颗粒物的粒径分布无明显差别，条缝补风量越大，各粒径段的颗粒物浓度均相对较高。

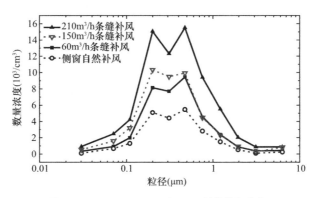

图 2-8　不同通风工况下呼吸区颗粒物粒径分布

　　由烹饪期间呼吸区颗粒物质量、数量浓度的测量结果可知，两种浓度数据并不完全成比例。就质量浓度而言，烹饪辣椒炒肉期间的测量结果约为烹饪番茄炒蛋和炒青菜期间的两倍；而对于数量浓度，烹饪辣椒炒肉和番茄炒蛋期间的测量结果相近、约等于烹饪炒青菜期间的两倍。因此，可推测烹饪不同食材时油烟颗粒物的粒径分布存在差异。

　　颗粒物数量浓度数据按不同烹饪菜品取平均，不同通风工况下呼吸区颗粒物粒径分布如图 2-9 所示。由图可见，颗粒物主要分布于 0.1~2μm 的粒径范围内，辣椒炒肉、番茄炒蛋和炒青菜 0.1~1μm 颗粒物范围占比分别达 90.5%、89.5% 和 89.8%，0.1~2μm 范围内颗粒物占比分别达 93.52%、90.97% 和 92.88%。比较三条曲线可知，烹饪辣椒炒肉期间，呼吸区颗粒物粒径相对较大，数量浓度的峰值出现在 0.48μm 附近；烹饪番茄炒蛋期间，呼吸区颗粒物粒径相对较小，数量浓度的峰值出现在 0.2μm 附近；烹饪炒青菜期间，颗粒物在 0.2~0.48μm 范围内分布较为平均。

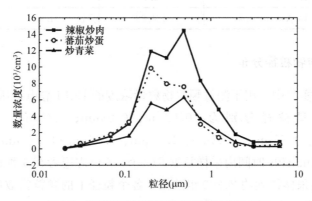

图 2-9   不同烹饪菜品下呼吸区颗粒物粒径分布

2.3　全天候呼吸暴露（入户实验）

2.3.1　厨房固定 PM2.5 浓度监测

　　本次调研共在 7 户住宅厨房内放置了空气污染物自记仪，回收了 6 组包含 15：00 至次日 14：59 时段内完整读数的有效数据。PM2.5 浓度监测曲线根据受试志愿者对于全日 24h 活动的记录，划分为烹饪时段和平时其他时段，图 2-10 为厨房固定 PM2.5 浓度监测结果。由图可见，烹饪时段内灶台周围 PM2.5 浓度通常明显高于非烹饪时段。烹饪时段内，PM2.5 浓度存在多个峰值，浓度峰值达 800~1000μg/m³，但浓度峰值持续时间较短，整体呈现尖峰式分布。相比之下，非烹饪时段内 PM2.5 浓度相对平稳，大体受室外大气污染而小幅波动，偶有局部极大值出现。此结果进一步说明住宅厨房烹饪油烟暴露有短时、急性的特征。

　　住宅厨房灶台周围 PM2.5 质量浓度水平如表 2-5。由表可见，本次调研中，受试居民家中每日烹饪时长约为 2~3h，烹饪期间厨房内 PM2.5 质量浓度明显高于平时时段。但由于室外雾霾情况较为严重，烹饪期间的 PM2.5 浓度水平与平时相比，并未达到数量级水平的差异。平均来说，烹饪期间 PM2.5 质量浓度约比平时高 50μg/m³。但值得注意的是，烹饪期间油烟污染物浓度波动剧烈，平均浓度无法反映短时极高浓度油烟暴露可能对人体健康造成的影响。

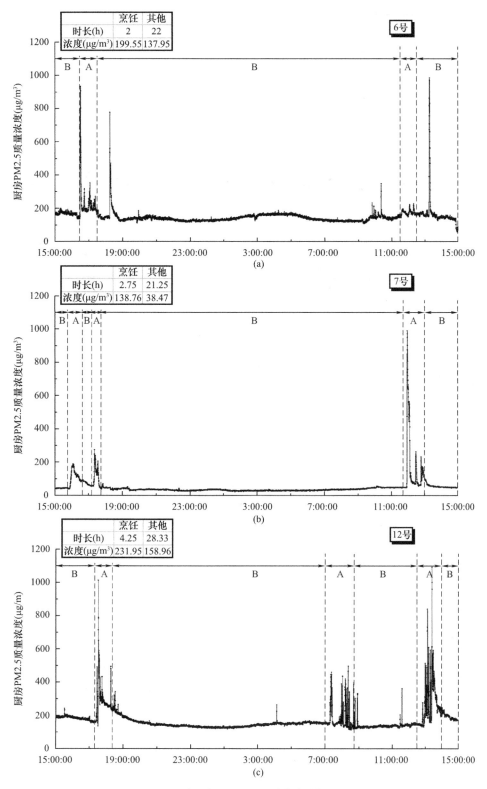

图 2-10　厨房固定 PM2.5 质量浓度监测结果（一）

（a）6 号；（b）7 号；（c）12 号

注：标记 A 的时段指烹饪时段，标记 B 的时段指平时其他时段。

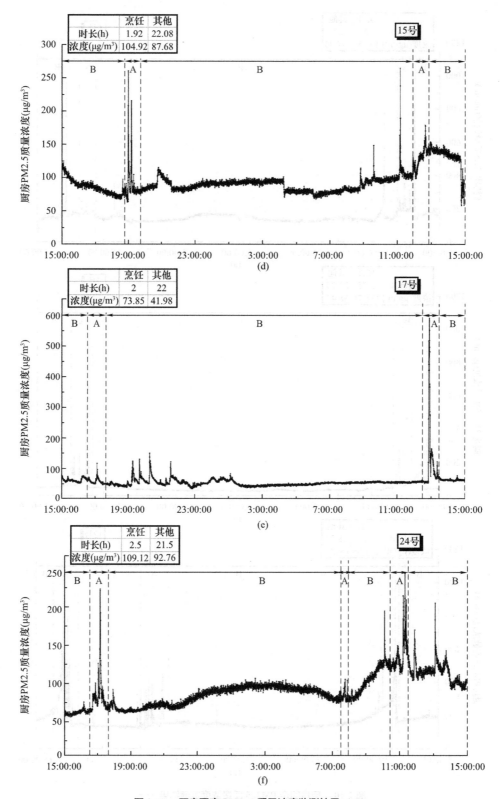

图 2-10 厨房固定 PM2.5 质量浓度监测结果（二）

(d) 15 号；(e) 17 号；(f) 24 号

注：标记 A 的时段指烹饪时段，标记 B 的时段指平时其他时段。

住宅厨房灶台周围 PM2.5 质量浓度水平

表 2-5

志愿者编号	烹饪浓度（μg/m³）	时长（h）	平时质量浓度（μg/m³）	时长（h）
6	199.55	2.00	137.95	22.00
7	138.76	2.75	38.47	21.25
12	231.95	4.25	158.96	28.33
15	104.92	1.92	87.68	22.08
17	73.85	2.00	41.98	22.00
24	109.12	2.50	92.76	21.50
平均	143.03±60.84	2.57±0.89	92.97±48.94	22.86±2.70

　　为进一步清晰描述烹饪时段内厨房灶台周边 PM2.5 质量浓度水平，烹饪时段内厨房固定 PM2.5 质量浓度监测结果如图 2-11 所示。由图可见，在大多数烹饪时段内，厨房灶台周边油烟 PM2.5 质量浓度变化显著，存在 2～4 个相对明显的峰值，每个峰值时刻可能对应一道菜肴的烹饪。浓度峰值因不同住户的烹饪习惯和厨房通风条件不同而差异显著，低则 200～300 μg/m³，高则 800～1000 μg/m³。峰值持续时间较短，通常在 30min 内回落至稍高于平时浓度的水平。此外，也有部分烹饪时段内厨房灶台周边油烟 PM2.5 质量浓度并未发生明显的升高，可能与烹饪方式有关，例如仅蒸、煮而未用油烹饪。

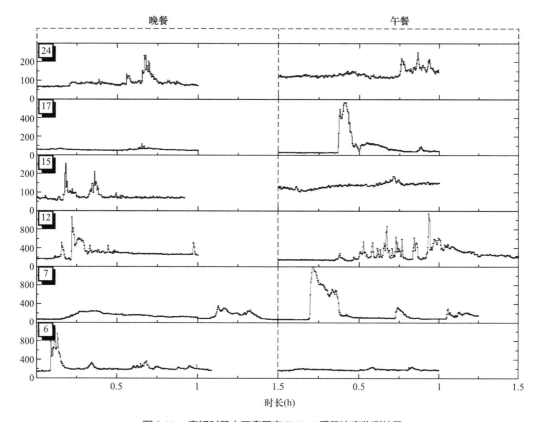

图 2-11　烹饪时段内厨房固定 PM2.5 质量浓度监测结果

2.3.2 个体移动 PM2.5 浓度监测

本次调研共计发放 30 台空气质量监测仪，由 30 位志愿者随身 24h 佩戴，共计回收到 17 组包含 15：00 至次日 14：59 时段内完整读数的有效数据。与厨房内 PM2.5 质量浓度监测类似，个体移动 PM2.5 质量浓度水平数据以 10s 的分辨率绘制为全天实时浓度曲线图。在污染物自记仪读数的 2 天内，参照上海市空气质量实时发布系统的数据，上海地区大气 PM2.5 质量浓度分别约为 189μg/m³ 和 35μg/m³，空气质量等级分别为"重度污染"和"优"。

"重度污染"天气个体移动 PM2.5 质量浓度监测结果如图 2-12 所示。PM2.5 质量浓度监测曲线根据受试志愿者对于全日 24h 活动的记录，划分为烹饪时段、室内其他活动时段、室外活动时段和睡眠时段，在图 2-12 中分别以 A、B、C 和 D 标出。

由图 2-12 可见，PM2.5 个体移动监测与厨房固定监测结果类似，烹饪时段内人体周边 PM2.5 质量浓度相对较高，显著高于室内其他活动时段和睡眠时段，但由于处于重度污染天气，部分志愿者在室外活动期间 PM2.5 暴露水平与烹饪期间相近。烹饪时段内，个体随身 PM2.5 质量浓度迅速上升，出现局部极大值乃至全天最大值，浓度峰值可达 1000μg/m³，但浓度下降较快，在 0.5~1h 内回落至接近烹饪前水平。在室内其他活动时段和室外活动时段内，人体周边 PM2.5 质量浓度同样随人员活动而明显变化，但极少出现接近烹饪期间浓度峰值的水平。睡眠时段内人体周边 PM2.5 质量浓度水平相对稳定，处于一天中较低水平。

"优"天气个体移动 PM2.5 质量浓度监测结果如图 2-13 所示。由图可见，在室外空气质量等级为"优"时，烹饪时段内人体周边 PM2.5 质量浓度更加明显高于其他时段。对全部 8 位志愿者而言，烹饪时段内随身 PM2.5 平均质量浓度均为全日最高。烹饪期间 PM2.5 质量浓度水平波动明显，且不同志愿者随身峰值浓度差异明显，可高于室外大气 PM2.5 质量浓度（50μg/m³ 左右）3~20 倍。相比于"重度污染天气"，空气质量等级为"优"时，人员在室内其他活动和室外活动时段内随身 PM2.5 质量浓度水平波动较小，通常远低于烹饪时段的浓度。

本次调研得到的 17 组有效个体移动 PM2.5 质量浓度监测数据，按当天室外空气质量等级为"重度污染"和"优"，"重度污染""优"天气个体移动 PM2.5 质量浓度监测汇总表分别汇总如表 2-6、表 2-7 所示。综合表 2-6 和表 2-7 可见，本次调研的上海城市居民每日从事烹饪活动的时间约为 2h。在"重度污染"天气下，个体从事烹饪活动期间随身 PM2.5 质量浓度水平为 184.62±46.86μg/m³；而室外空气质量为"优"时，随身 PM2.5 质量浓度水平为 74.79±36.76μg/m³。由此可见，烹饪期间个体接触的空气污染物浓度为来自室外的大气污染物背景浓度和烹饪活动产生的油烟污染物浓度的叠加，受室外空气质量影响。然而，不论室外空气质量如何，烹饪时段个体移动 PM2.5 质量浓度平均水平均为最高，分别比室内其他活动、室外和睡眠时段高出 30~50μg/m³、20~30μg/m³、40~55 μg/m³。

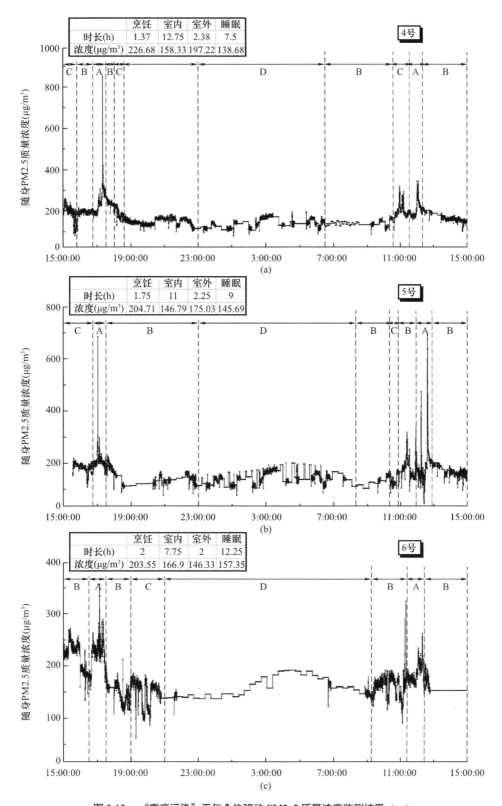

图 2-12　"重度污染"天气个体移动 PM2.5 质量浓度监测结果（一）

（a）4 号；（b）5 号；（c）6 号

注：标记 A 的时段指烹饪时段，标记 B 的时段指室内其他活动时段，标记 C 的时段指室外活动时段，标记 D 的时段指睡眠时段。

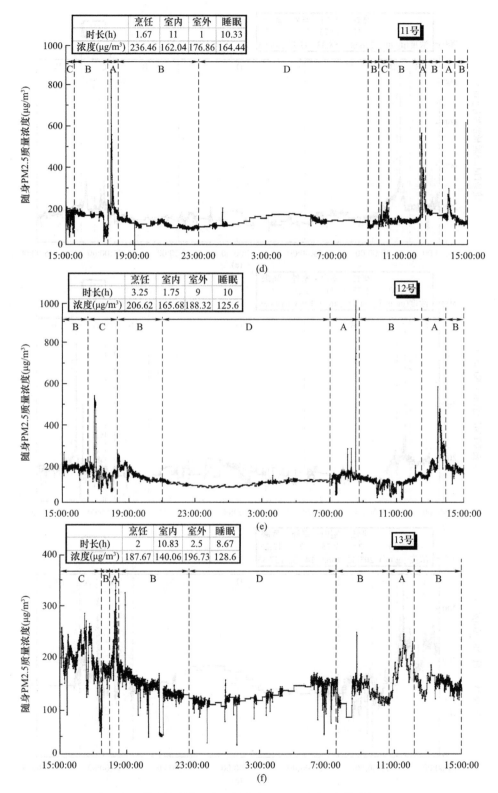

图 2-12　"重度污染"天气个体移动 PM2.5 质量浓度监测结果（二）

(d) 11 号；(e) 12 号；(f) 13 号

注：标记 A 的时段指烹饪时段，标记 B 的时段指室内其他活动时段，标记 C 的时段指室外活动时段，标记 D 的时段指睡眠时段。

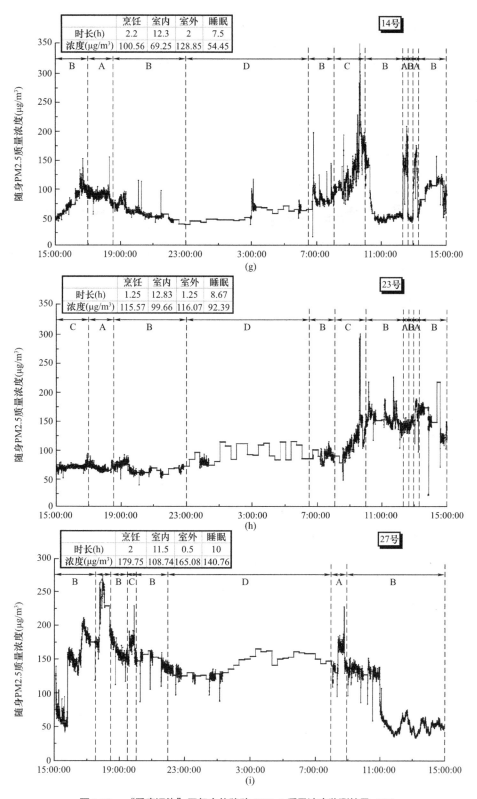

图 2-12　"重度污染"天气个体移动 PM2.5 质量浓度监测结果（三）

（g）14 号；（h）23 号；（i）27 号

注：标记 A 的时段指烹饪时段，标记 B 的时段指室内其他活动时段，标记 C 的时段指室外活动时段，标记 D 的时段指睡眠时段。

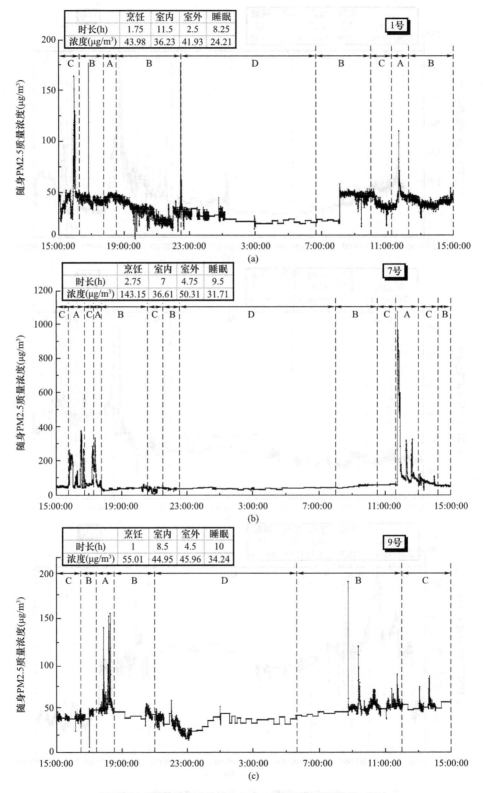

图 2-13　"优"天气个体移动 PM2.5 质量浓度监测结果（一）

(a) 1号；(b) 7号；(c) 9号

注：标记 A、B、C、D 所指时段同图 2-12。

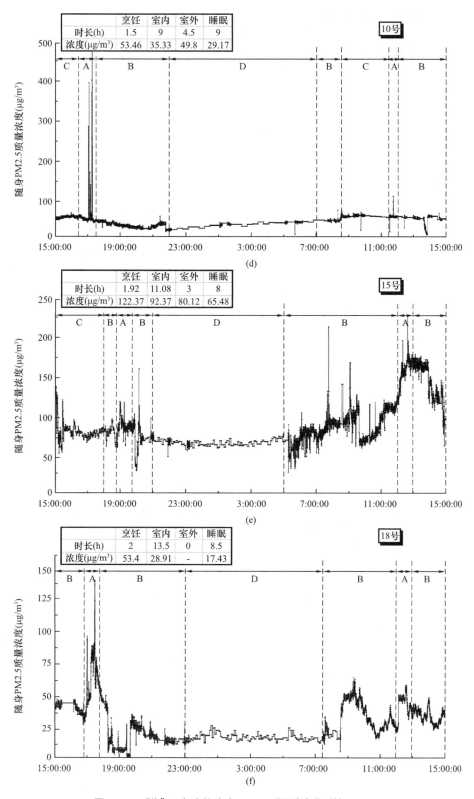

图 2-13　"优"天气个体移动 PM2.5 质量浓度监测结果（二）

（d）10 号；（e）15 号；（f）18 号

注：标记 A、B、C、D 所指时段同图 2-12。

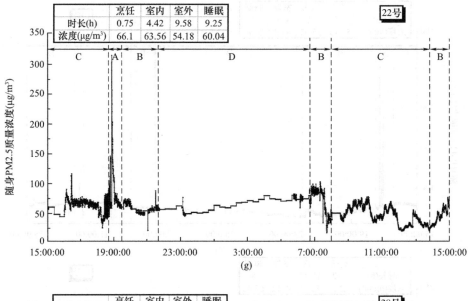

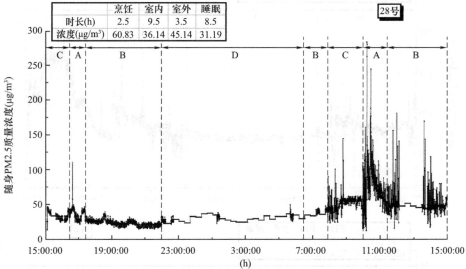

图 2-13 "优"天气个体移动 PM2.5 质量浓度监测结果（三）

(g) 22号；(h) 28号

注：标记 A、B、C、D 所指时段同图 2-12。

"重度污染"天气个体移动 PM2.5 质量浓度监测汇总表　　　　　　　　　　　表 2-6

志愿者编号	烹饪		室内其他		室外		睡眠	
	质量浓度（μg/m³）	时长（h）	质量浓度（μg/m³）	时长（h）	质量浓度（μg/m³）	时长（h）	质量浓度（μg/m³）	时长（h）
4	226.68	1.37	158.33	12.75	197.22	2.38	138.68	7.50
5	204.71	1.75	146.79	11.00	175.03	2.25	145.69	9.00
6	203.55	2.00	166.90	7.75	146.33	2.00	157.35	12.25
11	236.46	1.67	162.04	11.00	176.86	1.00	164.44	10.33
12	206.62	3.25	165.68	1.75	188.32	9.00	125.60	10.00
13	187.67	2.00	140.06	10.83	196.73	2.50	128.60	8.67

续表

志愿者编号	烹饪		室内其他		室外		睡眠	
	质量浓度 (μg/m³)	时长 (h)	质量浓度 (μg/m³)	时长 (h)	质量浓度 (μg/m³)	时长 (h)	质量浓度 (μg/m³)	时长 (h)
14	100.56	2.20	69.25	12.30	128.85	2.00	54.45	7.50
23	115.57	1.25	99.66	12.83	116.07	1.25	92.39	8.67
27	179.75	2.00	108.74	11.50	165.08	0.50	140.76	10.00
平均	184.62	1.94	135.27	10.19	165.61	2.54	127.55	9.32
	±46.86	±0.58	±34.75	±3.51	±29.32	±2.52	±34.39	±1.50

"优"天气个体移动 PM2.5 质量浓度监测汇总表　　　　表 2-7

志愿者编号	烹饪		室内其他		室外		睡眠	
	质量浓度 (μg/m³)	时长 (h)	质量浓度 (μg/m³)	时长 (h)	质量浓度 (μg/m³)	时长 (h)	质量浓度 (μg/m³)	时长 (h)
1	43.98	1.75	36.23	11.50	41.93	2.50	24.21	8.25
7	143.15	2.75	36.61	7.00	50.31	4.75	31.71	9.50
9	55.01	1.00	44.95	8.50	45.96	4.50	34.24	10.00
10	53.46	1.50	35.33	9.00	49.80	4.50	29.17	9.00
15	122.37	1.92	92.37	11.08	80.12	3.00	65.48	8.00
18	53.40	2.00	28.91	13.50	—	0.00	17.43	8.50
22	66.10	0.75	63.56	4.42	54.18	9.58	60.04	9.25
28	60.83	2.50	36.14	9.50	45.14	3.50	31.19	8.50
平均	74.79	1.77	46.76	9.31	52.49	4.04	36.68	8.88
	±36.76	±0.68	±21.19	±2.82	±12.82	±2.72	±16.98	±0.68

　　为进一步清晰描述烹饪时段内厨房灶台周边 PM2.5 质量浓度水平，烹饪时段内个体移动 PM2.5 质量浓度监测结果如图 2-14 所示。由图可见，烹饪时段内人员周边 PM2.5 质量浓度波动较为明显，随着烹饪流程的进行，油烟污染物浓度通常会达到数个浓度峰值，浓度峰值在 200～1000μg/m³ 范围内不等。相比于厨房固定 PM2.5 质量浓度监测结果，人员随身 PM2.5 质量浓度变化相对平缓，可能是由于油烟污染物的传播带来了缓冲。浓度峰值持续时间较短，即使浓度峰值高达 1000μg/m³，也可在 20～30min 内恢复至 100μg/m³ 以下，进一步印证了住宅厨房烹饪油烟暴露短时、急性的特征。

　　在全天不同时段、从事不同活动期间，个体接触 PM2.5 的质量浓度和时长均不同，为明确各时段累积暴露剂量，现定义不同时段内的 PM2.5 暴露贡献率如式（2-1）所示：

$$p_i = \frac{c_i \times t_i}{\sum c_i \times t_i} \tag{2-1}$$

式中　p_i——不同时段内 PM2.5 暴露贡献率，%；

　　　c_i——不同时段内个体随身 PM2.5 质量浓度水平，μg/m³；

　　　t_i——不同时段的时长，h。

　　根据是否包含睡眠时段测试数据，将烹饪时段 PM2.5 暴露贡献率分为全天贡献率和日间贡献率。为单独研究烹饪活动对 PM2.5 暴露的影响，排除室外大气雾霾的干扰，现定义因从事烹饪活动导致的额外 PM2.5 暴露浓度如式（2-2）所示：

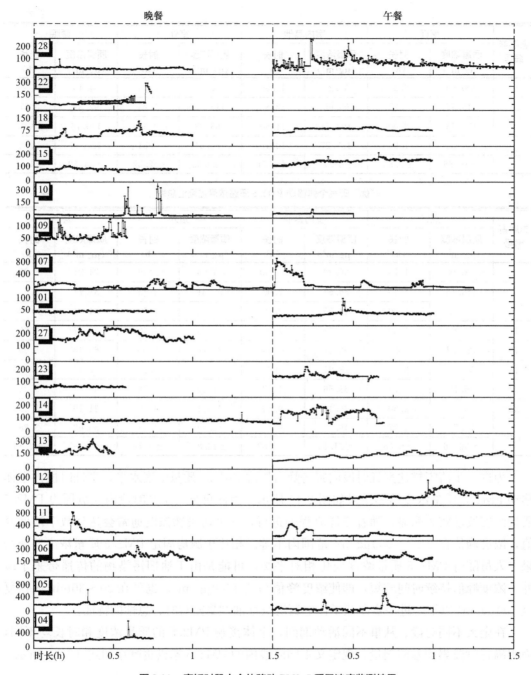

图 2-14　烹饪时段内个体移动 PM2.5 质量浓度监测结果

$$e = \frac{(c_c - c_0) \times t_c}{24} \tag{2-2}$$

式中　e——烹制导致额外 PM2.5 暴露浓度，$\mu g/m^3$；

　　　c_c——烹饪时段随身 PM2.5 质量浓度，$\mu g/m^3$；

　　　c_0——其他时段平均随身 PM2.5 质量浓度，$\mu g/m^3$；

　　　t_c——烹饪时段时长，h。

"重度污染""优"天气中烹饪对 PM2.5 暴露的贡献率如表 2-8、表 2-9 所示。由表可见，烹饪时段内人员累积PM2.5暴露在全天内占比大多处于10%左右，在空气质量等级为"重度污染"和"优"的天气里，其全日贡献率约为11%和13%，在室外大气污染较少时烹饪的贡献相对更高，但差异不明显。

对于所有受试住户，烹饪期间平均随身PM2.5质量浓度水平均高于其他时段的平均水平，即烹饪活动会导致额外的PM2.5暴露。但是对于不同住受试住户，即使烹饪时长相近，烹饪导致的额外PM2.5暴露差异明显。由于所有受试者均使用天然气作为烹饪燃料，该差异可能主要来源于烹饪食材、烹饪方式和烹饪油温的不同。另外，绝大多数受试者因烹饪行为每日额外暴露的PM2.5剂量，按绝对数量可等效为24h平均浓度上升$3\sim4\,\mu g/m^3$。值得注意的是，烹饪期间人员周边PM2.5质量浓度可达$800\sim1000\,\mu g/m^3$水平，潜在的健康风险可能与24h平均等效剂量上升有明显不同。

"重度污染"天气中烹饪对PM2.5暴露的贡献率　　　　表2-8

志愿者编号	烹饪时段质量浓度（$\mu g/m^3$）	烹饪时长（h）	全天贡献率	日间贡献率	额外暴露质量浓度（$\mu g/m^3$）
4	226.68	1.37	8.07%	11.07%	4.03
5	204.71	1.75	9.74%	15.14%	4.05
6	203.55	2.00	10.38%	20.42%	3.65
11	236.46	1.67	9.72%	16.75%	5.05
12	206.62	3.25	17.92%	26.95%	7.90
13	187.67	2.00	10.73%	15.74%	3.81
14	100.56	2.20	12.72%	16.62%	2.84
23	115.57	1.25	6.10%	9.21%	0.93
27	179.75	2.00	11.60%	21.24%	4.60
平均	184.62	1.94	10.78%	17.02%	4.09
	±46.86	±0.58	±3.30%	±5.36%	±1.75

"优"天气中烹饪对PM2.5暴露的贡献率　　　　表2-9

志愿者编号	烹饪时段质量浓度（$\mu g/m^3$）	烹饪时长（h）	全天贡献率	日间贡献率	额外暴露质量浓度（$\mu g/m^3$）
4	43.98	1.75	9.64%	12.86%	0.84
5	143.15	2.75	33.08%	44.29%	12.21
6	55.01	1.00	5.58%	8.54%	0.60
11	53.46	1.50	9.06%	12.89%	1.11
12	122.37	1.92	11.60%	15.65%	3.31
13	53.40	2.00	16.55%	21.48%	2.41
14	66.10	0.75	3.53%	5.84%	0.24
23	60.83	2.50	16.56%	23.27%	2.62
平均	74.79	1.77	13.20%	18.10%	2.92
	±36.76	±0.68	±9.27%	±12.11%	±3.90

2.4　本章小结

（1）不同通风工况下，烹饪期间最不利吸入暴露 PM2.5 质量浓度不同。仅通过侧窗补风的工况为代表工况，即一般家庭厨房烹饪期间普遍采用的通风工况，呼吸区 PM2.5 质量浓度均值为 10.97mg/m³，质量浓度峰值为 48.54mg/m³。而开启用于控制油烟外溢的条缝补风后，油烟羽流聚集于灶台上方且与周围空气传质增强，导致呼吸区 PM2.5 质量浓度显著升高。当条缝补风量达到 210m³/h，即吸油烟机排风量的 70% 时，志愿者在烹饪期间 PM2.5 吸入暴露剂量最大，呼吸区 PM2.5 质量浓度的均值为 32.26mg/m³，质量浓度峰值为 136.28mg/m³，分别约为仅通过侧窗补风基础工况下呼吸区 PM2.5 质量浓度的 2.94 倍和 2.80 倍。

（2）烹饪不同菜品期间，最不利吸入暴露 PM2.5 质量浓度不同。在仅通过侧窗补风的工况下，烹饪辣椒炒肉期间人员呼吸区平均 PM2.5 质量浓度达 30.15mg/m³，约为烹饪番茄炒蛋（14.94mg/m³）和炒青菜（16.02mg/m³）期间的两倍左右。此差异源于烹饪菜品不同，对通风方式不敏感。

（3）烹饪期间呼吸区 0.02~6.25μm 颗粒物数量浓度与 PM2.5 质量浓度测量结果较为一致。在仅通过侧窗补风的工况下，烹饪期间呼吸区 0.02~6.25μm 颗粒物数量浓度均值为 12.05×10³/cm³，数量浓度峰值为 42.53×10³/cm³。另外，呼吸区颗粒物数量浓度呈随条缝补风量增加而上升、在烹饪辣椒炒肉期间高于其他时段等特点。

（4）对于烹饪期间呼吸区颗粒物的粒径分布，测得颗粒物几乎全为可吸入颗粒物（PM10），其中细颗粒物（PM0.1）数量占比为 10%，0.1~1μm 范围内的颗粒物占比达 89%~91%，0.1~2μm 范围内的颗粒物占比为 92%~94%。不同通风工况下，呼吸区颗粒物的粒径分布无明显差别；烹饪不同菜品期间，呼吸区颗粒物粒径分布略有差异，烹饪辣椒炒肉期间，呼吸区颗粒物粒径相对较大，峰值浓度出现在 0.48μm 附近，而烹饪番茄炒蛋期间，呼吸区颗粒物粒径相对较小，数量浓度的峰值出现在 0.2μm 附近。

（5）24h 厨房固定 PM2.5 浓度监测结果表明，烹饪时段存在明显峰值，灶台周围 PM2.5 质量浓度最高可达 800~1000μg/m³，峰值持续时间 5~10min。受试家庭平均每日烹饪 2~3h，烹饪期间厨房内 PM2.5 质量浓度约比平时高出 50μg/m³。

（6）24h 个体移动 PM2.5 浓度监测结果表明，烹饪期间人员 PM2.5 暴露浓度显著上升，暴露浓度峰值因人而异，大多处于 200~1000μg/m³ 范围内。烹饪时段内人员随身 PM2.5 质量浓度明显高于其他时段，在室外空气质量为"重度污染"时平均质量浓度为 184.62±46.86μg/m³，在室外空气质量为"优"时平均质量浓度为 74.79μg/m³±36.76μg/m³。

（7）受试居民平均每日从事烹饪活动 2h 左右，烹饪期间的累积 PM2.5 暴露剂量在全天内占比为 11%~13%，在日间活动时段内占比为 17%~18%。

参考文献

［1］　杜博文. 住宅厨房个体油烟暴露评价指标研究 ［D］. 上海：同济大学，2015.

［2］　高军，曹昌盛，周翔，等. 住宅厨房油烟颗粒散发阶段呼吸区短期暴露的实验研究 ［J］. 建筑科学，2012，(S2)：72-74.

［3］　Cao Changsheng，Gao Jun，Wu Li，et al. Ventilation improvement for reducing individual exposure to cooking-generated particles in Chinese residential kitchen ［J］. Indoor and Built Environment. 2017，26 (2)：226-237.

［4］　Howard-Reed C，Rea A W，Zufall M J，et al. Use of a continuous nephelometer to measure personal exposure to particles during the US Environmental Protection Agency Baltimore and Fresno panel studies ［J］. J Air Waste Manage，2000，50 (7)：1125-1132.

［5］　Saborit J M D，Aquilina N J，Meddings C，et al. Measurement of personal exposure to volatile organic compounds and particle associated PAH in three UK regions ［J］. Environ Sci Technol，2009，43 (12)：4582-4588.

［6］　Bhargava A，Khanna R N，Bhargava S K，et al. Exposure risk to carcinogenic PAHs in indoor-air during bio-mass combustion whilst cooking in rural India ［J］. Atmos Environ，2004，38 (28)：4761-4767.

［7］　吴鹏章，张晓山，牟玉静. 室内外空气污染暴露评价 ［J］. 上海环境科学，2003，1 (8)：573-579.

［8］　敖俊杰，袁涛. 室内灰尘新兴污染物污染及人体暴露水平研究进展 ［J］. 环境与健康杂志，2014，31 (7)：640-644.

［9］　Morawska L，He C R，Hitchins J，et al. Characteristics of particle number and mass concentrations in residential houses in Brisbane，Australia ［J］. Atmos Environ，2003，37 (30)：4195-4203.

［10］　Buonanno G，Johnson G，Morawska L，et al. Volatility Characterization of Cooking-Generated Aerosol Particles ［J］. Aerosol Sci Tech，2011，45 (9)：1069-1077.

［11］　Lai A C K，Thatcher T L，Nazaroff W W. Inhalation transfer factors for air pollution health risk assessment ［J］. J Air Waste Manage，2000，50 (9)：1688-1699.

［12］　Asgharian B，Horman W，Bergmann R. Particle deposition in a multiple-path model of the human lung ［J］. Aerosol Sci Tech，2001，34 (4)：332-339.

第 3 章　厨房呼吸生物标志物指标评价

大量流行病学研究表明，长期烹饪油烟暴露可能导致多种疾病患病风险显著升高，包括肺癌、呼吸道疾病、心血管疾病、白内障等。本书利用生物标志物的研究方法，研究短期急性烹饪对人体健康可能造成的影响。通过自身对照的方法，测试短期急性油烟暴露前后人体多项生物标志物的变化，涵盖了肺功能相关、呼吸道炎症相关、血压相关和氧化应激相关的数种生物标志物。研究结果有助于筛选出对短期油烟暴露敏感的生物标志物，并明确其变化程度与油烟暴露剂量之间的关系，从而为后续深入研究油烟暴露与健康风险间的"剂量—反应"关系、进一步揭示长期油烟暴露的潜在致病机理。

3.1　生物标志物及选择依据

3.1.1　生物标志物介绍

生物标志物（Biomarker）是生物体受到严重损害之前，在不同水平（分子、细胞、个体等）因受环境污染影响而异常的一种信号指标，能够反映生物体与环境因子相互作用而引起的生理、生化、免疫和遗传等多方面的改变。生物标志物通常可分为暴露标志物（Biomarker of Exposure）、效应标志物（Biomarker of Effect）和易感性标志物（Biomarker of Susceptibility）。

暴露标志物反映了生物体接触环境污染的剂量水平，具体到烹饪油烟暴露研究中，目前已有多位学者采用尿液中污染物的代谢产物作为暴露标志物，人尿中 1-羟基芘（1-OHP）水平代表总多环芳烃（PAHs）暴露水平被视为一种有效、可靠的方法。已有多位学者将 1-OHP 作为生物标志物应用于油烟暴露评价，结果表明长期油烟暴露人群（厨师、家庭主妇）尿液中 1-OHP 浓度显著高于少有烹饪行为的对照组，而使用生物质燃料烹饪会显著影响尿液中 1-OHP 浓度。

除 PAHs 外，杂环胺（HCAs）的致突变性、致癌性很强，远高于 3，4-苯并［a］芘（BaP），而研究表明烹饪肉类产生的油烟是环境中杂环胺暴露的重要来源。前人研究发现，尿液中 2-氨基-3，8-二甲咪唑并［4，5-f］喹喔啉（MeIQx）和 2-氨基-1-甲基-6-苯基咪唑（4，5-b）吡啶（PhIP）与杂环胺的摄入剂量有很好的相关性。检测尿液中 MeIQx，可以用 $[^{13}N, ^{15}N_2]$ MeIx 作为内标，利用 GC/MS 选择离子检测器检测。

效应标志物反映了生物体受环境污染因素影响而发生的结构或功能的改变。罹患肺癌风险上升是长期烹饪油烟暴露对人体造成的最大的健康风险之一，而癌症的发生与氧化应激和 DNA 损伤等因素有关。8-羟基脱氧鸟苷（8-OHdG）是人体细胞受到活性氧（ROS）攻击后产生的氧化核苷，是目前最常用的研究 DNA 氧化损伤的生物标志物。

目前有数位学者研究了长期油烟暴露人群的尿液 8-OHdG 水平，并尝试检验了尿液中 1-OHP 与 8-OHdG 水平之间的关系，结果表明职业厨师等长期接触烹饪油烟的人群中 1-OHP 与 8-OHdG 的浓度均显著高于对照组，且两者呈正相关。

人类 8-羟基鸟嘌呤 DNA 糖苷酶（hOGG1）为单碱基切除修复酶，特异性识别切除 8-OHdG，修复 DNA 的氧化损伤。Cherng 等的研究结果表明，职业厨师、家庭主妇人群中 hOGG1 mRNA 的表达频率分别是对照组的 10 倍和 4 倍。

此外，姊妹染色单体交换（SCE）和微核在病因学中被认为与癌变的发生有关，其作为效应标志物也已有应用。任建华等学者的研究结果表明，职业厨师外周血淋巴 SCE 发生率较高，且细胞微核检出阳性率和微核细胞率也高于对照组。

除氧化应激和 DNA 损伤外，烹饪油烟的免疫毒性也已被证实。研究油烟暴露对人体免疫系统的影响，可以相关酶和蛋白的改变作为效应标志物。有学者检测了职业厨师外周血 T 淋巴细胞 α-醋酸萘酯酶（ANAE）、外周血 T 淋巴细胞亚群和血清免疫球蛋白（IgG），发现 T 淋巴细胞 ANAE 阳性率明显低于对照组，且血清 IgG 明显高。

上述效应标志物均为细胞和分子水平上的生物标志物。除此之外，另有其他表征人体宏观结构和（或）功能改变的效应标志物被证明和烹饪油烟暴露有统计意义上的显著相关性，如呼吸道症状、肺功能和心血管功能相关的标志物。

易感性标志物反映了机体先天遗传或后天获得的对接触外源性化学物的反应能力，由于本书着眼于厨房油烟暴露评价与通风改善，暂不关注此类标志物。

3.1.2　生物标志物选择

肺功能检查是判断呼吸系统健康程度的常见检查，对于早期检出肺或气道的病变、评估病情严重程度、诊断病变部位等具有重要意义。此外，肺功能检查通常使用吹气的物理性检查方法，有灵敏度高、操作方便和易于接受等优点。肺功能相关指标甚多，涵盖通气功能、换气功能、呼吸调节功能及肺循环功能等方面。本书选取了常见的表征通气功能的肺活量（VC）、用力肺活量（FVC）、一秒用力呼气量（FEV_1）、一秒率（$FEV_1\%$）、最大气通量（MVV）和表征大、小气道功能的峰值流速（PEF）、呼出 25% 和 50% 用力肺活量时的流速（$FEF_{25\%}$ 和 $FEF_{50\%}$）8 项生物标志物进行测试。

呼出气一氧化氮（Fractional exhaled nitric oxide，FeNO）由气道细胞产生，可反映炎症细胞的数目，目前作为生物标志物已应用于慢性咳嗽、哮喘和慢性阻塞性肺病等疾病的诊断中。前人研究表明 FeNO 质量浓度在 PM2.5 污染物暴露后显著升高，本书因此采用 FeNO 水平测试呼吸道炎症情况。

长期烹饪油烟暴露也会危害心血管健康，目前常用的心血管健康标志物包括凝血相关的可溶性 CD40 配体（sCD40L）、Ⅰ 型纤溶酶原激活剂抑制物、组织纤维蛋白溶酶原激活剂、D-二聚体和血管收缩相关的内皮素-1、血管紧张素转化酶等。然而，上述标志物需采血化验，测试较为困难且不容易被志愿者接受。前人研究发现，高浓度 PM2.5 暴露会导致血压显著升高。因此，本书采取易于测量的指标——收缩压（Systolic Pressure，SP）和舒张压（Diastolic Pressure，DP）和脉压（Pulse Pressure，PP）来测试短期急性油烟暴露对心血管健康的影响。

烹饪油烟中含有大量气态、颗粒态的 PAHs，PAHs 暴露会对人体造成明显的氧化应激。氧化应激即人体内氧化与抗氧化作用失衡而产生的一种负面作用，导致蛋白酶过量分泌、中性粒细胞炎性浸润，影响人整体的衰老和患病。本书选取了 PAHs 在人体内的典型代谢产物 1-OHP、自由基作用于脂质发生过氧化反应的最终产物丙二醛（MDA）和自由基攻击 DNA 分子中的鸟嘌呤碱基第 8 位碳原子产生的氧化物质 8-羟基脱氧鸟苷（8-OHdG）作为志愿者体内氧化应激水平的标志物。为了提高志愿者的接受程度，本书选择测试尿液中上述标志物的浓度，为非侵入式的测试方法。

3.2　生物标志物实验方案

烹饪油烟暴露前后，由经过培训的研究人员对受试志愿者的各项生物标志物进行采样或测试，测试与油烟吸入暴露浓度测量同期进行。

3.2.1　人员信息

本书共招募了 6 名健康的大学生志愿者，其中男性、女性各 3 名，平均年龄为 23.8 岁±0.3 岁。所有参与者均为非吸烟者，无临床诊断的慢性心肺疾病或过敏史，并且在实验期间保持健康。所有志愿者均掌握基本的烹饪技能，但近期无烹饪行为。

3.2.2　测试方法

在研究之前，作者团队统计了受试志愿者的年龄和性别，并测量了其身高和体重，以计算体重指数（BMI）。在第一次烹饪实验开始之前，对受试者心肺功能和呼吸道炎症相关的生物标志物的水平进行测试，并收集他们的晨尿储存于−18℃条件下。后续在志愿者完成每次烹饪之后，立即测试其心肺功能和呼吸道炎症相关的生物标志物，并在翌日清晨采集晨尿样本。

1. 心肺功能相关标志物测试方法

本书使用 FGC-A＋肺功能测试仪（安徽电子科学研究所）对 VC、FVC、FEV_1、$FEV_1\%$、MVV、PEF、$FEF_{25\%}$ 和 $FEF_{50\%}$ 8 项生物标志物进行测试。FGC-A＋肺功能测试仪如图 3-1 所示。该测试仪采用压差式流量传感器来测试肺通气功能，即利用在一具体形状的管道中气流流速与压力降之间的关系，测定呼吸流量。测试时，受试者先夹住鼻夹保持平静，然后通过口嘴呼吸。测试前志愿者均受到培训以确保可正确完成呼吸测试。最终测量值为三次符合标准的重复测量平均值。

2. 呼吸道炎症相关标志物测试方法

本书根据美国胸科学会和欧洲呼吸学会的建议，使用便携式呼出一氧化氮测试仪对 FeNO 进行测试，该测试仪如图 3-2 所示。仪器使用电化学电流传感器测定呼出气体中的 NO 质量浓度，测量范围为 5～300ppb，精度可达到小于 3ppb。测试时，受试者首先通过呼吸彻底排空肺部后，通过过滤嘴吸气至肺总容积，然后按照规定的流速缓慢地通过过滤器呼气，直到测试结束。该测试仪会自动识别某次吹气过程是否符合规定，继而判断是否重复测试。

图 3-1　FGC-A＋肺功能测试仪

图 3-2　便携式呼出一氧化氮测试仪

3. 血压相关标志物测试方法

血压测量使用 HEM7051 家用电子血压计，如图 3-3 所示。仪器采用示波法的原理，测量时先在手臂捆好束带，然后对束带自动充气，到达指定压力后停止加压并逐渐放气，直至血流可流通。血液在血管内流动产生振荡波，通过气管传至压力传感器，实时读出束带内测得的压力及波动。

测量时，受试者在烹饪结束后休息至少 5min，然后取右侧上肢，上臂置于与心脏同高位置，测量收缩压 SP 和舒张压 DP，并相减得到脉压 PP。每次测试至少获得两个相差 5％以内的可重复测量值，并以其平均值作为最终测量值。

4. 氧化应激相关标志物测试方法

在本次实验中，尿液中 1-OHP、8-OHdG 和 MDA 等标志物的浓度采用酶联反应法测试，分别使用了 3 款商用 ELISA 试剂盒。商用人体 ELISA 试剂盒如图 3-4。试剂盒采用双抗体一步夹心法酶联免疫吸附试验，操作过程为：将样品、标准样品和 HRP 标记的抗体加入到含有预包被捕获抗体的微孔中，孵育和洗涤后，用底物 TMB 显色，然后用酶标仪在 450nm 波长下测定吸光度（OD 值），最终与标准曲线进行比较来确定生物标志物的质量浓度。

图 3-3　家用电子血压计

图 3-4　商用人体 ELISA 试剂盒

在烹饪实验后的翌日清晨，收集受试者尿液样本约 1.5mL，然后在 30min 内储存于 −18℃下待测，并于 30 日内完成检测。此外，还检测了每个尿液样本中的尿肌酐（Urine Creatinine，UCr）的浓度，所有生物标志物的浓度均以与尿肌酐相比的相对浓度表示，消除尿液浓度的影响。

3.2.3　统计分析

本书利用线性混合效应模型（Linear Mixed-effect Model）来研究典型中式家庭厨房烹饪情境下、短时急性油烟暴露是否对导致上述心肺功能相关、炎症相关和氧化应激相关的生物标志的水平发生明显变化。

线性混合效应模型本质是一种方差分量（Variance Component）模型，用于分析各自变量对因变量影响的大小。其特点在于把模型的效应分解为固定效应和随机效应，而随机效应可以解释很多复杂的研究设计和数据结构，因此该模型在科研工作中得到了广泛的应用。

传统的一般线性模型的结构如式（3-1）所示：

$$Y = X\beta + \varepsilon \tag{3-1}$$

式中　Y——因变量的测量值向量；

　　　X——自变量的设计矩阵；

　　　β——与 X 对应的效应参数向量；

　　　ε——剩余误差向量。

因变量的测量值向量 Y 满足下列 3 个假设：①正态性，即 Y 来自正态分布总体；②独立性，Y 的不同观察值之间的相关系数为零；③方差齐性，各 Y 值的方差相等都为 σ_2。在实际研究中，通常很难同时满足上述三个假设，而线性混合效应模型除保留了传统线性模型中的假设①外，对假设②和假设③不作要求，因此拓展了模型的适用场合。

混合线性模型将一般线性模型扩展为：

$$Y = X\beta + Z\Gamma + \varepsilon \tag{3-2}$$

式中　Z——随机效应变量构造的设计矩阵，其构造方式与 X 相同；

　　　Γ——随机效应参数向量，Γ 服从均值向量为 0、方差协方差矩阵为 G 的正态分布，表示为 $\Gamma \sim N(0, G)$；

　　　ε——随机误差向量。

在本书中，由于各生物标志的水平具有对数正态倾向性，作者团队在统计分析之前对这些测量结果进行了对数转换。4 种不同通风工况下的 4 次实验结果分开进行统计分析。在模型中，通风工况被编码为 1~4 的虚拟变量，而 0 表示烹饪前的基准测量值。通风工况和性别设置为固定效应项；而受试者的年龄，BMI 和实验舱内的空气温度、湿度作为随机变量加入模型。统计检验使用商业统计分析软件 SPSS 进行，均为双边检验，显著性水平设置为 0.05。

3.2.4　伦理考虑

该研究已向同济大学医学研究伦理委员会提出申请并获批准。实验为自愿参与，所有参与者在加入前都提供了书面的知情同意书。实验程序在研究开始前已告知参与者，并申明他们有权随时退出实验，参与者在实验完成后均获得津贴。

3.3　油烟暴露前后生物标志物变化

所有志愿者均完成了 4 次烹饪实验，并提供了有效的生物标志物测量结果。所有志愿者在参与实验期间均保持健康。

3.3.1　生物标志物水平测试结果

表 3-1～表 3-4 列出了在实验之前和每次烹饪操作之后（对于尿液中氧化应激相关标志物为每日烹饪操作之后）的生物标志物水平测量结果，以几何平均值（95% CI）表示。其中相较于烹饪前基准值发生显著变化的生物标志物测量值，已用 * 号标出。

由表 3-1～表 3-4 可见，烹饪油烟暴露之后，数个肺功能相关、呼吸道炎症相关和氧化应激相关的生物标志物水平相较于基准测量值有明显变化。然而，经线性混合效应模型分析，绝大多数生物标志物的改变未达到统计学显著水平。其中，只有第三次和第四次烹饪操作后，存在生物标志物水平发生了显著变化。这两组烹饪实验中，条缝补风量分别为吸油烟机排风量的 50% 和 20%，结合前第 2 章烹饪期间呼吸区油烟颗粒物浓度测量结果可知，此时人员单次烹饪的吸入暴露剂量并非最高。考虑每位志愿者均在连续的两日内连续参与 4 次烹饪实验，可推测其生物标志物的改变可能受到之前烹饪实验的影响，即烹饪油烟暴露的健康危害具有一定的累积性。

肺功能相关标志物水平测试结果 表 3-1

	基准值	0 条缝补风	70% 条缝补风	50% 条缝补风	20% 条缝补风
FVC (L)	4.07	3.81	3.78	3.33	3.08*
	(3.41, 4.86)	(2.92, 4.98)	(3.17, 4.52)	(2.52, 4.41)	(2.33, 4.08)
FEV$_1$ (L)	3.48	3.29	3.57	3.22	2.98
	(3.02, 4)	(2.58, 4.18)	(2.99, 4.27)	(2.47, 4.19)	(2.29, 3.87)
FEV$_1$% (%)	85.34	86.20	94.43	96.60	96.45
	(72.58, 100.35)	(69.13, 107.48)	(92.29, 96.61)	(94.27, 98.99)	(94.12, 98.83)
VC (L)	4.16	3.97	3.24	3.66	3.52*
	(3.46, 5.01)	(3.2, 4.93)	(2.39, 4.39)	(2.92, 4.6)	(2.8, 4.42)
MVV (L/min)	106.73	107.06	106.90	109.45	104.14
	(94.11, 121.05)	(98.83, 115.97)	(97.68, 116.98)	(101.28, 118.27)	(96.36, 112.54)
PEF (L/s)	4.97	5.15	5.54	6.09*	5.80
	(3.77, 6.54)	(3.72, 7.13)	(4.21, 7.3)	(4.93, 7.53)	(4.69, 7.16)
FEF$_{25\%}$ (L/s)	4.66	4.95	5.22	6.03*	5.33*
	(3.71, 5.85)	(3.72, 6.59)	(4.06, 6.69)	(4.86, 7.48)	(4.3, 6.61)
FEF$_{50\%}$ (L/s)	4.69	4.66	4.94	5.15	5.20
	(3.47, 6.35)	(3.12, 6.97)	(3.63, 6.72)	(4.26, 6.23)	(4.31, 6.29)

注：* $p < 0.05$。

呼吸道炎症相关标志物水平测试结果 表 3-2

	基准值	0 条缝补风	70% 条缝补风	50% 条缝补风	20% 条缝补风
FeNO (ppb)	10.39	11.82	13.11	11.69	11.87
	(6.3, 17.14)	(7.16, 19.53)	(10.64, 16.16)	(7.36, 18.57)	(7.47, 18.85)

血压标志物水平测试结果　　　　　　　　　　　　　　　　　　　表 3-3

	基准值	0 条缝补风	70%条缝补风	50%条缝补风	20%条缝补风
SP (mm Hg)	109.57 (100.12, 119.91)	109.97 (94.78, 127.59)	108.07 (93.97, 124.27)	106.82 (92.51, 123.34)	101.79 (88.15, 117.53)
DP (mm Hg)	64.37 (57.17, 72.47)	64.20 (50.48, 81.66)	65.17 (49.55, 85.7)	62.73 (55.27, 71.19)	61.96 (54.6, 70.32)
PP (mm Hg)	44.91 (38.41, 52.51)	45.33 (41.96, 48.97)	41.90 (35.32, 49.7)	43.87 (35.45, 54.29)	39.36 (31.81, 48.72)

氧化应激相关标志物水平测试结果　　　　　　　　　　　　　　　表 3-4

	基准值	70%条缝补风	20%条缝补风
1-OHP (μmol/mol 尿肌酐)	1.43 (1.11, 1.82)	1.30 (1.14, 1.49)	1.45 (1.1, 1.91)
MDA (μmol/mol 尿肌酐)	204.75 (153.84, 273.75)	204.75 (176.47, 238.68)	228.50 (175.34, 297.51)
8-OHdG (μmol/mol 尿肌酐)	1.44 (1.09, 1.89)	1.50 (1.29, 1.75)	1.63 (1.18, 2.26)

此外，表 3-1～表 3-4 中各个生物标志物测量值的 95% 置信区间普遍较宽。由于个体之间在性别、年龄、身高、体重和生活习惯等方面存在明显不同，各生物标志物的绝对水平有明显的个体差异。因此，采用自身对照的方法，对于每位志愿者，以各生物标志物在烹饪油烟暴露后，相较于烹饪前基准值的百分比变化量进行统计分析，最终以百分比变化量的几何平均值表征烹饪油烟暴露对人体健康的影响。

3.3.2　烹饪前后百分比变化量

表 3-5～表 3-8 列出了在 4 次不同通风工况下的烹饪实验过后（对于尿液中氧化应激相关标志物为每日烹饪操作之后），生物标志物水平相较于烹饪前的百分比变化量，以几何平均值（95% CI）表示。

由表可见，烹饪油烟暴露之后，共有 2 种肺活量相关生物标志物发生了显著下降，即 FVC（$p=0.038$）和 VC（$p=0.037$）在第四次烹饪（60m³/h 条缝补风）后，下降达到了 5% 显著性水平下的统计学显著意义。此外，FEV_1 的平均水平在第一次、第三次和第四次烹饪后，也发生了较为明显的下降，但未达统计学显著水平。另有其他与肺通气功能相关的生物标志物在烹饪实验后上升，包括 $FEV_1\%$，PEF，$FEF_{25\%}$ 和 $FEF_{50\%}$。然而，仅有第三次烹饪后（150m³/h 条缝补风）PEF（$p=0.022$）和 $FEF_{25\%}$（$p=0.015$）的增加，和第四次之后 $FEF_{25\%}$（$p=0.028$）的增加达到了统计学显著水平。

FeNO 作为呼吸道炎症生物标志物已被证明对长期空气污染物暴露较为敏感。在本书的研究中，4 种通风工况下的烹饪实验后测得的志愿者的 FeNO 水平均高于烹饪前基准值，分别发生了 13.73%、26.14%、12.47% 和 14.18% 的上升。然而，上述变化均未达到统计学显著水平。

关于烹饪后血压的变化，SP、DP 和 PP 的变化均不明显，各工况下血压变化的平均值大多在 5% 以内，只有第四次烹饪（60m³/h 条缝补风）后，PP 的改变达到 12.35%，但所有变化均未达到统计学显著水平。

肺功能相关生物标志物水平百分比变化量　　　　表 3-5

肺功能相关	基准值	0 条缝补风	70% 条缝补风	50% 条缝补风
FVC	−6.38	−7.06	−18.16	−24.24*
	(−18.41, 7.42)	(−17.87, 5.17)	(−32.94, −0.11)	(−41.77, −1.44)
FEV_1	−5.44	2.83	−7.36	−14.39
	(−18.85, 10.19)	(−9.53, 16.9)	(−23.56, 12.27)	(−35.44, 13.54)
$FEV_1\%$	1.01	10.65	13.19	13.01
	(−5.21, 7.63)	(−4.59, 28.32)	(−3.89, 33.31)	(−4.52, 33.77)
VC	−4.61	−22.17	−11.99	−15.42*
	(−12.86, 4.43)	(−38.6, −1.34)	(−28.69, 8.61)	(−29.23, 1.09)
MVV	0.30	0.15	2.54	−2.43
	(−8.5, 9.95)	(−9.18, 10.44)	(−10.19, 17.08)	(−11.96, 8.12)
PEF	3.76	11.62	22.64*	16.70
	(−4.75, 13.03)	(0.09, 24.49)	(−0.42, 51.04)	(−5.42, 43.99)
$FEF_{25\%}$	6.18	11.88	29.36*	14.43*
	(−4.34, 17.85)	(0.44, 24.63)	(1.66, 64.61)	(−0.26, 31.29)
$FEF_{50\%}$	−0.68	5.19	9.82	10.89
	(−11, 10.83)	(−2.66, 13.66)	(−17.09, 45.48)	(−16.45, 47.18)

注：* 为 $p < 0.05$。

呼吸道炎症相关生物标志物水平百分比变化量　　　　表 3-6

呼吸道炎症相关	基准值	0 条缝补风	70% 条缝补风	50% 条缝补风
FeNO	13.73	26.14	12.47	14.18
	(−23.32, 68.68)	(−19.95, 98.77)	(−17.23, 52.83)	(−12.3, 48.64)

血压相关生物标志物水平百分比变化量　　　　表 3-7

血压相关标志物	基准值	0 条缝补风	70% 条缝补风	50% 条缝补风
SP	0.36	−1.37	−2.51	−7.10
	(−6.05, 7.21)	(−8.05, 5.79)	(−12.65, 8.8)	(−14.15, 0.52)
DP	−0.26	1.24	−2.55	−3.74
	(−19.39, 23.43)	(−18.55, 25.84)	(−15.79, 12.78)	(−8.3, 1.05)
PP	0.93	−6.71	−2.32	−12.35
	(−17.13, 22.93)	(−25.39, 16.65)	(−12.78, 9.39)	(−24.85, 2.23)

氧化应激相关生物标志物水平百分比变化量　　　　表 3-8

氧化应激相关	基准值	0 条缝补风	70% 条缝补风	50% 条缝补风
1-OHP		−8.59		1.81
		(−21.62, 6.61)		(−22.38, 33.54)
MDA		0.00		11.46
		(−21.43, 27.29)		(−2.01, 26.78)
8-OHdG		4.62		13.67
		(−9.22, 20.56)		(−10.6, 44.52)

尿液中 1-OHP 的浓度水平表征了 PAHs 的内部暴露剂量，但是在首日油烟暴露后的翌日清晨，其浓度并未如预期上涨；在第二日烹饪实验后，尿液 1-OHP 的浓度变化也十分轻微，仅有 1.81%。相比之下，尿液中的表示氧化应激的 MDA 和 8-OHdG 浓度在烹饪后有所增加，MDA 浓度水平在首日烹饪后几乎没有变化，在第二日烹饪后平均上升了 11.46；8-OHdG 浓度水平在首日和第二日烹饪后，分别评价上升了 4.62% 和 13.67%。

表 3-5～表 3-8 中数据表明，部分生物标志物在烹饪后的变化程度，与烹饪期间油烟暴露剂量大小对应，而另一部分生物标志物在数次烹饪后，发生了累进性的变化。为进一步说明生物标志物变化与单次油烟暴露剂量或累积暴露次数之间的关系，所有生物标志物在 4 次烹饪后的百分比变化量被绘成图，如图 3-5～图 3-8 所示。

肺功能相关标志物百分比变化量如图 3-5 所示。其中 VC 的变化在第二次烹饪（70m³/h 条缝补风，烹饪期间呼吸区颗粒物浓度最高）后变化最为剧烈，平均下降了 22.17%，因此可推测该标志物对油烟暴露剂量较为敏感。而 FVC 在 4 次烹饪后呈现了严格的累进性的变化，分别下降了 6.38%、7.06%、18.18% 和 24.24%，其中第四次烹饪后的下降达统计学显著水平。另有 FEV_1（-5.44%、2.83%、-7.36% 和 -14.39%）、$FEV_1\%$（1.01%、10.65%、13.19% 和 13.01%）和 $FEF_{50\%}$（-0.68%、5.19%、9.82% 和 10.89%）也呈现出累进性的变化趋势。这些肺功能相关标志物可能恢复相对缓慢，短时间内多次烹饪油烟暴露的影响可能会累积。

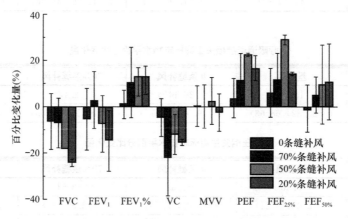

图 3-5　肺功能相关标志物百分比变化量

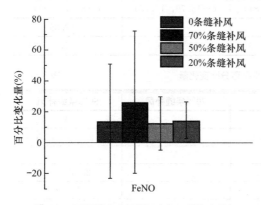

图 3-6　呼吸道炎症相关标志物百分比变化量

呼吸道炎症相关标志物百分比变化量如图 3-6 所示。FeNO 的变化在烹饪期间呼吸区颗粒物浓度最高的第二次烹饪后，变化最为明显，平均水平相较于烹饪前基准值升高了 26.14%。据此同样可以推测该标志物对单次油烟暴露剂量较为敏感。4 次烹饪后，FeNO 的百分比变化平均值均超过 10%，但变化未达统计学显著水平。其原因在于不同个体烹饪后 FeNO 的相对变化差异较大，即对烹饪油烟暴露的敏感程度不同，在小样本量情况下，无法得到显著性结果。

心血管相关标志物百分比变化量如图 3-7 所示。由图可见，SP、DP 和 PP 的变化都呈现出一定的累进性趋势，但平均百分比变化量大多在 10％的范围以内，且 95％置信区间范围较大，变化均未达到统计学显著水平。

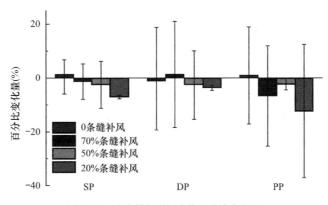

图 3-7　心血管相关标志物百分比变化量

尿液中氧化应激相关标志物百分比变化量如图 3-8 所示。由图可见，表征 PAHs 内暴露剂量的 1-OHP 浓度在第一日、第二日烹饪后平均变化均在 10％以内；表征氧化应激的 MDA 和 8-OHdG 浓度在烹饪后有所增加，且呈现出一定的累进性趋势。然而，上述三种尿液生物标志物的变化均未达到统计学显著水平，且由图可见其 95％置信区间范围较宽。一方面个体对油烟暴露的敏感程度不同，另一方面上述物质在人体内的代谢规律尚不完全清楚。虽有研究表明他们的峰值浓度通常可在污染物暴露后的翌日清晨测得，但采样时间也可能对实验结果带来不可忽视的影响。

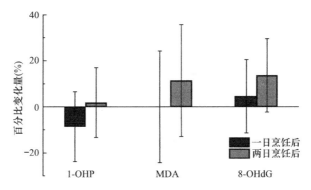

图 3-8　尿液中氧化应激相关标志物百分比变化量

3.3.3　生物标志物测试结果分析

为分析烹饪油烟暴露后，各生物标志物反应的含义，将烹饪前后的测量值与文献记载的参考值进行比较。

各项肺功能相关参数的正常值与人体的年龄、身高和体重等因素密切相关，前人有许多基于大量实测值归纳出的结果，如基于仅 5000 例全国范围内的实测值得出的，一个

20 岁中等身材人（170cm，75kg）的 FVC 约为 4.59L，FEV$_1$ 约为 3.97L，FEV$_1$% 约为 86.5%。另有学者基于上海市 360 组测量值，归纳了 VC、FVC、FEV$_1$、FEV$_1$%、MVV、PEF、FEF$_{25\%}$、FEF$_{50\%}$、FEF$_{75\%}$，外加功能残气量（FRC）、肺总量（TLC）、残气容积（RV）、残气容积/肺总量（RV/TLC）、一氧化碳弥散量（D$_L$CO）、每升肺泡容积的一氧化碳弥散量（KCO）等肺功能参数与性别、年龄、身高、体重的关系式，可用于计算参考值。本书中，油烟暴露前测得的各项肺功能指标在参考值的 90%～110% 范围内，但部分指标在油烟暴露后发生明显变化，如 FVC 下降至参考值的 60%～80% 范围内。

前人研究表明，高浓度油烟暴露后，志愿者 VC、FVC 和 FEV$_1$ 发生显著下降，且呈现随暴露次数增加逐渐下降的趋势，与本书研究结果一致。上述指标表征普通通气功能，其下降原因可能是油烟污染物的刺激使气道发生快速适应性反应，阻止吸气达到最大值。另外，笔者研究发现油烟暴露后 PEF 和 FEF$_{25\%}$ 有所上升，这两个指标表征大小气道的功能。通常阻塞性疾病患者由于气道痉挛或痰液阻塞，小气道提早关闭，PEF、FEF 会发生下降。油烟暴露使得这两个指标上升的现象，目前尚无法给出明确的解释。综上所述，短期急性烹饪油烟暴露可导致肺通气功能发生明显下降，所以 VC、FVC 和 FEV$_1$ 等指标可能可用于评价油烟暴露程度。

对于 FeNO 来说，它在人群中的测量值受到年龄、性别、吸烟与否和是否患有呼吸道炎症等因素的影响。一项对 2200 名未加任何区分的人群的测试表明，81% 的测量值落在 2.4～26.0ppb 的区间范围内；对 25～49 周岁的健康非吸烟成年人而言，男性正常的 FeNO 范围的 95% 置信上限身高在 27～42 的范围内、女性 32～49 的范围内变化。有学者推荐把小于 25ppb 作为健康成人的"低 FeNO 水平"，该测量水平表明患有气道的嗜酸性炎症和哮喘的可能性较小。

本书测得的 FeNO 水平，在烹饪前后均值均在 10～12ppb 之间，个体最大测量值为 22ppb，属低 FeNO 水平。然而，在 4 次烹饪油烟暴露后，FeNO 水平均有小幅上升。前人的研究表明，FeNO 水平升高与接触甲醛、乙醛和 PM2.5 等空气污染物有关。因此，FeNO 水平的小幅上升虽无法表征明确的健康风险，但对于油烟暴露较为敏感，有作为评价空气质量和污染物暴露水平的指标的潜力，两者之间的定量关系有待进一步研究。

由于实验设备的限制，本书中心血管相关生物标志物仅测试了偶测血压，即被测者无特殊准备的情况下测得的血压，并未对动态血压进行 24h 监测。前人针对大学生人群血压的研究结果表明，男性收缩压/舒张压约为 113.71mmHg±9.10mmHg/76.47mmHg±7.03mmHg，女性约为 104.62mmHg±8.06mmHg/70.93mmHg±7.02mmHg。本次实验测得的志愿者血压处于接近水平。烹饪前后，SP、DP 和 PP 均呈现逐渐下降的趋势，但变化不明显。目前未见专门针对短期急性烹饪油烟暴露对血压影响的研究，但有前人研究表明 PM2.5 颗粒物暴露会影响 SP 和 PP，另有其他学者的研究表明高浓度 PM2.5 暴露会导致 DP 显著小幅升高。总的来说，已有研究表明 PM2.5 暴露会导致血压的显著改变，但由于污染物种类和暴露时长的不同，研究结果之间尚有分歧。本书的结果尚不能说明短期急性烹饪油烟暴露会导致血压明显变化。

尿液中 1-OHP 是典型 PAH 芘在人体内的代谢产物，被认为是有效的 PAH 暴露标志物。前人研究表明，不同地区、不同职业的人群体内，1-OHP 浓度差异显著，一项针对我国 11 个城市男性学生人群的测试结果表明，其体内 1-OHP 浓度平均值在 $0.036 \sim 3.775 \mu mol/mol$ 尿肌酐范围内。本书测得的尿液 1-OHP 水平在烹饪油烟暴露前后无明显变化，在 $1.30 \sim 1.45 \mu mol/mol$ 尿肌酐的范围内，相较而言属中等偏高水平。

尿液中的 MDA 和 8-OHdG 是活性氧自由基攻击细胞产生的 DNA 氧化损失的标志物，目前未见有针对健康年轻人群中这两种物质的水平的普查性研究。在前人对于餐饮业从业者研究时，被作为油烟暴露对照组的服务员人群中，尿液，MDA 平均水平约为 $244.2 \mu mol/mol$ 尿肌酐，8-OHdG 水平约为 $5.4 \mu g/g$ 尿肌酐（$2.15 \mu mol/mol$ 尿肌酐）。本书测得的尿液 MDA 平均水平在烹饪前和一、二日烹饪后分别为 204.75、204.75 和 $228.50 \mu mol/mol$ 尿肌酐，8-OHdG 平均水平分别为 $1.44 \mu mol/mol$、$1.50 \mu mol/mol$ 和 $1.63 \mu mol/mol$ 尿肌酐，和上述文献中的测量结果在相近范围，但略低于它们。

本书对尿液中 MDA 和 8-OHdG 水平的测试结果表明，志愿者体内的氧化应激标志物在烹饪后发生了累进性的增长，但未达统计学显著水平。目前绝大多数研究针对平日接触 PAHs 剂量不同的人群，测试其体内 1-OHP、8-OHdG 和 MDA 等生物标志物的水平，以评价 PAHs 暴露对人体造成的氧化应激等影响。目前未见有受控环境下，测试污染物暴露前后各项物质水平的研究，所以无法作为本书的参考。目前现有研究以大鼠作为对象的实验表明，PM2.5 短期暴露可导致大鼠体内 MDA、8-OHdG 水平的显著升高。因此，短期烹饪油烟暴露有较大可能可导致人体内 MDA、8-OHdG 水平的升高，即可能可以利用尿液 MDA、8-OHdG 水平作为标志物评价油烟暴露程度。

3.4　非介入式生物标志物研究

3.4.1　非介入式生物标志物介绍

烹饪油烟中含有刺激性的 VOCs 等污染物，导致人员在烹饪期间常感到咽干流泪、口干喉痛和皮肤瘙痒等不适，并且会不住地咳嗽、打喷嚏、眨眼睛或流眼泪。这些症状太过稀疏平常以至于常常被忽略，然而，上述症状事实上是人体应对油烟污染物刺激发生的防御性反射行为，包含对于评价油烟暴露有用的信息。

反射是机体在中枢神经系统参与下，对内外环境刺激所发生的规律性的反应活动。引发人体反射活动的刺激通常分为内部刺激和外部刺激，其中外部刺激由外在环境作用于有机体，包括常见的视觉、听觉、嗅觉、味觉等方面的刺激。显然，烹饪油烟可对烹饪人员产生外部刺激。而反射是对刺激的回应，由肌肉的收缩和腺体的分泌完成。

咳嗽和眨眼均是人体受到刺激性气味刺激后，通过肌肉收缩做出的典型反应。咳嗽是支气管或肺部感染、慢性阻塞性肺疾病和肺炎等多种呼吸系统疾病的主要症状。咳嗽或者打喷嚏频率的上升通常与呼吸道的不适或病患有关。因此，咳嗽声已被推荐作为一种非接触性、非侵入式的生物标志物，用于评价空气污染物暴露。目前，有医学领域研究人员通过深入分析咳嗽的频率、强度和声音频谱，获取呼吸道疾病相关信息。类似地，眼刺激是人体暴露于气态污染物时的典型症状之一。在之前的研究中，已有学者使用眼刺激感觉强度作为标尺来评价室内 VOCs 暴露，并发现该指标对甲醛浓度十分敏感。此外，也有学者推荐使用眨眼频率作为污染物急性刺激作用的生物标志物。

本部分将研究咳嗽和眨眼睛这两种反射行为和油烟刺激强烈程度（即呼吸区污染物浓度）之间的关系，进而判断将它们作为生物标志物用于评价烹饪过程中人员油烟暴露程度的可行性。

3.4.2　反射行为测试方法

在志愿者参与实验期间，使用录像设备记录了厨房试验舱内的声音信息和志愿者面部区域的图像信息，图像和音频记录设备如图 3-9 所示。

试验结束后，作者团队将全部录像裁剪成数个片段，按照每位志愿者所烹饪的每道菜品保存。之后由两位经统一培训的研究人员对每个片段中，每分钟内志愿者咳嗽和眨眼的次数进行人工计数。如果两人的计数结果之间误差小于 10%，则两个结果的平均值作为最终结果用于后续分析；否则两位研究人员将各自重新计数。咳嗽和眨眼的频率用平均每分钟咳嗽次数（1/min）和平均每分钟眨眼次数（1/min）来表示。此

图 3-9　图像和音频记录设备

外，研究人员还对每声咳嗽或每次眨眼对应时间轴上的时刻作了记录。

3.4.3　反射行为测试结果

6 位志愿者在同一灶台条缝补风量下、烹饪同种菜肴期间的咳嗽或眨眼频率取平均，作为该工况下咳嗽和眨眼反射行为的测试结果。

1. 咳嗽频率测试结果

受试志愿者在 4 种不同通风工况下，烹饪辣椒炒肉、番茄炒蛋和炒青菜三道菜肴期间，烹饪期间咳嗽频率统计图如图 3-10 所示。

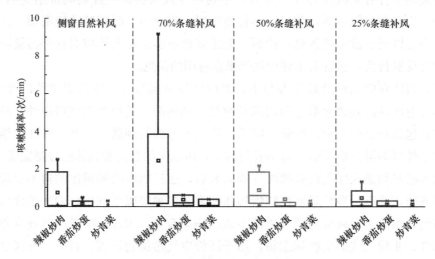

图 3-10　烹饪期间咳嗽频率统计图

不同通风工况下，志愿者烹饪期间的咳嗽频率有明显差异。在油烟暴露浓度最高的第二次烹饪中（70％条缝补风量），志愿者烹饪三种菜品期间，咳嗽频率的中位数均高于其他三种通风工况下的结果。此外，烹饪不同菜品期间，志愿者的咳嗽频率也显著不同。在烹饪辣椒炒肉期间，油烟暴露浓度最高，咳嗽频率也相应最高，在70％条缝补风工况下咳嗽频率超过2次/min，在其他工况下咳嗽频率也接近1次/min。

由此图还可以看出，箱形图的上下边缘和上下四分位数分别间隔较大，说明样本方差较大，即不同个体在类似烹饪工况下，受油烟刺激而发生咳嗽反应的剧烈程度不同。6位志愿者烹饪期间咳嗽频率汇总表如表3-9所示。

烹饪期间咳嗽频率汇总表　　　　　　　　　　表 3-9

志愿者编号	侧窗自然补风			70％条缝补风			50％条缝补风			20％条缝补风		
	辣椒炒肉	番茄炒蛋	炒青菜	辣椒炒肉	番茄炒蛋	炒青菜	辣椒炒肉	番茄炒蛋	炒青菜	辣椒炒肉	番茄炒蛋	炒青菜
2	0	0	0	0.17	0	0	0.17	0.20	0	0	0	0
3	0	0	0.29	0	0	0.29	0	0	0	0	0	0
4	0	0	0	0.33	0	0	0.17	0	0	0	0	0
6	1.83	0.40	0	3.83	0.60	0	1.00	1.80	0	0.50	0.20	0
7	2.50	0.20	0	9.17	0.60	0.29	2.17	0	0	0.83	0.20	0
8	0	0	0	1.00	0.20	0	1.83	0.20	0.29	1.33	0	0.29
平均	0.72	0.10	0.05	2.42	0.23	0.10	0.89	0.37	0.05	0.44	0.07	0.05
	±1.14	±0.17	±0.12	±3.60	±0.29	±0.15	±0.93	±0.71	±0.12	±0.55	±0.10	±0.12

大部分工况下，志愿者平均咳嗽频率在1次/min以下，仅在70％条缝补风下烹饪辣椒炒肉时，平均咳嗽频率达到2.24次/min。另外在第一、第四种通风工况下烹饪番茄炒蛋，和全部四次烹饪炒青菜时，平均咳嗽频率不大于0.1次/min。上述工况下呼吸区油烟污染物浓度相对较低，志愿者也没有因油烟刺激而发生明显的咳嗽反应。

2. 眨眼频率测试结果

受试志愿者在4种不同通风工况下，烹饪辣椒炒肉、番茄炒蛋和炒青菜三道菜肴期间，烹饪期间眨眼频率统计图如图3-11所示。由图可见，不同通风工况下，虽然志愿者在烹饪期间的油烟污染物暴露浓度不同，但其眨眼频率无明显差异。在大多数工况下，志愿者烹饪期间平均眨眼4～6次/min。而在烹饪不同菜品期间，志愿者平均眨眼频率略有不同，烹饪炒青菜期间的眨眼频率在不同通风工况下均为最高。特别地，在颗粒物浓度水平最低的50％和20％条缝补风工况下，炒青菜期间志愿者平均眨眼频率达9次/min左右。由于本书仅测量了颗粒物浓度而未监测VOCs浓度，尚无法对此现象做出解释。

6位志愿者烹饪每道菜品期间，烹饪期间眨眼频率汇总表如表3-10所示。由表中数据可见，在相似烹饪工况下，不同志愿者眨眼频率显著不同，且该差异几乎持续始终。举例来说，3号志愿者和6号志愿者每分钟眨眼频率在烹饪不同菜品时，均接近10次/min左右，通常为同列数据中的最高、次高值。但平均来看，在不同工况下烹饪不同菜品时，志愿者眨眼频率无显著差异，平均眨眼频率在5次/min左右最为普遍，仅有在50％和20％条缝补风工况下烹饪炒青菜期间，志愿者平均眨眼频率超过9次/min。

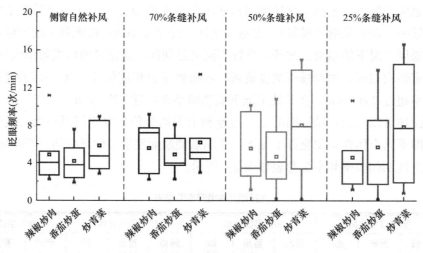

图 3-11　烹饪期间眨眼频率统计图

烹饪期间眨眼频率汇总表　　　　　　　　表 3-10

志愿者编号	侧窗自然补风			70%条缝补风 *			50%条缝补风			20%条缝补风		
	辣椒炒肉	番茄炒蛋	炒青菜	辣椒炒肉	番茄炒蛋	炒青菜	辣椒炒肉	番茄炒蛋	炒青菜	辣椒炒肉	番茄炒蛋	炒青菜
2	2.50	3.40	3.71	—	—	—	3.67	3.80	7.71	8.83	8.40	9.14
3	10.83	7.60	8.57	8.50	7.53	6.86	10.00	11.20	13.43	11.33	13.60	13.43
4	2.17	2.40	3.14	2.41	2.50	3.12	2.50	2.20	3.43	1.67	2.60	1.71
6	5.00	4.60	5.14	7.17	6.40	12.57	9.50	7.60	10.00	5.33	9.00	16.29
7	4.83	5.40	8.86	6.83	3.80	5.14	2.67	3.60	5.71	2.17	3.00	2.57
8	3.33	2.20	4.57	2.83	3.60	4.29	3.83	4.40	14.86	5.33	4.60	13.71
平均	4.78	4.27	5.67	5.55	4.77	6.40	5.36	5.47	9.19	5.78	6.87	9.48
95%置信区间	±3.19	±2.05	±2.46	±2.75	±2.11	±3.71	±3.44	±3.33	±4.43	±3.76	±4.26	±6.13

注：* 表示由于数据缺失，平均结果取 5 人测试数据平均值。

3.4.4　反射与油烟暴露的相关性

由上一节结果可知，20%条缝补风工况下志愿者平均咳嗽频率最高，烹饪辣椒炒肉期间志愿者平均咳嗽频率最高。结合第 2 章呼吸区油烟颗粒物浓度测量结果可知，平均咳嗽频率较高的工况均为呼吸区油烟颗粒物浓度较高的工况。对于眨眼频率，不同通风工况下，志愿者平均眨眼频率无明显差别，但烹饪炒青菜期间眨眼频率相对其他烹饪菜品较高。先将不同通风工况、不同菜品条件下，油烟颗粒物暴露浓度与反射行为频率汇总表如表 3-11 所示。

油烟颗粒物暴露质量浓度与反射行为频率汇总表　　　　　　表 3-11

	PM2.5 质量浓度（mg/m³）	PM 数量浓度（10³/cm³）	咳嗽频率（次/min）	眨眼频率（次/min）
侧窗自然补风				
辣椒炒肉	15.53±11.27	30.64±20.68	0.72±1.14	0.44±0.77
番茄炒蛋	8.32±7.79	20.96±17.24	0.10±0.17	0.13±0.16
炒青菜	6.95±3.25	13.33±5.23	0.05±0.12	0.10±0.15

续表

	PM2.5 质量浓度 （mg/m³）	PM 数量浓度 （10³/cm³）	咳嗽频率 （次/min）	眨眼频率 （次/min）
70%条缝补风				
辣椒炒肉	44.87±41.92	97.73±92.97	2.42±3.60	1.19±1.79
番茄炒蛋	19.00±13.47	48.44±31.06	0.23±0.29	0.10±0.24
炒青菜	29.60±19.14	51.15±23.41	0.10±0.15	0.33±0.33
50%条缝补风				
辣椒炒肉	31.69±24.91	54.76±48.89	0.89±0.93	0.69±0.63
番茄炒蛋	18.81±15.21	44.74±37.58	0.37±0.71	0.23±0.27
炒青菜	17.19±12.66	25.54±17.23	0.05±0.12	0.67±0.69
20%条缝补风				
辣椒炒肉	28.53±25.70	53.58±51.43	0.44±0.55	0.67±0.47
番茄炒蛋	13.64±15.68	33.3±39.06	0.07±0.10	0.53±0.47
炒青菜	10.33±6.15	16.5±9.82	0.05±0.12	0.29±0.18

为分析志愿者的咳嗽和眨眼两种反射行为与烹饪期间油烟暴露的关系，本书对咳嗽频率、眨眼频率与呼吸区 PM2.5 质量浓度、0.02～6.25 μm 颗粒物数量浓度之间逐一进行相关性检验。由于人体对于外界环境的刺激通常具有一定的忍耐能力，可能当刺激超过一定阈值时才会有明显的反射反应，所以咳嗽、眨眼反射与油烟污染物刺激强度之间即使相关，通常也不会呈现线性相关。因此，本书选用斯皮尔曼相关系数（Spearman's Correlation Coefficient）进行相关性检验。斯皮尔曼相关性检验对样本分布无明确要求，如果两个变量的值在各自组内排序相同或相似，即认为这两个变量"等级线性相关"。具体到本书，如果油烟污染物浓度越高时，志愿者平均咳嗽和眨眼频率越高，即认为它们相关。

相关性检验使用商业统计分析软件 SPSS 开展，选择双边检验，设置显著性水平 0.05。统计检验结果表明，仅有平均咳嗽频率与呼吸区 PM2.5 质量浓度之间显著相关（$r=0.239$，$\alpha=0.048$）。即可以认为咳嗽频率与烹饪油烟 PM2.5 质量浓度相关，但并不呈现严格的"等级线性相关"。

为直观展现志愿者咳嗽频率与呼吸区油烟颗粒物质量浓度的关系，烹饪实验期间，每分钟咳嗽次数与对应呼吸区颗粒物质量浓度关系如图 3-12 所示。数据来源于所有志愿者参与烹饪期间每一分钟的测量结果，未经平均处理。

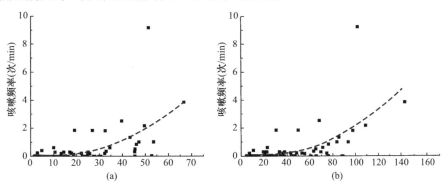

图 3-12　每分钟咳嗽次数与对应呼吸区颗粒物质量浓度关系

(a) PM2.5 质量浓度（mg/m³）；(b) 0.02～6.25 μm PM 数量质量浓度（10³/cm³）

　　由图可见，在颗粒物浓度未上升至非常高的浓度水平前（如 PM2.5 质量浓度小于或等于 $30mg/m^3$，$0.02\sim6.25\mu m$ 颗粒物数量浓度小于或等于 $80\times10^3/cm^3$），咳嗽的发生较少，志愿者咳嗽频率大多小于 0.5 次/min，仅有极个别点达到 2 次/min 水平。然而，当颗粒物浓度超过这个范围继续增加时，咳嗽频率开始相应明显增加，呈现正相关性。此现象说明只有当油烟污染物浓度超过一定限值后，才会引起明显的刺激性咳嗽。

　　类似地，每分钟眨眼次数与对应呼吸区颗粒物浓度关系如图 3-13 所示。由图 3-13 可知，当呼吸区污染物浓度相对较低，如 PM2.5 质量浓度小于 $5mg/m^3$、颗粒物数量质量浓度小于 $10\times10^3/cm^3$ 时，个别志愿者眨眼频率可高达 14 次/min；而当油烟颗粒物质量浓度极高时，眨眼频率仍可能仅有 $2\sim4$ 次/min。因此，就本书结果而言，未发现眨眼频率与油烟污染物暴露之间有相关性。

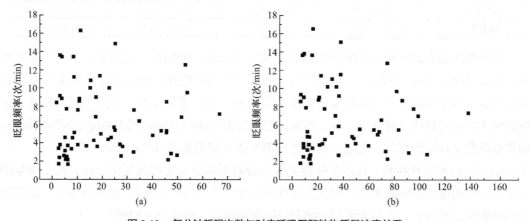

图 3-13　每分钟眨眼次数与对应呼吸区颗粒物质量浓度关系

(a) PM2.5 质量浓度（mg/m^3）；(b) $0.02\sim6.25\mu m$ PM 数量质量浓度（$10^3/cm^3$）

3.4.5　反射行为自动识别

　　根据录音和录像人为计数咳嗽和眨眼频率要求研究人员长时间集中注意力观察图像或倾听声音片段，需要耗费巨大的人力资源，并可能因人员注意力不集中或计数标准差异导致显著的人为误差。因此，本书尝试开发了可自动识别、计数烹饪人员的咳嗽和眨眼频率的计算机软件，以提高测试效率，促进该研究方法的推广。其中，咳嗽频率自动识别实现了可接受的准确率。

　　1. 咳嗽自动识别方法

　　目前已有多位学者研究并实现了咳嗽声音的自动识别，并应用于远距离监测呼吸道疾病病人的身体状况或环境污染物暴露评价。与一般语音识别过程类似，咳嗽声的识别通常可通过预处理、端点识别、特征提取、识别器训练和匹配识别等过程实现。预处理是语音识别的第一步，包括对声音信号的语音增强、预加重和加窗分帧等。语音增强即为从背景噪声信号中提取有用的语音信息，排除或降低各种环境噪声，提高声音信号的信噪比；预加重即为对声音信号高频分量进行补偿的，以抵消语音信号因口鼻辐射等影响在高频段的衰减；分帧即利用语音信号在短时范围内相对稳定的准稳态特性，将语音信号截取为 $10\sim30ms$ 的片段用来分析特征参数；而加窗即利用沿时间轴逐渐移动的周期性函数实现分帧，窗函数给定区间之外取值均为 0。这些操作的意义在于降低来源于人体发生器官和语音采集设备的信号失真，提高信号质量，便于语音识别。进而，下一步为端点检测，从声音片段中节选出包含有效声音的片段。常见的端点检测方法为双门限法，即设置短时平均能量和短时平均过零率两个限值，筛选出特征高于限值的声音片段，从而减少后续语音信号处理量，提高识别率。再下一步为特征提取，即从声音片段中分析、提取出目标语音的基本特征，作为识别依据，常用的特征有：声道冲激响应、自相关函数、声道面积函数等线性预测系数及其倒谱系数，功率谱、基因轮廓、共振峰频率带宽、语音帧能量、MEL 倒谱系数（MFCC）等语音频谱参数，或混合特征参数。提取特征后，可用来匹配并识别目标语音的方法有很多，目前常用的有矢量量化（VQ）法、隐马尔可夫模型（HMM）法人工神经网络（ANN）法等。VQ 法将目标语音的特征编译为码本，识别时将待测声音信号按照同一方法编码，并量化待测声音的失真度作为判断依据；HMM 法将目标语音视为由随机过程产生的特征序列，通过训练得出特征输出概率矩阵和状态转移概率矩阵，在识别时依据待测语音状态转移的概率进行判断；ANN 法由用户给神经网络提供一组一一对应的语音信号输入和识别结果输出，然后通过不断训练来修正神经元的阈值和联接系数，在识别时依据潜在的规律进行判断。

　　按照上述流程进行咳嗽声的自动识别，咳嗽声自动识别流程图如图 3-14 所示。

图 3-14　咳嗽声自动识别流程图

　　具体的，对按照每人、每道菜剪辑好的音频片段首先经加窗分帧的预处理后，采用双门限法提取出有声片段，短时平均能量和短时平均过零率均超过预设限值的声音信号帧被视为有效声音，其余帧作为背景噪声裁去。双门限法端点识别如图 3-15 所示。然后，截取出的声音片段通过对比声音帧对应时间轴与人工计数的咳嗽时刻，人为分类为

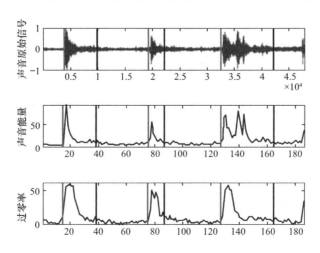

图 3-15　双门限法端点识别

咳嗽或由烹饪活动和通风设备引起的脉冲噪声。分类结果由研究人员人耳再次确认以保证分类正确。之后,使用 MFCC 法提取咳嗽声音信息的特征。本书选用 13 维 MFCC 系数,引入其一阶、二阶差分并加上短时平均能量和短时平均过零率,最终得到 41 维 MF-CC 系数用于特征提取。随后,本书选用 LBG 算法训练咳嗽声音片段以获取 VQ 码本。经多次重复训练得到的优化码本最终被用于咳嗽自动识别。

2. 咳嗽自动识别结果

6 位志愿者在不同通风工况下烹饪 3 道菜品期间,人工计数和自动识别咳嗽频率对照表如表 3-12 所示。

人工计数和自动识别咳嗽频率对照表(次/min)　　　　　　　　表 3-12

	侧窗自然补风			70%条缝补风*			50%条缝补风			20%条缝补风			平均
	辣椒炒肉	番茄炒蛋	炒青菜	辣椒炒肉	番茄炒蛋	炒青菜	辣椒炒肉	番茄炒蛋	炒青菜	辣椒炒肉	番茄炒蛋	炒青菜	
人工计数	0.72	0.10	0.05	2.42	0.23	0.10	0.89	0.37	0.05	0.44	0.07	0.05	0.456
自动识别	0.44	0.13	0.10	1.19	0.10	0.33	0.69	0.23	0.67	0.67	0.53	0.29	0.448

由表 3-12 可知,总体上,所有工况平均的人工计数咳嗽频率为 0.456 次/min,自动识别的咳嗽频率为 0.448 次/min,总体识别精度达 98%。然而,相比人工计数结果,自动识别的咳嗽频率在辣椒炒肉工况明显偏低,而在其他工况可能偏高,各工况结果更为接近。各工况下,人工计数与自动识别咳嗽频率对照如图 3-16 所示。由图 3-16 可知,4 种通风工况下,自动识别的咳嗽频率仍然是在 20%条缝补风工况、烹饪辣椒炒肉期间最高,但各组数据间的差别明显变小。特别地,烹饪番茄炒蛋和炒青菜期间的咳嗽频率结果变得十分接近。因此,自动识别的咳嗽频率数据在一定程度上体现了真实数据与油烟暴露浓度之间的"等级线性"关系,但会带来明显的误差。为提高咳嗽自动识别的精确度,一方面应改进算法,另一方面应提高声音样本的清晰度,尽可能减少噪声。

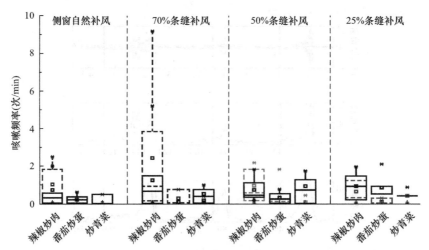

图 3-16　人工计数与自动识别咳嗽频率对照

3. 眨眼自动识别方法

人类眨眼动作的识别目前也已被多位学者采用不同方法实现，并应用于驾驶员视疲劳的检测或人机交互领域。眨眼识别通常需先识别人脸，然后定位眼睛位置，进而判断眼睛是否有眨眼动作。眼睛定位后，可将眼睛区域的像素信息与模板库进行对比，从而识别眼睛的开闭状态，具体的比较方法有眼睑状态检测、相关系数检验或 AdaBoost 迭代分类器识别等。

Adaboost 是一种迭代算法，其核心思想是针对同一个训练集训练不同的弱分类器，最终集合起来构成一个强分类器。在开源计算机视觉库 OpenCV 中，已有成熟的 Ada-Boost 分类器和训练样本。本书尝试用 OpenCV 中现有的分类器对烹饪期间的视频录像进行眨眼识别，在静态试验中取得了不错的效果，但在识别应用过程中，因录像角度差异、人体动作干扰等原因，未能达到可用的识别精度。

3.5　本章小结

（1）单次高浓度烹饪油烟暴露不会使本书中使用的生物标志物发生显著变化。本书中，通风条件不佳时，烹饪期间呼吸区 PM2.5 平均质量浓度最高可达 32.26mg/m³，但单次该水平的油烟暴露并未导致任一生物标志物的变化达到统计学显著水平。仅在两日内连续地第三次、第四次烹饪后，部分生物标志物发生显著变化。

（2）短期烹饪油烟暴露可导致肺通气功能相关生物标志物显著变化。烹饪油烟暴露后，用力肺活量 FVC 和肺活量 VC 在第四次烹饪后的下降，达到了 5% 显著性水平下的统计学显著意义。此外，峰值流速 PEF 在第三次烹饪后显著增加，呼出 25% 用力肺活量时的流速 $FEF_{25\%}$ 在第三次、第四次烹饪后显著增加。

（3）多种生物标志物在多次油烟暴露后呈现累进性的变化趋势。肺功能相关的用力肺活量 FVC、一秒用力呼气量 FEV_1 在四次烹饪后呈逐渐下降的趋势，而一秒率 $FEV_1\%$ 和 50% 用力肺活量时的流速 $FEF_{50\%}$ 则逐渐上升；尿液中 MDA、8-OHdG 的平均浓度水平在第一日、二日烹饪后，呈现逐渐上升的趋势。

（4）少数生物标志物的变化程度和单次油烟暴露浓度相关。肺通气相关的肺活量 VC 在呼吸区油烟污染物浓度最高的第二次烹饪后下降最为明显，平均水平下降 22.17%；相似地，表征呼吸道炎症的 FeNO 在第二次烹饪后上升最为明显，平均水平上升 26.14%。

（5）肺功能相关的 FVC、VC 和 FEV_1，呼吸道炎症相关的 FeNO 和氧化应激相关的尿液 MDA、8-OHdG 有作为生物标志物，评价短期急性油烟暴露程度的潜力。在油烟暴露后，部分指标发生统计学显著水平的变化，其余指标发生累进性或与单次暴露质量浓度相关的变化。

（6）不同通风工况下、烹饪不同菜肴期间，志愿者烹饪期间的咳嗽频率有明显差异。通风越差、菜品油烟散发越强烈、呼吸区颗粒物质量浓度越高时，平均咳嗽频率越高。平均咳嗽频率可大致分为小于 0.1 次/min、0.7～0.9 次/min 和大于 2 次/min 三个水平。

（7）不同通风工况下、烹饪不同菜肴期间，志愿者烹饪期间的眨眼频率无明显差异。尽管呼吸区颗粒物浓度不同，各工况下志愿者平均眨眼频率大多处于 5～9 次/min 的水平。

（8）经斯皮尔曼相关性检验，志愿者烹饪期间平均咳嗽频率与呼吸区 PM2.5 质量浓度相关。特别地，当且仅当呼吸区颗粒物浓度上升至一定水平后，咳嗽频率与其之间呈现出"等级线性"相关性。对于本书所设测点，这一浓度水平约为 PM2.5 质量浓度大于 30mg/m^3 或 $0.02 \sim 6.25 \mu\text{m}$ 颗粒物数量浓度大于 $80 \times 10^3 / \text{cm}^3$。

（9）烹饪情景中人员的咳嗽声可通过预处理、端点识别、特征提取、识别器训练和匹配识别等步骤，由计算机自动识别。尽管自动识别结果有趋于平均分布的不足，但并未掩盖咳嗽频率与油烟颗粒物质量浓度之间的"等级线性相关性"。

参考文献

[1] 杜博文. 住宅厨房个体油烟暴露评价指标研究 [D]. 上海：同济大学，2015.

[2] Du Bowen，Gao Jun，Chen Jie，at el. Particle exposure level and potential health risks of domestic Chinese cooking [J]. Building and Environment. 2017，123：564-574.

[3] Pan C H，Chan C C，Huang Y L，et al. Urinary 1-hydroxypyrene and malondialdehyde in male workers in Chinese restaurants [J]. Occup Environ Med，2008，65（11）：732-735.

[4] Chen B，Hu Y P，Jin T Y，et al. Higher urinary 1-hydroxypyrene concentration is associated with cooking practice in a Chinese population [J]. Toxicol Lett，2007，171（3）：119-125.

[5] Ruiz-Vera T，Pruneda-Alvarez L G，Perez-Vazouez F J，et al. Using urinary 1-hydroxypyrene concentrations to evaluate polycyclic aromatic hydrocarbon exposure in women using biomass combustion as main energy source [J]. Drug Chem Toxicol，2015，38（3）：349-354.

[6] Wu L L，Chiou C C，Chang P Y，et al. Urinary 8-OHdG：a marker of oxidative stress to DNA and a risk factor for cancer，atherosclerosis and diabetics [J]. Clin Chim Acta，2004，339（1-2）：1-9.

[7] Valavanidis A，Vlachogianni T，Fiotakis C. 8-Hydroxy-2′-deoxyguanosine（8-OHdG）：A Critical Biomarker of Oxidative Stress and Carcinogenesis [J]. J Environ Sci Heal C，2009，27（2）：120-139.

[8] Ke Y B，Cheng J Q，Zhang Z C，et al. Increased levels of oxidative DNA damage attributable to cooking-oil fumes exposure among cooks [J]. Inhal Toxicol，2009，21（8-11）：682-687.

[9] 柯跃斌，徐新云，袁建辉，等. 烹调油烟多环芳烃暴露与职业接触人群 DNA 氧化性损伤 [J]. 中华劳动卫生职业病杂志，2010，28（8）：574-578.

[10] 段小丽，魏复盛，JIM Z，等. 用尿中 1-羟基芘评价人体暴露 PAHs 的肺癌风险 [J]. 中国环境科学，2005，25（3）：275-278.

[11] Cherng S H，Huang K H，Yang S C，et al. Human 8-oxoguanine DNA glycosylase 1 mRNA expression as an oxidative stress exposure biomarker of cooking oil fumes [J]. J Toxicol Env Heal A，2002，65（3-4）：265-278.

[12] 刘志宏，朱玲勤. 烹调油烟对接触人群免疫指标的影响 [J]. 中国公共卫生，1999，15（6）：512-513.

[13] Neghab M，Delikhoon M，Baghani A N，et al. Exposure to cooking fumes and acute reversible decrement in lung functional capacity [J]. Int J Occup Env Med，2017，8（4）：207-216.

[14] Dweik R A，Boggs P B，Erzurum S C，et al. An official ATS clinical practice guideline：interpretation of exhaled nitric oxide levels（FENO）for clinical applications [J]. Am J Resp Crit Care，2011，184（5）：602-615.

[15] Chen R, Zhao A, Chen H, et al. Cardiopulmonary benefits of reducing indoor particles of outdoor origin: a randomized, double-blind crossover trial of air purifiers [J]. J Am Coll Cardiol, 2015, 65 (21): 2279-2287.

[16] Flamant-Hulin M, Caillaud D, Sacco P, et al. Air pollution and increased levels of fractional exhaled nitric oxide in children with no history of airway damage [J]. Journal of Toxicology and Environmental Health, Part A, 2010, 73 (4): 272-283.

[17] Jongeneelen F J. Benchmark guideline for urinary 1-hydroxypyrene as biomarker of occupational exposure to polycyclic aromatic hydrocarbons [J]. Ann Occup Hyg, 2001, 45 (1): 3-13.

[18] Nilsson R I, Nordlinder R G, Tagesson C, et al. Genotoxic effects in workers exposed to low levels of benzene from gasoline [J]. Am J Ind Med, 1996, 30 (3): 317-324.

[19] 陈宇炼，王守林. 志愿者短期接触烹调油烟对肺功能的影响 [J]. 南京医科大学学报（自然科学版），1995，3：523-525.

第2篇

厨房油烟污染通风控制方法

厨房通风气流组织与油烟污染控制效果息息相关，良好的气流组织方式对油烟污染的控制至关重要，因此，有必要对厨房气流组织方式进行深入研究。本书第 2 篇重点研究厨房油烟污染通风控制方法。（1）针对住宅厨房油烟浓度分布情况进行现场测试、实验室测试等，为后续厨房油烟污染通风控制优化研究提供支撑，也使读者对典型厨房油烟浓度分布现状和常用通风方式的控制效果可以有较深入的了解，另外也提出了厨房油烟污染通风控制的关键影响因素。（2）对厨房油烟污染控制效果的评价方法进行了探讨，并挑选出本书厨房油烟污染通风控制效果研究中的评价指标。最后，以常规厨房外窗自然补风方式为基准，提出了顶棚、地板圆形（圆环）射流补风，顶棚、地板贴附补风，灶台周边补风、橱柜补风等多种有组织补风方式，对其进行参数化研究及评价。

第4章 厨房通风方式及影响因素

厨房油烟浓度分布与个体暴露息息相关，厨房通风是厨房油烟污染控制和个体暴露改善的有效措施。本章对厨房通风方式进行分析，并采用现场测试和实验测试相结合的方法，研究现有典型厨房布局的油烟浓度分布情况，进一步研究补风方式和吸油烟机排风量对厨房油烟控制效果的影响，为后续厨房油烟控制优化研究提供支撑，也使读者对典型厨房油烟浓度分布现状和常用通风方式的控制效果可有较深入的了解。

4.1 厨房油烟污染通风控制方式

4.1.1 自然通风

利用热压和风压的自然通风是最早、也是最简单的厨房通风方式。厨房自然通风一般是通过开启的窗户、门及专门的孔洞等方式来实现的。自然通风不耗电，几乎没有噪声，因其经济性在早期厨房中得到广泛的使用。但自然通风主要有以下两方面的缺点：

（1）自然通风的油烟污染控制效率较低。经研究，在仅使用开窗进行自然通风的厨房中，PM2.5 质量浓度约为 $1750\mu g/m^3$。当以屋顶孔洞、门及门和窗分别作为自然通风的进风口时，在被研究的厨房中 CO 的最高浓度分别约为 182ppm、43ppm 和 27ppm。《室内空气质量标准》GB/T 18883—2022 标准中规定的室内 PM2.5 及 CO 浓度限值分别为 $50\mu g/m^3$ 及 $10\mu g/m^3$（约 10ppm）。可以发现，自然通风的排污效率低，难以有效控制厨房污染物浓度。

（2）自然通风模式稳定性差，其污染物控制效果很容易受到室外气温、风向、风速等多种因素的影响。在使用开窗进行自然通风的厨房中，当室外风速为 0.3m/s 时，厨房内的平均温度较室外风速为 1.0m/s 时的室内平均温度高 4~13℃。

由此可见，仅采用自然通风时，厨房内空气质量往往较差，人们的舒适性也往往得不到保障。目前在我国，厨房自然通风方式多见于农村低层建筑。据统计，韩国采用自然通风的厨房占总数的 9.4%。

4.1.2 机械通风

我国住宅厨房机械通风主要有吸油烟机/集成灶和排气扇等两种方式。

在厨房外墙安装轴流式排气扇是最简单的机械排风方式。排气扇合理的安装高度、风量及风速等，可以使排气扇达到最佳的控制效果。但是轴流式排风扇压头低，当遇到高速迎风时，会造成排风不畅，严重时还会产生倒灌现象。在使用一段时间后，油烟还会对排风扇及风扇安装位置的内外墙面造成污染。而排出室外的气体会扩散到周围建筑物，遇风又带入附近建筑的门窗，与其形成交叉污染。采用轴流式排风扇的方法虽然简单，但是在厨房中使用这种排风方式弊大于利。

吸油烟机/集成灶可以充分利用烹饪过程中形成的热羽流，并在灶台上部形成负压，在排除污染物的同时还能有效控制污染物向厨房其他区域扩散。开启吸油烟机时，厨房内颗粒物浓度为不开启吸油烟机时颗粒物浓度的 50%～70%。使用吸油烟机进行排风的特点是其排污效率高，但是能耗较大。而吸油烟机对污染物的捕集效率与厨房的补风及其自身的特性有关。

4.1.3　厨房补风方式

无论厨房采用吸油烟机或排气扇，只要厨房空间有排风，则必有相应的补风，补风方式对厨房气流组织的影响至关重要，直接影响厨房油烟污染的控制效果，因此，有必要对厨房的补风方式进行深入研究。

根据补风有无动力，厨房补风可分为机械补风与自然补风，机械补风方式如电动窗式通风器，自然补风如窗户补风。根据补风口的位置，可分为全面补风和局部补风，全面补风如窗户补风，局部补风如灶边补风、烟机气幕补风。根据对房间气流组织的影响作用，可分为有组织补风和无组织补风。有组织补风是指通过管路或导流设备对室外空气进行合理引导的补风形式，其中依靠厨房内负压提供动力的补风形式为有组织被动补风（自然补风），依靠风机提供动力的补风形式为有组织主动补风（机械补风）。而仅通过开窗或内门的补风为无组织补风，相对于有组织补风，无组织补风的新风有效性不佳。本书后续深入介绍几种有组织补风方式，并对其通风效果开展实验及模拟研究，几种补风方式介绍如下。

（1）顶棚/地板补风。在厨房的顶棚或地板部位设置送风口，相对于其他补风形式，采用顶棚补风时，厨房空间特别是厨房顶棚的油烟颗粒物滞留和累积现象得到了有效改善，厨房内的颗粒浓度较低。

（2）灶台补风。灶台补风包括灶台前部补风和灶台周围条缝补风两种，在灶台周围设置条缝补风口是一种新型的厨房补风方式，条缝补风口可以在灶台周围形成类似空气幕的效果，有效地阻挡油烟的溢出，提高吸油烟机的排风捕集率。但是条缝补风口的补风效果受到风口位置、风速等多个因素的影响，因此，必须对其进行合理设计和布置。一般来说，四周均设条缝时，吸油烟机捕集效果要优于仅有一侧或两侧设条缝时的情况。另外，风口风速不宜过小或过大，风速过小时，条缝补风无法形成风幕的效果；而当风速过大时，高速气流会破坏上升的油烟羽流，反而会将油烟向外扩散卷吸。

（3）贴附补风。竖壁贴附补风方式是指送风沿着壁面送入厨房内，风口可设置在顶棚或地板上。相关研究结果表明，竖壁贴附送风能在工作区形成类似置换通风的空气湖状速度分布，有效解决一般补风方式产生的横向气流对油烟捕集的影响。国内外商业厨房均已经开始大量使用类似送风方式进行厨房补风，极大地改善了厨房内的工作环境，相信在住宅厨房中也具有较好的应用前景。

（4）橱柜补风。通过厨房灶台两端的吊柜进行补风是综合考虑补风与现有空间设施结合的一种新方案。由于大部分油烟都是从吸油烟机的侧边排出，当吸油烟机两侧的部分橱柜用作补风装置，则可直接改善该区域的空气分布。

（5）一体式补风。一体式补风是指与吸油烟机结合的补风方式，目前市面上已有气幕式吸油烟机产品，气幕式吸油烟机通过在吸油烟机上边缘增加一道空气幕，用作厨房补风，气幕也可用来阻挡油烟溢散，提高吸油烟机捕集性能。由于空气幕射流的增加，吸油烟机控制区域流场复杂程度增加，烹饪热羽流、排风汇流和气幕射流三者之间的相互作用情况复杂。因此不合理的气幕出流参数可能会导致气幕不起作用甚至破坏油烟机控制区域流场。

4.2　厨房通风实验室识别与分析

4.2.1　实验系统及方法

本次实验测试同样在同济大学厨房油烟污染散发特性研究实验平台完成，如图 1-3 所示。本实验的目的是分析不同厨房通风条件下（不同门窗启闭工况），烹饪人员呼吸区的油烟污染暴露情况。

实验仪器：LD-6S 多功能激光粉尘仪，可监测 4 种不同粒径颗粒，采样流量为 2.0L/min，仪器精度 0.001mg/m³；QDF-3 型热线风速仪，有两个测量挡，分别为 0～10m/s、5～30m/s；测温仪器，分别为铜—康铜热电偶（测量厨房内的环境温度）、Pt100 热电阻（测量油温）及 2635A 便携式数据采集器。

实验流程：加热油前，先测出厨房内的颗粒背景浓度；然后开启电磁炉加热，监测油烟颗粒浓度，间隔 30s，测试时间 30min；开启门窗、将吸油烟机调至高速挡，快速降低厨房油烟颗粒浓度，再次测量背景浓度；进行下一组实验工况。

厨房通风条件设定如下：（1）关窗、关门的密闭工况（冬季厨房主要在此通风条件下运行，此时通风条件最为不利）；（2）关窗、开门的开门工况；（3）开窗、开门的双开工况（夏季居民厨房多数在此通风条件下运行）；（4）开窗、关门的开窗工况。几种工况均开启吸油烟机排除油烟污染。根据上述四个通风条件及吸油烟机两挡风量，共产生 8 个实验工况（表 4-1）。经测试，门窗关闭状况下，吸油烟机高低速挡的风量分别为 518.4m³/h 和 476.8m³/h；开启状况下，相应风量分别为 563.6m³/h 和 504.7m³/h。因烹饪过程的多样性和复杂性，油烟颗粒浓度测试稳定性难以控制，采用静态食用油加热的方法实现相对稳定的油烟散发过程，实验用油为大豆油。油温加热过程采用温度控制的办法，各工况均从起始环境温度加热至 220℃左右（图 4-1）。

实验工况设置		表 4-1
工况	**挡位**	**编号**
密闭工况（A）	高速挡	A1
	低速挡	A2
开门工况（B）	高速挡	B1
	低速挡	B2
双开工况（C）	高速挡	C1
	低速挡	C2
开窗工况（D）	高速挡	D1
	低速挡	D2

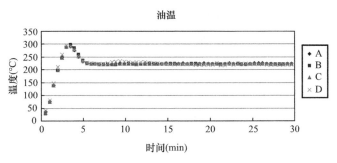

图 4-1　实验过程的控制油温变化

4.2.2　密闭工况结果

图 4-2 为密闭工况下呼吸区四种粒径油烟颗粒物质量浓度，与温度变化曲线趋势切合，表明随着温度升高而油烟散发增强。结果还显示，吸油烟机工作在高、低挡时，呼吸区油烟颗粒物的浓度无明显差别，说明在该通排烟风量范围内，吸油烟机风量增加不能显著降低呼吸区油烟颗粒浓度。A1 工况下，PM10、PM5、PM2.5、PM1.0 油烟颗粒的平均监测质量浓度分别为 8.276mg/m³、6.657mg/m³、4.493mg/m³、3.278mg/m³，远大于《室内空气质量标准》GB/T 18883—2022 规定的室内可吸入颗粒物（PM10）日平均最高容许浓度 0.15mg/m³，以及《环境空气质量标准》GB 3095—2012 规定的 PM2.5 日均浓度限值 0.075mg/m³。油烟颗粒短期暴露浓度限值尚无依据，但 PM10、PM2.5 的 30min 暴露平均浓度比标准中 24h 平均暴露限值分别高出 54.2 倍和 58.9 倍，仍可反映该工况下呼吸区油烟暴露浓度值极高。A2 工况下，PM10、PM5、PM2.5、PM1.0 平均监测质量浓度分别为 7.239mg/m³、4.667mg/m³、4.037mg/m³、3.188mg/m³，PM10 和 PM2.5 分别超标 47.3 倍和 52.8 倍。

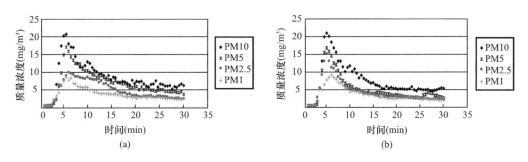

图 4-2　密闭工况下呼吸区四种粒径油烟颗粒物质量浓度

(a) A1 工况；(b) A2 工况

4.2.3　开门工况结果

图 4-3 为开门工况下呼吸区四种粒径油烟颗粒物质量浓度。相比前述密闭工况，呼吸区油烟颗粒物浓度大幅下降，吸油烟机风量增加明显降低了呼吸区暴露浓度，但相比相关标准，浓度值仍超标多倍。B1 工况下，PM10、PM5、PM2.5、PM1.0 平均监测浓度分别为 0.447mg/m³、0.293mg/m³、0.198mg/m³、0.136mg/m³，其中 PM10、

PM2.5 分别高出 24h 日均暴露限值的 2.0 倍与 1.6 倍；B2 工况下，PM10、PM5、PM2.5、PM1.0 平均监测浓度分别为 0.613mg/m³、0.321mg/m³、0.211mg/m³、0.166mg/m³，其中 PM10、PM2.5 分别高出 24h 日均暴露限值 3.1 倍与 1.8 倍。

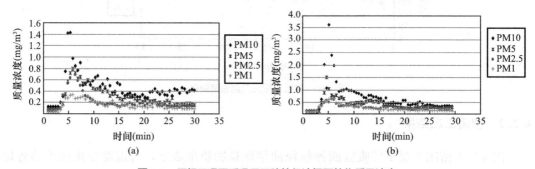

图 4-3　开门工况下呼吸区四种粒径油烟颗粒物质量浓度

(a) B1 工况；(b) B2 工况

4.2.4　双开工况结果

图 4-4 为 C 工况下呼吸区四种粒径油烟颗粒物质量浓度。从图中可以看出，油烟颗粒物的质量浓度波动很大，C2 工况比 C1 工况的波动更加剧烈。测试发现，C1 工况时的窗外风速在 0.15～0.7m/s 范围波动，C2 工况时在 0.3～1.2m/s 范围波动；室外风速自然波动情况下的无组织进风在一定程度上破坏了油烟散发的羽流，影响油烟颗粒物的主体运动轨迹，产生了时而小时而大的呼吸区浓度值，并使暴露浓度总体比工况 B 大。C1 工况下，PM10、PM5、PM2.5、PM1.0 平均监测浓度分别为 1.865mg/m³、1.390mg/m³、0.663mg/m³、0.339mg/m³，其中 PM10、PM2.5 分别高出 24h 日均暴露限值 11.4 倍与 7.8 倍；C2 工况下，PM10、PM5、PM2.5、PM1.0 平均监测浓度分别为 4.024mg/m³、2.998mg/m³、2.271mg/m³、2.004mg/m³，其中 PM10、PM2.5 分别高出 24h 日均暴露限值 25.8 倍与 29.3 倍。

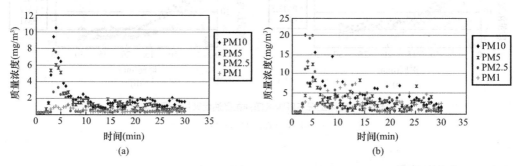

图 4-4　C 工况下呼吸区四种粒径油烟颗粒物质量浓度

(a) C1 工况；(b) C2 工况

4.2.5　开窗工况结果

图 4-5 为 D 工况下呼吸区四种粒径油烟颗粒物质量浓度。从图中可以看出，该工况下颗粒物浓度波动比前述工况 C 更剧烈，且呼吸区暴露浓度值更高。D1 工况下，PM10、

PM5、PM2.5、PM1.0 平均监测浓度分别为 3.932mg/m³、3.017mg/m³、1.660mg/m³、1.246mg/m³，其中 PM10、PM2.5 分别高出 24h 日均暴露限值 25.2 倍与 21.1 倍；D2 工况下，PM10、PM5、PM2.5、PM1.0 平均监测浓度分别为 4.225mg/m³、3.115mg/m³、2.342mg/m³、2.043mg/m³，其中 PM10、PM2.5 分别高出 24h 日均暴露限值 27.2 倍与 30.2 倍

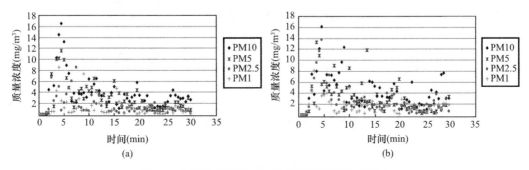

图 4-5　D 工况下呼吸区四种粒径油烟颗粒物质量浓度

(a) D1 工况；(b) D2 工况

4.3　厨房通风现场识别与分析

4.3.1　测试对象及工况设置

本书测试对象为深圳市某住宅楼的厨房，该楼总楼层数 35 层，所测厨房位于第二十六层，该厨房为典型中式二字形厨房，并安装有空调。吸油烟机排风经集中烟道排至屋顶，空调送风口靠近厨房外阳台侧，空调回风口靠近厨房内门，灶台烹饪区域邻近阳台，被测厨房布局示意及实景图如图 4-6 所示。

为确定后续测试过程中，吸油烟机与空调的工作模式，对不同的补风场景下、不同挡位吸油烟机的风量进行测试，测试了阳台门关闭条件下，内门开启/关闭，吸油烟机高、中、低挡时的风量。测试发现，内门开启时高挡风量可达 950m³/h，而内门关闭时风量下降为 770m³/h，内门关闭使得吸油烟机排烟系统阻力加大，吸油烟机风量削减；吸油烟机低挡运行时，无论内门开启或关闭，风量均大于 500m³/h，油烟机风量测试结果如表 4-2 所示。考虑此次测试时间在非集中烹饪时间段，楼层公共烟道的吸油烟机排风同时开启率较低，且该楼层位于集中烟道的偏上部区域，所以选择吸油烟机低挡作为后续测试的吸油烟机运行状态。另外，选择空调设定温度为 22℃、风量为高挡，作为后续空调的运行状态设定，并测试了其在阳台门关闭、内门开启时的送风量为 550m³/h，空调风量测试结果如表 4-3 所示。后续测试主要集中对比厨房空调开启与关闭、内门开启与关闭对厨房油烟控制效果的影响。

本次测试通过发烟可视化、激光可视化、污染物浓度测试等方式，先定性再定量分析被测厨房的油烟控制效果。

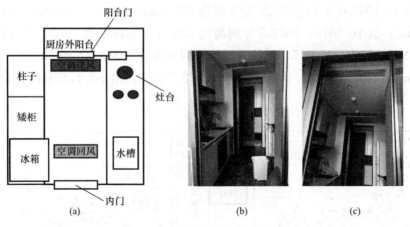

图 4-6　被测厨房布局示意及实景图

(a) 平面图；(b) 实景图（一）；(c) 实景图（二）

油烟机风量测试　　　　　　　　　　　　　表 4-2

测试工况	高挡（m³/h）	中挡（m³/h）	低挡（m³/h）
阳台门关闭内门开启	950	756	605
阳台门关闭内门关闭	770	691	561

空调风量测试　　　　　　　　　　　　　表 4-3

测试工况	空调送风量（m³/h）
阳台门关闭；内门开启，空调温度 22℃、高挡风速	550

4.3.2　发烟可视化实验

发烟可视化实验通过烟饼实现，以反映烹饪油烟的气流运动轨迹，发烟可视化实验对比了开门关空调、关门关空调、开门开空调、关门开空调四种工况下的厨房室内气流组织情况。图 4-7 为发烟可视化实验，开门关空调时的烟雾绝大部分被吸油烟机捕集，关门关空调时由于补风不畅，烟雾部分逸散至厨房空间中；而开启空调后，空调风直吹烹饪区，使得烟雾四处逸散，厨房空间内烟雾缭绕，且关门开空调时，吸油烟机捕集性能因风量的减少而衰减，厨房内的环境质量不佳。

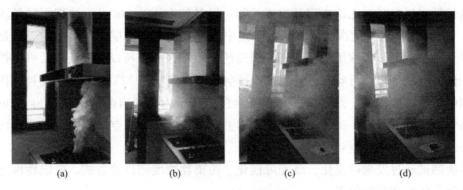

图 4-7　发烟可视化实验

(a) 开门关空调；(b) 关门关空调；(c) 开门开空调；(d) 关门开空调

4.3.3　污染物浓度测试

烹饪散发流程：在灶台左侧使用炒菜机器人，加热功率设置为 1800W，加入 200mL 花生油＋50g 干辣椒并设定搅拌速度为高速搅拌，加热时间为 15min，同时烹饪过程中，右侧两个燃气灶具同时开启至最大功率，烹饪污染散发工况设置如表 4-4 所示，烹饪污染释放源以及测点布置如图 4-8 所示。

烹饪污染散发工况设置　　表 4-4

原料	加热功率	加热时间	搅拌速度
200mL 花生油＋50g 干辣椒	1800W	15min	高速搅拌

图 4-8　烹饪污染释放源以及测点布置

厨房空间空气质量使用 TSI-8532 气溶胶监测仪和 CO_2 测试仪，分别在距离地面高度 1.5m 位置的烹饪区、洗切区、厨房中心 3 点测试 PM2.5 和 CO_2 浓度。在烹饪的第 0、5min、10min、15min 分别记录一次数据，烹饪污染测试工况设置如表 4-5 所示。

烹饪污染测试工况设置　　表 4-5

工况	烹饪方式	吸油烟机	外窗	空调	厨房门
1	200mL 花生油＋50g 干辣椒混合加热 15min	低挡运行	关闭	关闭	开启
2				关闭	关闭
3				开启	开启
4				开启	关闭

图 4-9 给出了测点速度分布对比。在烹饪区，空调开启工况因空调送风射流作用，其中间区域（1.0m/1.5m 测点位置，位于空调送风射流区）的风速相比对应的空调关闭工况明显增加；其上部和底部区域风速略微增加。在洗切区，空调关闭时，开门工况（此时洗切区位于补风路径上）各点风速整体上大于关门工况；空调开启时，由于空调送风射流干扰，开门/关门各测点风速无明显规律特征。

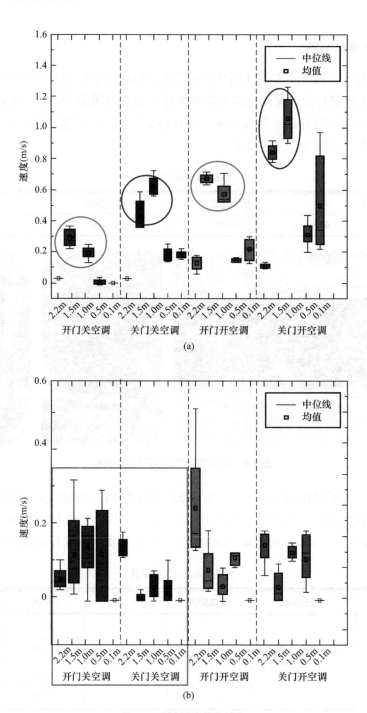

图 4-9　测点速度分布对比

(a) 烹饪区速度；(b) 洗切区速度

　　图 4-10 给出了不同工况测点 PM2.5 质量浓度、CO_2 浓度对比。关门工况时，烹饪区、洗切区及厨房空间的污染物浓度（PM2.5/CO_2）比对应的开门工况都要高；空调开启工况，因油烟凝固和空调内部过滤作用，烹饪区、洗切区及厨房空间的 PM2.5 浓度比相应的空调关闭工况都要低；但因 CO_2 等气态污染无法过滤，空调开启相当于增加了内部扰动，空调开启工况下的 CO_2 浓度比对应的空调关闭工况都要高。

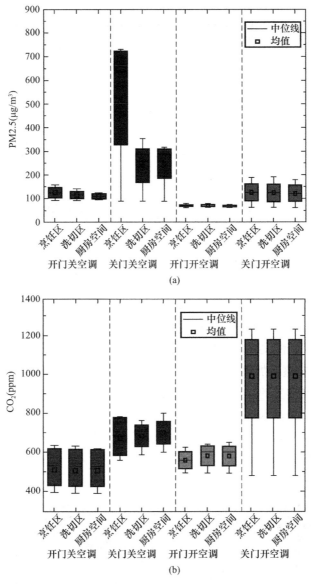

图 4-10　不同工况测点 PM2.5 浓度、CO_2 浓度对比

(a) PM2.5 浓度对比；(b) CO_2 浓度对比

4.4　厨房通风效果影响因素分析

4.4.1　实验流程

本节采用的实验系统与第 2 章厨房油烟污染物呼吸暴露研究一致。各组实验中的散发条件即为花生油的加热过程：花生油 200mL，辣椒粉 10g（均匀撒满油面），电动搅拌器（转速 120r/min）在加热过程中匀速搅拌锅内的油，测试工况设置如表 4-6 所示。

测试工况设置　　　　　　　　　　　　　　　　　表4-6

工况	油烟机排风量（m³/h）	通风条件
1	300	吸油烟机同侧下两扇平开外窗自然补风
	400	
	500	
2	300	吸油烟机同侧上两扇平开外窗自然补风
	500	
	600	
3	300	吸油烟机异侧下悬外窗自然补风
	400	
	500	
4	300	顶棚圆环风口向下射流自然补风
5	300	地板圆环风口向上射流自然补风

实验流程：首先设置加热装置上油温的最终稳定温度为260℃，并开启散发舱的离心风机，调整风阀开度，使排风量保持在工况设定值。接着开启门、窗和各监测仪器，运行风机60min，降低散发舱的环境背景浓度至相对稳定值；随后开启加热装置和电动搅拌器，从25℃左右室温加热花生油，至第4min时加热到260℃后继续加热10min。然后关闭加热装置。在实验的14min内利用TSI-8532型气溶胶监测议和CPC-3775型醇基凝聚核粒子计数器记录油烟颗粒物的浓度值。实验结束后，开启门窗并调大排风量，增大舱体的换气次数，使舱内浓度快速降低至较低值，刷洗、擦干烹饪锅，再进行下一组实验。每组工况重复3次。实验工况示意图如图4-11所示。

(a) 　　　　　　　　　　　　　(b)

图4-11　实验工况示意图

(a) 工况1；(b) 工况2

4.4.2　排风量

当前住宅厨房油烟污染控制多采用吸油烟机进行排除，吸油烟机排风量的大小是影响油烟污染控制的一项重要因素。目前市场上的吸油烟机排风量标称值在600～1260m³/h范围内不等，国家标准《民用建筑供暖通风与空气调节设计规范》GB 50736—2012、行业标准《建筑通风效果测试与评价标准》JGJ/T 309—2013、国家建筑标准设计图集《住宅排气道（一）》23J916-1 对厨房排气量做出规定：厨房排气道各用户排风量应在 300～500m³/h 范围内。工程建设团体标准《住宅厨房空气污染控制通风设计标准》T/CECS 850—2021 提出，厨房油烟轻度污染时排风量≥300m³/h、重度污染时排风量≥500m³/h。而国家标准《吸油烟机及其他烹饪烟气吸排装置》GB/T 17713—2022 首次提出了吸油烟机工作风量的要求，将原来 GB/T 17713—2011 中排风量≥600m³/h 调整为工作风量≥420m³/h。浙江省工程建设地方标准《住宅厨房混合排气道系统应用技术规程》DBJ33/T 1289—2022 中首次提出，住宅厨房排风量应不小于 420m³/h、不大于 780m³/h。可见，目前国内标准对于厨房通风量的规定尚未清晰，厨房单户通风量的合理化设计成为当前研究的重点。

本节特分析不同排风量下，厨房油烟污染的控制效果，对不同排风量下烹饪人员呼吸区的油烟颗粒浓度进行实测，实验系统、实验流程与第 2 章一致。图 4-12、图 4-13 分别为 3 种不同通风方式下呼吸区颗粒物累积数量、质量吸入量。从图中可以看出，吸油烟机排风量仅增加 200m³/h，累积吸入量差别显著。3 种不同通风方式下的呼吸区油烟颗粒累积数量吸入量分别降低 50.48%、47.24% 和 27.01%，油烟颗粒累积质量吸入量分别降低 77.26%、64.37% 和 67.48%。说明在该排风量范围内（300～600m³/h），吸油烟机风量增加可以显著降低呼吸区油烟颗粒浓度。

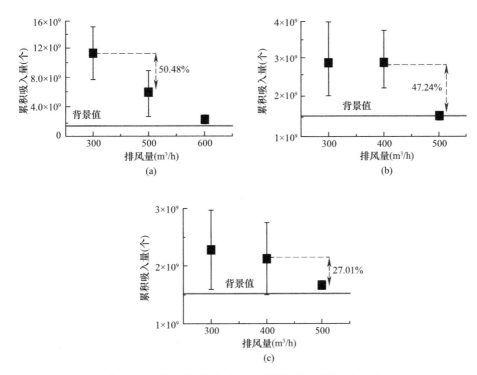

图 4-12　3 种不同通风方式下呼吸区颗粒物累积数量吸入量

（a）同侧窗下两扇自然补风（工况 1）；（b）同侧窗上两扇自然补风（工况 2）；（c）异侧窗下悬窗自然补风（工况 3）

结果显示，工况 2（仅开启同侧上两扇平开外窗＋罩）和工况 3（仅开启吸油烟机异

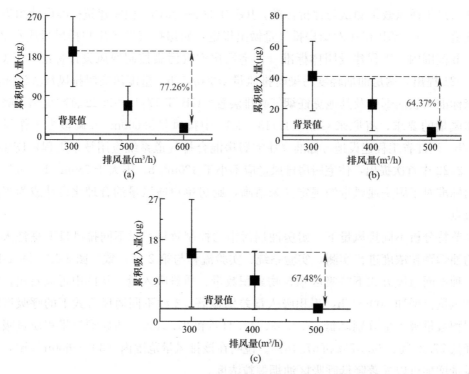

图 4-13　3 种不同通风方式下呼吸区的颗粒物累积质量吸入量

(a) 同侧窗下两扇自然补风（工况 1）；(b) 同侧窗上两扇自然补风（工况 2）；(c) 异侧下悬窗自然补风（工况 3）

侧下悬窗）在 500m³/h 吸油烟机排风量下，个体吸入浓度可以基本维持在空间背景浓度水平，说明油烟颗粒污染在这两个工况的 500m³/h 排风量下即得到较好的控制。而工况 1（仅开启同侧下两扇平开外窗＋罩）在 600m³/h 的吸油烟机排风量下个体吸入浓度还未能控制到背景浓度水平。

增加吸油烟机的排风量（即厨房通风量）对降低个体呼吸区油烟颗粒物浓度、改善厨房空间的通风效果是有效的，但当吸油烟机排风量增加到一定程度后，再一味增加排风量不仅浪费能量，而且可能对厨房空间的通风效果作用甚微。因此在进行厨房通风设计时，一定要根据厨房具体情况及排烟系统的阻力，确定通风量的合理值，既不浪费能量又能有效排除油烟颗粒。

4.4.3　补风方式

厨房空间的通风效果不但与吸油烟机的排风量有关，且与室内气流组织密切相关。因此有必要研究相同排风量不同补风方式的通风效果。

图 4-14 是不同自然补风方式呼吸区的颗粒物吸入浓度。由图 4-14 可见，吸入浓度的变化相较于油温和散发浓度有延迟，约 6min 处达到峰值浓度，晚于油温（310s）和散发浓度（185s/250s）到达峰值的时间。该延迟效应可能是由于颗粒物从油面散发传递到个体呼吸区需要时间所导致的。工况 1 下，油烟 0.04μm 以上颗粒物的峰值监测数量浓度为 1.59×10^5 个/cm³，油烟颗粒 PM2.5 的峰值监测质量浓度为 4.448mg/m³，远大于国家标准《环境空气质量标准》GB 3095—2012 的规定 PM2.5 日均浓度限值 0.075mg/m³。

厨房内呼吸区油烟颗粒物浓度的限值尚无依据，但 PM2.5 在 14min 的暴露平均浓度是标准中 24h 平均暴露限值的 59.3 倍，仍可反映出该工况下呼吸区油烟颗粒物暴露浓度值极高，可见中式烹饪过程中散发的油烟颗粒物危害极大。PM2.5 呼吸区暴露峰值浓度超标倍数按工况排序为 1＞2＞3＞4＞5，最高超标 59.3 倍，最低超标 0.528 倍（即不超标）。工况 1 油烟颗粒 PM2.5 在 14min 内暴露峰值浓度超标最严重，工况 2 其次，工况 3 再次，工况 4 超标最小，工况 5 不超标。

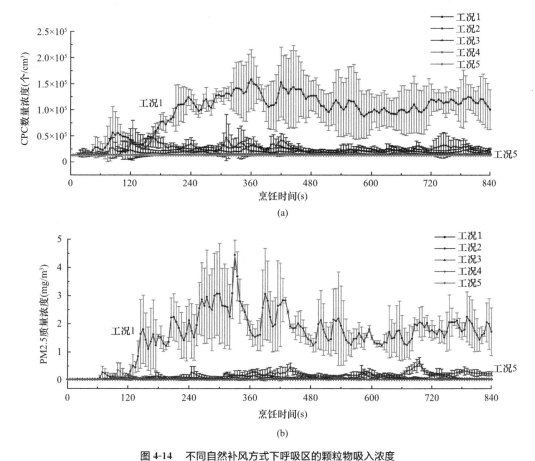

图 4-14　不同自然补风方式下呼吸区的颗粒物吸入浓度

(a) 0.04 μm 以上颗粒物数量浓度；(b) PM2.5 质量浓度

　　图 4-15 是不同自然补风方式下呼吸区的颗粒物累积吸入量，人体稳定呼吸率取 0.5m³/h。结合图 4-15 发现，不同的通风形式对烹饪过程中人体油烟颗粒物暴露具有显著影响。在工况 1 中，当仅开启同侧下两扇平开外窗＋罩时，观察其浓度变化相较于其他工况的波动更加剧烈，其数量吸入量相较于其他工况也高出一个数量级，对油烟颗粒物的控制效果最差。这是因为在开启外窗情况下，从侧窗进入的补风气流会对上升的烹饪热羽流产生横向干扰，同时干扰吸油烟机的吸气气流，使油烟弥散到整个厨房空间，因此导致呼吸区吸入浓度比较高。相比工况 1，工况 2（仅开启吸油烟机同侧上两扇平开外窗自然补风）以及工况 3（仅开启吸油烟机异侧下悬外窗自然补风）中颗粒物吸入浓度大幅下降，累积吸入量也比工况 1 有所改善。这说明合理改变外窗的开启位置，能有

效改善油烟颗粒物在厨房空间内的弥散，同时降低人体呼吸区的暴露浓度，因此应尽量减小外窗流入气流对热羽流的直接干扰。在吸油烟机相同排风量下，由于不同的无组织自然进风补风入流方式，造成厨房空间气流组织有所不同，进而影响油烟颗粒物的呼吸区吸入浓度和吸入量的差异。

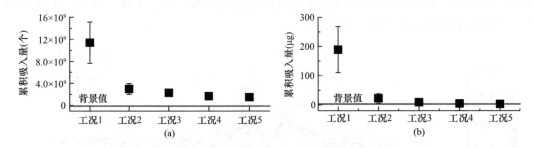

图 4-15　不同自然补风方式下呼吸区的颗粒物累积吸入量

(a) 0.04 μm 以上颗粒物数量累积吸入量；(b) PM2.5 质量累积吸入量

　　工况 4（顶棚圆环风口向下射流自然补风）、工况 5（地板圆环风口向上射流自然补风）中，观察到上下补风气流可以基本控制吸入浓度处于背景浓度水平，说明油烟颗粒物污染得到了较好的控制。由于没有受到室外风的直接影响，这样的补风方式更加均匀、稳定。这可能也是导致低吸入浓度和低累积吸入量的原因。例如在工况 5 中，补风气流由地板低位流入，其推动作用、热羽流上升时的卷吸作用和吸油烟机排风的抽吸作用，会产生类似"置换通风"的效果，置换通风比混合通风能更有效地防止热羽流水平扩散。

　　可以看到，烹饪时由顶棚、地板开启的压力启闭式洞孔引入相对稳定的有组织补风，比开外窗无组织补风对控制厨房呼吸区油烟颗粒物浓度更有效。补风的有组织性和有效性是呼吸区油烟颗粒物污染控制和暴露改善的关键。合理的通风方式，可将尽可能多的油烟颗粒物排除至厨房空间外，阻止其在厨房内的蔓延和停留，同时有效改善油烟颗粒物在人体呼吸区的暴露状况。

4.5　本章小结

　　（1）从不同开关门窗的实验结果得出，PM10、PM2.5 呼吸区暴露浓度超标倍数按工况排序均为 A 工况＞D 工况＞C 工况＞B 工况，最高超标 58.9 倍，最低超标 1.6 倍，A 工况门窗均关闭时油烟颗粒浓度超标最严重，D 工况外窗开启、门关闭其次，C 工况门窗双开再次，B 工况门开启、窗关闭超标最小。实验结果统计还表明，油烟中的 PM2.5 占 PM10 的质量百分比平均值为 47%，油烟颗粒物中 PM2.5 细小颗粒物在质量上占多数，表明对人体健康的危害很大。

　　（2）在实际住宅厨房中，对比了开门关空调、关门关空调、开门开空调、关门开空调 4 种工况下的厨房室内气流组织，发现开门关空调时油烟污染控制效果较好，关门关空调时由于补风不畅，油烟部分逃逸；开启空调后，由于空调风直吹烹饪区，油烟污染控制效果最差。侧面反映了补风方式对于油烟污染控制的显著影响作用。

（3）进一步在同济大学厨房油烟污染散发特性研究实验平台中，开展厨房污染控制效果的影响因素研究，重点讨论排风量和补风方式的影响，结果发现：增加吸油烟机的排风量对改善厨房空间的通风效果是有效的，但其不能无限制增加，一方面一味增加浪费能量，另外排风量到一定值后，其再增大也对厨房空间通风效果作用甚微。

（4）通过对比三种不同位置窗户的自然补风、顶棚自然补风、地板自然补风等补风方式对厨房通风效果的影响，结果发现：顶棚自然补风、地板自然补风的有组织补风方式更稳定，相比于外窗无组织补风方式，其对控制厨房油烟污染的效果更显著。

参考文献

［1］　高军，曹昌盛，周翔，等. 住宅厨房油烟颗粒散发阶段呼吸区短期暴露的实验研究［J］. 建筑科学，2012，28（S2）：72-74.

［2］　中华人民共和国住房和城乡建设部. 民用建筑供暖通风与空气调节设计规范：GB 50736—2012［S］. 北京：中国建筑工业出版社，2012.

［3］　中华人民共和国住房和城乡建设部. 建筑通风效果测试与评价标准：JGJ/T 309—2013［S］. 北京：中国建筑工业出版社，2013.

［4］　中国建筑标准设计研究院. 住宅排气道（一）：16J916-1［S］. 北京：中国计划出版社，2016.

［5］　中国工程建设标准化协会. 住宅厨房空气污染控制通风设计标准：T/CECS 850—2021［S］. 北京：中国建筑工业出版社，2021.

［6］　国家标准化管理委员会. 吸油烟机及其他烹饪烟气吸排装置：GB/T 17713—2022［S］. 北京：中国标准出版社，2022.

［7］　国家标准化管理委员会. 吸油烟机：GB/T 17713—2011［S］. 北京：中国标准出版社，2011.

［8］　浙江省住房和城乡建设厅. 住宅厨房混合排气道系统应用技术规程：DBJ33T 1289—2022［S］. 北京：中国建材工业出版社，2022.

［9］　中华人民共和国环境保护部. 环境空气质量标准：GB 3095—2012［S］. 北京：中国环境科学出版社，2012.

［10］　李博. 住宅厨房卫生间污染控制气流组织的数值分析［D］. 沈阳：沈阳建筑大学，2011.

［11］　李晓云. 住宅厨房排油烟系统补风方式及气流组织研究［D］. 沈阳：沈阳建筑大学，2012.

［12］　尚少文，李晓云，郭海丰. 住宅厨房排油烟系统补风方式及气流组织研究［D］. 沈阳：沈阳建筑大学学报（自然科学版）. 2012（01）：129-134.

［13］　庞连池. 居住建筑厨房补风方式及节能研究［D］. 沈阳：沈阳建筑大学，2013.

［14］　尹海国，李安桂. 竖直壁面贴附式送风模式气流组织特性研［J］. 西安建筑科技大学学报（自然科学版），2015，47（6）：879-884.

［15］　尹海国，陈厅，孙翼翔，等. 竖直壁面贴附式送风模式气流组织特性及其影响因素分析［J］. 建筑科学，2016，32（8）：33-39.

第5章 厨房油烟污染控制效果评价与计算

厨房通风是厨房油烟污染控制的有效措施，但厨房通风是否有效，厨房通风应如何设计及优化，须采用科学、合理的评价方法和评价指标。本章重点分析厨房油烟污染通风控制的常用评价方法与评价指标，重点介绍几种排污指标和暴露指标；针对后续厨房通风的改善案例，提出几种简单的、适用于数值计算研究中的评价指标，以判断各种厨房通风方式的优劣；最后提出厨房污染物中油烟颗粒物和气态污染物的数值模拟方式，并验证其准确性和可靠性。

5.1 评价指标概述

根据通风的目的，将评价通风效率的指标分为三类：一是通风指标，反映送风的有效性，如通风量、换气次数等；二是排污指标，反映污染物排除的有效性，如排污效率、捕集效率、空气龄等；三是暴露指标，反映空气污染与人体健康的关系，如吸入因子、潜在剂量等。

（1）通风指标。换气次数是房间通风量与房间容积的比值，是衡量空间稀释情况好坏的重要参数，同时也是估算空间通风量的依据。针对具体设计，我国规范通过规定换气次数经验值乘以房间体积来估算房间的通风换气量。

（2）排污指标。空气龄的提出给评价某点空气的新鲜程度带来了方便，空气龄一度成为研究的热点。在空气龄的基础上，提出房间的换气效率。因为房间内存在污染物，又定义了污染物的浓度，进而污染物龄、排污效率以及其他的一些指标也应运而生。考虑人的影响程度，Fanger 提出了评价污染物对人影响程度的 OLF 指标。在空气质量和通风效果的评价指标方面，Sandberg 作出了较大贡献。20 世纪 80 年代初，他提出了通风效率的概念，并且详细阐述了空气龄、残留时间、驻留时间以及换气效率、通风效率等指标以及它们之间的关系。

（3）暴露指标。通过人体呼吸区油烟污染物浓度水平的客观评价，可以为油烟污染控制通风效果的评价提供依据。国内外诸多学者对空气污染和人体健康的关系进行了深入的研究。1982 年，Ott WR 系统阐述了"暴露"的定义：人体在一定时间内，接触一定浓度污染物的过程，是评价空气中污染物迁移和分布对烹饪个体影响的重要参数。该定义指出暴露是接触，不是吸收或吸入，实质上是指环境中该污染物的浓度水平。当污染物被吸入进入人体，就产生了剂量的概念，可分为潜在剂量（一段时间内人体所吸收的污染物量）、可应用剂量（被呼吸系统吸收的污染物量）和内部剂量（被吸收且通过物理或生理过程进入人体内部的污染物量）。潜在剂量等于污染物浓度与人体单位时间呼吸率乘积的时间积分。因此，在评价中可在颗粒物浓度分布及变化的基础上，将个体呼吸速率水平考虑进来。

5.2　厨房通风评价排污指标

5.2.1　气味降低度

吸油烟机作为厨房油烟污染的主要排除设备，其排油烟性能也可侧面验证厨房的排油烟效果，因此本章同步介绍吸油烟机的常用评价指标。长期以来，气味降低度指标被国内外吸油烟机产品相关标准用于评价吸油烟机在厨房空间污染通风控制方面的性能。在《吸油烟机及其他烹饪烟气吸排装置》GB/T 17713—2022 标准中，气味降低度被定义为吸油烟机在规定试验条件下降低厨房空间异常气味的能力，且可分为瞬时气味降低度和常态气味降低度。两者分别表征了吸油烟机在两种厨房场景下的通风排污效果。

《吸油烟机及其他烹饪烟气吸排装置》GB/T 17713—2022 中规定了气味降低度试验应在密封性能完好的模拟厨房实验室（长 3.5m×宽 2.5m×高 2.5m）内开展。吸油烟机排风口连通室外自由空间，此时吸油烟机出口静压接近 0，其运行排风量近似裸机风量；厨房补风由灶台对侧下方的通风窗进入；异常气味由平底试验锅（170℃±10℃）加热室温蒸馏水（300g±1g）和丁酮（12g±0.1g）的混合液产生；厨房空间气味浓度由垂直于地面每隔 500mm 等间距布置 4 个采样点的平均浓度表征。

瞬时气味降低度是指在规定的试验条件下，当实验室异常气味浓度达到最大时，开启吸油烟机，3min 内降低厨房空间异常气味的能力。瞬时气味降低度试验主要流程如下：（1）封闭通风窗，关闭吸油烟机并封闭吸油烟机排风口；（2）开启平底锅加热和丁酮混合液滴液系统，30min 内混合液完全蒸发释放出异味气体；（3）开启厨房内的风扇搅拌 10min，使厨房空间异味气体混合均匀，测试得到厨房空间的最大气味浓度（b_1）；（4）打开通风窗和吸油烟机排风口，启动吸油烟机至最高转速挡，待吸油烟机工作 3min 时立即关闭吸油烟机，同时关闭通风窗和吸油烟机排风口；（5）开启厨房内的风扇搅拌 10min，使厨房空间异味气体混合均匀，测试得到吸油烟机运转 3min 时的气味浓度（b_2）。

基于上述气味浓度的测试结果，瞬时气味降低度计算如下：

$$G_i = \frac{b_1 - b_2}{b_1} \times 100\% \tag{5-1}$$

式中　G_i——待测吸油烟机的瞬时气味降低度，%；

　　　b_1——厨房空间最大气味浓度，无量纲；

　　　b_2——吸油烟机运转 3min 时的气味浓度，无量纲。

在厨房空间完全密闭和特征污染受控定量散发条件下，最大气味浓度（b_1）即为丁酮散发质量与厨房空间净体积之比，其为一恒定量。在厨房空间充分均匀混合条件下，吸油烟机运转 3min 时的气味浓度（b_2）主要与厨房空间换气次数（吸油烟机裸机风量与厨房空间净体积之比）有关，其数值仅反映了吸油烟机全面通风的空间稀释排污能力。

在规定的厨房测试场景下，瞬时气味降低度主要受吸油烟机裸机风量的影响较大。

基于上述分析可知，瞬时气味降低度测试了吸油烟机在 3min 内排出厨房空间污染物的能力，且主要受裸机风量影响，体现了吸油烟机作为全面排风的空间稀释排污能力。

常态气味降低度是指在规定的试验条件下，实验室持续、定量产生异味气体时，吸油烟机同步运转，30min 内降低厨房空间异常气味的能力。常态气味降低度试验主要流程如下：（1）测得厨房空间的最大气味浓度（b_1）后，打开通风窗、吸油烟机排风口，开启吸油烟机至最高转速挡进行通风，使厨房空间气味浓度降低至原始洁净状态水平；（2）保持吸油烟机最高转速挡运行，开启平底锅加热和丁酮混合液滴液系统，30min 内混合液完全蒸发释放出异味气体；（3）滴液结束，立即关闭吸油烟机，同时关闭吸油烟机排风口及通风窗；（4）开启厨房内的风扇搅拌 10min，使厨房空间异味气体混合均匀，测试得到吸油烟机运转 30min 时的气味浓度（b_3）。在丁酮污染持续散发 30min 且吸油烟机同步运转条件下，充分搅拌后测试得到的吸油烟机运转 30min 时的气味浓度（b_3），实际上反映了厨房空间的污染物含量，厨房空间的污染物含量等于 30min 内的污染总散发量与吸油烟机总捕集量之差。受控散发条件下，污染总散发量为一恒定量，因此，运转 30min 时的气味浓度（b_3）实际上反映了吸油烟机在 30min 内的污染总捕集能力。

基于上述气味浓度的测试结果，常态气味降低度计算如下：

$$G_n = \frac{b_1 - b_3}{b_1} \times 100\% \tag{5-2}$$

式中　G_n——待测吸油烟机的常态气味降低度，%；

　　　b_1——厨房空间最大气味浓度，无量纲；

　　　b_3——吸油烟机运转 30min 时的气味浓度，无量纲。

5.2.2　排污效率

《建筑环境学》教材给出了室内污染物排除有效性的三个描述参数，即污染物含量、排空时间及排污效率。其中，排污效率指标被国内外学者广泛用于评价吸油烟机等局部排风装置的通风排污性能。

排污效率定义为房间的名义时间常数与污染物排空时间之比，经相关推导，其也为稳定状态下房间排风口的污染物浓度与房间内部污染物的体平均浓度之比，计算参照下式：

$$\varepsilon = \frac{\tau_n}{\tau_t} = \frac{C_e(\infty)}{\overline{C}} \tag{5-3}$$

式中　ε——房间的排污效率，无量纲；

　　　τ_n——名义时间常数，s；

　　　τ_t——污染物排空时间，s；

　　$C_e(\infty)$——稳定状态下房间排风口污染物浓度，mg/m³；

　　　$\overline{C}$——房间内部污染物的体平均浓度，mg/m³。

考虑房间进口空气中带有相同污染物，且污染物的入口浓度为 C_0，则此时的排污效率为：

$$\varepsilon = \frac{C_e - C_0}{\bar{C} - C_0} \qquad (5\text{-}4)$$

式中　C_e——房间出口污染物浓度，mg/m^3；

　　　C_0——房间进口污染物浓度，mg/m^3。

对上述排污效率计算公式进行分析，假定室外进风无该污染物，即污染物的入口浓度 C_0 为 0，则排污效率即为污染物排风浓度与室内空间平均浓度的比值。在散发量（稳态下即为总捕集量）、排风量确定条件下，稳态排风浓度为一恒定数值，$\dot{m}/Q_g$，其由排风装置的总捕集所贡献，融合了局部排风源头直接捕集能力和全面排风空间稀释排污能力。而房间平均浓度实际上等效于房间污染物的含量，即为总散发量与总捕集量之差，稳态时房间污染物含量不变。因此，基于房间平均浓度的排污效率仅反映了室内空间的整体通风排污效果。排污效率是衡量室内稳态通风性能的指标，表示送（排）风排除室内污染物的能力。对相同的污染物，在相同的送（排）风量时能维持较低的室内稳态浓度，或者能较快地将室内初始浓度降下来的气流组织，则其排污效率高。影响排污效率的主要因素是送（排）风口位置、气流组织形式、污染源所处位置及其热源强度。

5.2.3　污染排除效率

与常态气味降低度指标有点类似，国内外一些学者提出了污染排除效率这一指标，在吸油烟机开启/关闭工况下，测试厨房或居室空间特征污染物浓度的降低程度来评价吸油烟机的通风排污性能。污染排除效率计算公式如下：

$$\varepsilon_{RE} = \frac{C_{r1} - C_{r2}}{C_{r1}} \qquad (5\text{-}5)$$

式中　ε_{RE}——吸油烟机的污染排除效率，%；

　　　C_{r1}——吸油烟机关闭工况下房间污染物的浓度，mg/m^3 或 ppm；

　　　C_{r2}——吸油烟机开启工况下房间污染物的浓度，mg/m^3 或 ppm。

吸油烟机关闭工况下的空间特征污染物浓度 C_{r1} 与污染散发量、空间体积、自然通风量等有关，一定程度上反映了空间内污染散发总量情况。吸油烟机开启工况下的空间特征污染物浓度 C_{r2} 与整个散发-排污过程中室内空间特征污染物含量（总散发量与总排污量之差）及其在空间的分布状态有关，一定程度上反映了空间特征污染的总体排除效果。与常态气味降低度一样，污染排除效率指标同样表征了污染持续散发-排除过程中吸油烟机排风的污染总捕集能力。

5.2.4　捕集效率

一直以来，室内污染控制的局部通风效果评价主要围绕局部排风装置捕集效率测试计算而展开。因为捕集效率不但是局部排风装置捕集效果最直接、最直观的评价方式之一，也是对捕集效果进行定量评价的重要指标。捕集效率是指局部排风装置（不限于吸油烟机）的污染捕集速率与污染散发速率的比值，在工业通风和住宅厨房等研究领域中被广泛用于局部排风装置的捕集性能评价。捕集效率计算公式如下：

$$\eta = \frac{S_{cap}}{S_s}$$ (5-6)

式中　η——局部排风装置的捕集效率，%；

　　S_{cap}——局部排风装置的污染捕集速率，kg/s；

　　S_s——局部排风装置的污染散发速率，kg/s。

为与实验过程相符合，本书定义污染物去除率（Pollution Removal Rate，PRR），替代捕集效率对不同通风工况下的厨房油烟捕集效果进行比较，其计算方法为：

$$PRR = \frac{\int_{t_1}^{t_2} q_e C_e(t)\,dt}{S \cdot (t_2 - t_1)} \cdot C_1$$ (5-7)

式中　t_1、t_2——污染物散发开始时间和结束时间，s；

　　S——污染物散发速度，mg/s；

　　q_e——排风量大小，m³/s；

　　C_e——排风中 t 时刻污染物浓度，mg/m³；

　　C_1——排风管道漏风修正系数，无量纲。

在实际计算中，由于散发开始时间、结束时间与测点记录时间存在延迟，因此将释放开始前一时刻的测点数据以及释放结束后的下一时刻测点数据代入计算排风中的污染物总量。同时，污染物从开始释放直到排风中浓度稳定过程中，污染物浓度是逐渐增加的，而具体的增加过程服从自然指数变化规律；同样地，污染物停止释放后的衰减过程也服从指数衰减规律，但衰减速度低于增长速度。本书采用 MATLAB 中的 trapz 函数进行积分计算，该函数的积分原理是以时间为 x 值，输入时间点的污染物浓度值为 y 值，相邻点之间直线拟合，即采用最简单的微积分方式求解。在实验过程中，污染物浓度的上升和衰减过程都是极其迅速的，trapz 函数的方法将这两个过程线性化处理，与实际积分数值存在差异，但误差可以忽略且不影响实验结论的分析。

由于实验中的排风管路存在漏风现象，吸油烟机排风量实际排风量与设定值存在差异，排风量的差异导致排风管道中速度的差异，速度的差异会导致测试仪器采样的差异，因此计算中添加了排风管道漏风系数修正 C_1。

5.3　厨房通风评价暴露指标

5.3.1　吸入因子

个体暴露吸入因子（intake Fraction，iF），是指一定时间内，人体吸入污染物的总量与污染物散发总量的比值。吸入因子被认为是评价不同条件下污染物个体暴露的一个有效方法。Nazaroff 研究了室内污染物瞬态释放（如打扫卫生、烹饪、吸烟）条件下，吸入因子如何随控制参数而变化，研究结果表明吸入因子可能与建筑相关参数（如通风量）、人员特性、颗粒物动力学特性等因素相关。根据吸入因子的定义，计算公式如下：

$$iF_i = \frac{\int_0^t B_v(t) C_{v,i}(t) dt}{\int_0^t S_{c,i}(t) dt} \tag{5-8}$$

式中　B_v——人体呼吸量，m^3/s；

　　　$C_{v,i}(t)$——吸入口污染物 i 的质量浓度，mg/m^3；

　　　$S_{c,i}(t)$——污染物 i 的源散发速率，mg/s。

在此基础上，进一步定义最不利吸入因子，有：

$$iF_i = \frac{\int_0^t B_v(t) C_{v,i,max}(t) dt}{\int_0^t S_{c,i}(t) dt} \tag{5-9}$$

式中　$C_{v,i,max}(t)$——呼吸区污染物浓度最大值，mg/m^3。

最不利吸入因子可以认为是评价不同条件下油烟污染个体呼吸暴露的最大可能风险。

5.3.2　人体摄入量

当污染散发量一定时，人体吸入的污染物量也可作为个体暴露的评价指标，在利用实验方法研究过程中，定义另一个评价指标——特征污染物的人体摄入量（Individual Intake）来评价油烟的扩散逃逸程度，人体摄入分数的定义为一定时间内人体通过呼吸吸入的污染物量，计算方法为：

$$Individual\ Intake = \int_0^T C(t) B dt \tag{5-10}$$

式中　T——烹饪时间；

　　　$C(t)$——呼吸区污染物浓度随时间的变化值；

　　　B——人体呼吸速率，m^3/h。

5.4　厨房通风数值计算评价指标

5.4.1　空间上部剩余浓度的等值包络体体积

上述吸入因子和人体摄入量都是假定烹饪人员的呼吸区域，以呼吸区域的浓度进行计算。呼吸区域仅是厨房空间中的一小部分空间范围，为了更全面地评价厨房整体通风效果，本书还提出"空间上部剩余浓度的等值包络体体积"这一指标，直观地展示了厨房上部空间的污染物分布情况，为评价油烟污染控制的气流策略提供依据。空间上部剩余浓度的等值包络体体积指标定义为：人体呼吸区以上、厨房空间 1.4m 水平面以上的空间内，大于等于某浓度值的空间体积大小，除去吸油烟机正下方的投影区域，即某浓度值所形成包络面所包裹的空间体积。其中，包络面是空间内同一浓度值所有离散点连接形成的曲面。该指标仅适用于利用数值计算方法研究厨房通风效率的过程中。

5.4.2　等值包络面的呼吸区占比

在"空间上部剩余浓度的等值包络体体积"这一指标的基础上，本书提出"等值包络面的呼吸区占比"这一指标，同样仅适用于利用数值计算方法研究厨房通风效率的过程中，用来评价烹饪个体的呼吸暴露风险。等值包络面的呼吸区占比指标定义为：厨房空间人体呼吸区水平高度 1.4~1.6m 之间，大于等于某浓度值的空间体积占 1.4~1.6m 高度空间总体积的比值，两者均除去吸油烟机正下方的投影区域部分。

5.5　厨房油烟 CFD 数值模拟方法

为了进一步对厨房油烟通风控制方法进行研究，本章特地介绍了厨房油烟 CFD 数值模拟方法，主要介绍将动态油烟散发过程进行稳态化简化的方法、流场分布计算方法，以及应用 drift flux 模型和组分输运模型的浓度场计算方法，本书还将数值计算结果与实验结果进行了对比，验证了模拟方法的准确性，可为读者在厨房油烟控制方面的研究提供有效的方法参考。

5.5.1　厨房油烟散发设置

在厨房污染通风控制的数值计算中，重点需要设置的边界条件包括吸油烟机排风量、补风口、锅面散发等，边界类型可分别设置为速度出口、速度入口（或压力入口）和速度入口等。其中最重要的是厨房油烟的散发设置，厨房油烟的散发通过锅面散发设置，需根据烹饪方式确定散发温度和散发量。

在实际烹饪过程中，热羽流裹挟油烟向上扩散的过程可类比于充分发展的非受限轴对称羽流，可以采用积分模型得到羽流相关公式。积分模型中采用自相似假设和卷吸假设，自相似假设指浮力羽流时均流速、密度等参数分布在羽流后区，呈高斯分布特征；卷吸假设指羽流卷吸空气掺入强度与轴线速度呈固定常数比例关系。热浮力通量的定义为：

$$B = \int \frac{\rho_a - \rho}{\rho_a} g u \mathrm{d}A \tag{5-11}$$

式中　B——热浮力通量，m^4/s^3；

　　ρ_a——环境空气密度，kg/m^3；

　　ρ——油烟气密度，kg/m^3；

　　g——重力加速度，$9.8m/s^2$；

　　u——油烟竖向速度，m/s；

　　A——横截面积，本书中为锅底平底面积，m^2。

通过积分、简化为下式：

$$B_0 = g Q_c / \rho_{a0} C_p T_{a0} \tag{5-12}$$

式中 B_0——为热浮力通量，m^4/s^3；

$\qquad$ g——重力加速度，$9.8m/s^2$；

$\qquad$ Q_c——油烟热释放速度对流部分，kW；

$\qquad$ ρ_{a0}——环境空气密度，kg/m^3；

$\qquad$ C_p——空气定压比热，$J/(kg \cdot K)$；

$\qquad$ T_{a0}——热源出口处温度，K。

利用热羽流温度及上述公式即可以反算得到油烟热浮力通量竖向速度，锅面边界条件设置为速度边界，速度值即为竖向速度。该方法具有其合理性，避免了热对流网格与壁面函数对 CFD 数值模拟的敏感性问题。

5.5.2 颗粒物模拟方法及可靠性验证

本书模拟中选用 Realizable k-ε 湍流模型用以预测厨房的速度和温度分布。将颗粒物看作连续相的拟流体，采用 drift flux 模型来预测实验房间颗粒物的浓度分布，并与实验测试结果进行比较。

drift flux 模型认为颗粒相在空气中被动传播，不考虑颗粒相对流场的影响，因此，不需要联立求解气相和颗粒相的连续方程、动量方程，只需在得到的稳态流场基础上，单独求解带有滑移通量项的被动传输标量方程，即可得到室内颗粒的浓度分布。国内外许多研究人员已大量运用此模型来预测室内颗粒物的扩散分布，模拟结果和实验结果吻合较好。在这个模型中，由于重力和湍流扩散作用，颗粒与空气间产生了一滑移速度；滑移通量 "drift flux" 表示除对流作用引起颗粒传播以外，受重力等作用引起颗粒传播所产生的颗粒流量。颗粒传播控制方程类似于 N-S 标量方程，区别在于其将颗粒相的重力沉降作用整合到对流相中。

图 5-1 为实验模拟速度测点分布，与第 3 章实验中未开启加热装置前的速度测点分布一致，测点 1~测点 6 为油烟机周侧的速度测点，测点 7~测点 10 为厨房空间中某一位置不同高度处的测点。图 5-2 所示为模拟预测空间点速度分布与实验结果的比较。可以看出，模拟计算的结果与实验结果基本吻合。说明本书所采用的 Realizable k-ε 湍流模型可以较好地预测实验空间内的速度分布，可为后续预测空间内颗粒物的浓度分布提供良好的欧拉流场信息。

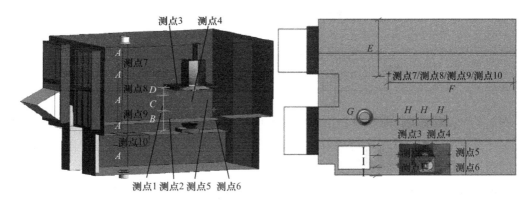

图 5-1 模拟速度测点分布

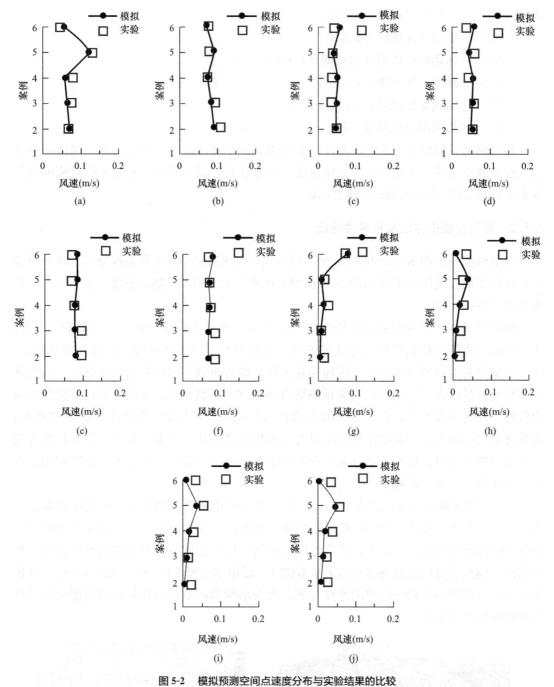

图 5-2　模拟预测空间点速度分布与实验结果的比较

(a) 测点 1；(b) 测点 2；(c) 测点 3；(d) 测点 4；(e) 测点 5；(f) 测点 6；
(g) 测点 7；(h) 测点 8；(i) 测点 9；(j) 测点 10

　　图 5-3 所示为模拟预测颗粒物个体吸入浓度与实验结果的比较。监测点与实验采样点位置一致是一致的。从图中可以看出，模拟结果与实验测试数据的趋势吻合较好，它们之间的差别在合理范围内。

　　总体来看，本书采用 Realizable k-ε 湍流模型及 driftflux 模型来预测实验房间颗粒物的浓度分布是可靠的。

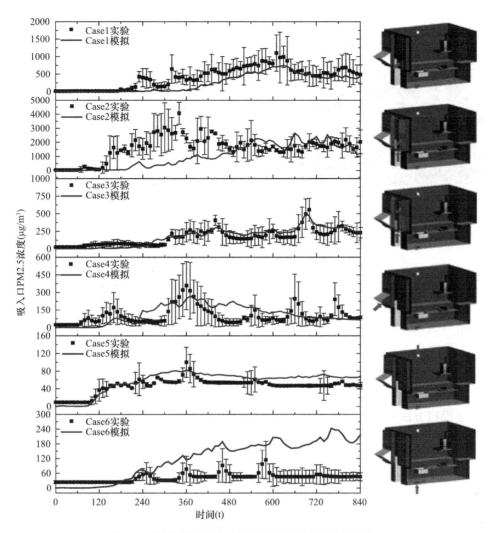

图 5-3　模拟预测颗粒物个体吸入浓度与实验结果的比较*

5.5.3　气态污染物模拟方法及可靠性验证

本书中，采用组分输运模型用于模拟厨房气态污染物。离散相模型（DPM）和组分输运模型是两种模拟颗粒相和气相污染物浓度分布的方法，但是 DPM 的使用受限于大量计算资源。第 1 章给出，发现在 $0.1 \sim 10\,\mu m$ 的油烟颗粒范围内，颗粒粒径主要集中在 $1 \sim 4\,\mu m$。相关研究在亚微米范围内，例如 $0.7\,\mu m$ 和 $3.5\,\mu m$，示踪气体与颗粒物在气流跟随特性上是一致的。因此，六氟化硫（SF_6）作为示踪气体可以充分有效地代表厨房中包括气体和颗粒相污染物扩散情况。示踪气体 SF_6 的浓度可以通过求解组分传输方程来计算。

为了验证数值模拟模型的准确性，进行了以 SF_6 为特征污染物的验证实验，如图 5-4 所示，两个 SF_6 浓度测点分别布置在呼吸区以及排风口处，在厨房空间中心线 $0.4m$、$1.2m$、$1.6m$ 和 $2.0m$ 高度处设置了 4 个温度与速度采样点。数值模拟和实验的排风量考虑了 $200m^3/h$、$400m^3/h$ 和 $600m^3/h$ 3 种工况，实验期间补风温度基本稳定在 36℃。

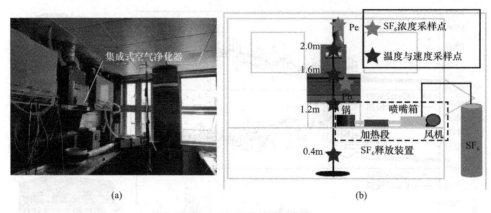

图 5-4　污染物的验证实验

（a）实验场景；（b）验证实验采样点及 SF₆ 散发装置的示意图

如图 5-5 所示为采样点的数值模拟和实验数据（速度），在速度方面，不同排风量下多数采样点模拟和实验结果的一致性保持得较好，部分测点偏差可能来自室外环境的不稳定气流的干扰。采样点的数值模拟和实验数据（温度）如图 5-6 所示，除了 200m³/h 排风量，2.0m 处点的温度模拟与实验结果略有不同，这可能与整个厨房空间达到稳态所需的时间较长有关，模拟的其他采样点与实验结果吻合良好。采样点的数值模拟和实验数据（SF₆ 浓度），如图 5-7 所示，整体模拟的结果与实验一致。因此，CFD 数字模拟方法可以准确地预测厨房环境中的流场，也进一步验证了先前简化与假设的合理性。

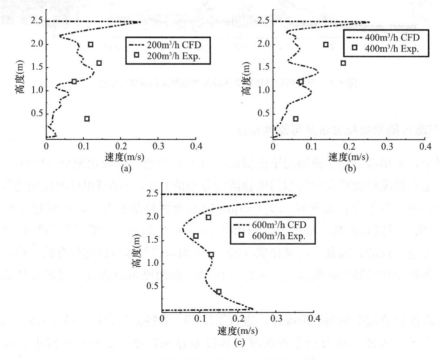

图 5-5　采样点的数值模拟和实验数据（速度）

（a）200m³/h；（b）400m³/h；（c）600m³/h

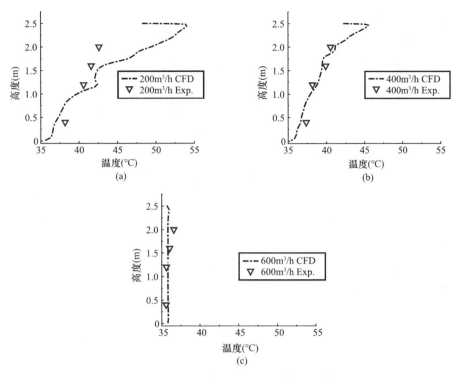

图 5-6　采样点的数值模拟和实验数据（温度）

(a) 200m³/h；(b) 400m³/h；(c) 600m³/h

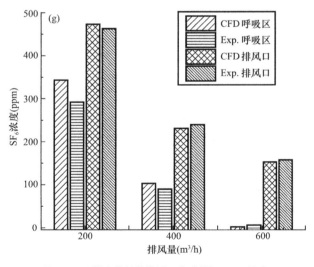

图 5-7　采样点的数值模拟和实验数据（SF₆ 浓度）

5.6　本章小结

（1）本章分析了厨房油烟污染通风效率及油烟污染控制的指标，重点分析了气味降低度、排污效率、污染排除效率、捕集效率 4 个排污指标，吸入因子、人体摄入量两个暴露指标,另外针对数值计算研究方法,提出了空间上部剩余浓度的值包络体体积、等值包络面的呼吸区占比两个指标。对每一个指标的定义和计算公式进行了详细的阐述。

(2) 瞬时气味降低度表征了吸油烟机瞬时降低厨房空间污染物浓度的能力,主要受吸油烟机裸机风量的影响较大,而受吸油烟机结构形式的影响则相对较小。常态气味降低度、总捕集效率均以吸油烟机总捕集量与污染源总散发量为计算依据,其数值接近/等于100%。排污效率及污染排除效率实际上均反映了排风总捕集能力,其在一定程度上可以反映整体通风排污效果,适用于厨房全面通风稀释排污能力评价。

(3) 本章给出了厨房油烟通风控制的数值计算方法,包括油烟散发边界条件的设置,流场分布计算方法,颗粒物和气态污染物的计算方法等,并将数值计算结果与实验结果进行了对比,验证了数值计算方法的准确性,可为读者在厨房油烟控制方面的研究提供有效的方法参考。

参考文献

[1] 国家市场监督管理总局,国家标准化管理委员会. 吸油烟机及其他烹饪烟气吸排装置:GB/T 17713—2022 [S]. 北京:中国标准出版社,2022.

[2] Zhang Z,Chen Q. Experimental measurements and numerical simulations of particle transport and distribution in ventilated rooms [J]. Atmospheric Environment. 2006,40:3396-3408.

[3] 住房和城乡建设部发布. 民用建筑供暖通风与空气调节设计规范:GB 50736—2012 [S]. 中国建筑工业出版社,2012.

[4] Huang R F,Dai G Z,Chen J K. Effects of mannequin and walk-by motion on flow and spillage characteristics of wall-mounted and jet-isolated range hoods [J]. Annals of Occupational Hygiene,2010,54 (6):625-639.

[5] Li A G,Zhao Y J,Wang Z H,et al. Capture and containment efficiency of the exhaust hood in a typical Chinese commercial kitchen with air curtain ventilation [J]. International Journal of Ventilation,2014,13:221-234.

[6] 于群. 工业建筑中局部通风对有害物控制效果的评价方法研究 [D]. 西安:西安建筑科技大学,2013.

[7] 孙一坚,沈恒根. 工业通风(第四版)[M]. 北京:中国建筑工业出版社,2010.

[8] Bennett D H,Mckone T E,Evans J S,et al. Defining intake fraction [J]. Environ Sci Technol,2002,36 (9):206-211.

[9] 杨昌智,孙一坚. 关于通风气流组织效果评价比较方法的探讨 [J]. 通风除尘,1994,13 (4):19-21.

[10] Bennett D H,Mckone T E,Evans J S,et al. Defining intake fraction [J]. Environmental Science and Technology,2002,36 (A):206-211.

[11] Marshall J D,Riley W J,Mckone T E,et al. Intake fraction of primary pollutants:motor vehicle emissions in the South Coast Air Basin [J]. Atmospheric Environment,2003,37:3455-3468.

[12] Nazaroff W W. Inhalation intake fraction of pollutants from episodic indoor emissions [J]. Building and Environment,2008 (43):269-277.

[13] Chen F Z,Yu S C M,Lai A C K. Modeling particle distribution and deposition in indoor environments with a new drift-flux model [J]. Atmospheric Environment. 2006 (40):357-367.

[14] Chen Q Y,Zhang Z. Prediction of particle transport in enclosed environment [J]. China Particuology,2005 (3):364-372.

第 6 章　厨房通风改善研究案例一

本章采用数值计算的方法，以颗粒物作为油烟特征污染物，以顶棚/地板补风、灶台条缝补风方式，进行参数化计算分析，包括排风参数（油烟机排风量）和补风参数（补风量、补风速度、补风角度）；并以外窗自然补风方式为基准，对不同补风方式下厨房油烟污染控制效果进行对比分析，选用空间上部剩余浓度的等值包络面体积、等值包络面的呼吸区占比、最不利吸入因子三个评价指标进行评价。

6.1　外窗自然补风方式

本章选取吸油烟机同侧下两扇平开外窗工况作为基准工况，用于比较不同补风方式下油烟污染改善的效果，吸油烟机同侧下两扇平开外窗补风物理模型（基准工况）如图 6-1 所示，按照同济大学中式厨房油烟污染控制实验室构建。呼吸区是烹饪个体暴露的核心区域，选择人体模型嘴部的两个垂直切面进行研究。结果显示，基准工况 300m³/h、400m³/h、500m³/h 排风量下，尽管大部分油烟颗粒已经在吸油烟机同侧下两扇平开外窗流入的气流与吸油烟机共同作用下排除，但厨房空间上部及呼吸区的颗粒物浓度依旧很高。

图 6-2 所示为空间上部剩余浓度的等值包络体体积，图 6-3 所示为等值包络面呼吸区占比。从图中可以看出，300m³/h、400m³/h、500m³/h 排风量下，基准工况空间上部 500μg/m³ 浓度值以上的包络体体积均接近 10m³，同时 500μg/m³ 以上浓度区间的呼吸区占比也接近 100%，说明基准工况下厨房空间上部的颗粒物浓度极高，烹饪个体在基准工况下的呼吸暴露风险很大。图 6-4 所示是基准工况油烟颗粒最不利吸入因子，其数量级大约为 10^{-4}。

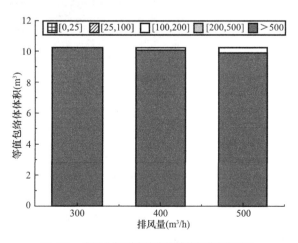

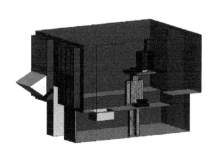

图 6-1　吸油烟机同侧下两扇平开
外窗补风物理模型（基准工况）

图 6-2　空间上部剩余浓度的等值包络体体积

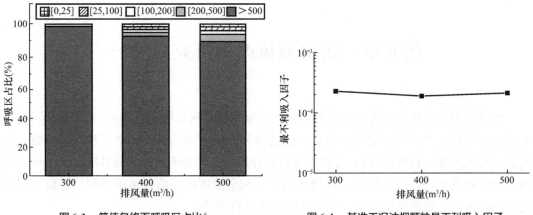

图 6-3　等值包络面呼吸区占比*　　　　　图 6-4　基准工况油烟颗粒最不利吸入因子

6.2　顶棚/地板射流补风方式

6.2.1　顶棚圆形（圆环）射流补风

顶棚圆形（圆环）射流补风控制的设置方案是：固定补风速度，改变吸油烟机排风量和补风口的补风角度这两个影响因素进行研究。顶棚圆形（圆环）射流补风物理模型如图 6-5 所示，在厨房灶台附近的顶棚上设置圆形（圆环）射流自然补风口。模拟时通过改变补风口的面积参数，固定补风速度为 0.97m/s。每个吸油烟机排风量（300m³/h，400m³/h，500m³/h）下，改变 5 个补风角度。顶棚圆形（圆环）射流补风口设置参数如表 6-1 所示。模拟中圆形（圆环）风口设置为压力入口。本节共研究了三种不同吸油烟机排风量、五种不同补风角度下，共十五组顶棚圆形（圆环）射流补风控制方式对厨房油烟颗粒物的控制效果。

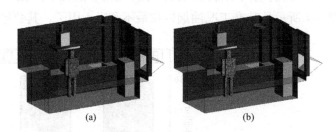

图 6-5　顶棚圆形（圆环）射流补风物理模型*

(a) 顶棚圆形向下射流自然补风；(b) 顶棚圆环向下射流自然补风

顶棚圆形（圆环）射流补风口设置参数　　　　　　　　表 6-1

组别		1	2	3	4	5
补风角度（°）		0	30	45	60	90
风口尺寸 半径 r × 高度 h （cm×cm）	排风量 300m³/h	21×13.0	21×15.0	21×18.4	21×26.0	16.5×0
	排风量 400m³/h	21×17.3	21×20.0	21×24.5	21×34.7	19.1×0
	排风量 500m³/h	21×21.7	21×25.0	21×30.6	21×43.4	21.3×0
补风风速 v（m/s）		0.97				

　　图 6-6、图 6-7 所示分别为空间上部剩余浓度的等值包络体体积、等值包络面呼吸区占比，图 6-8 所示为最不利吸入因子。

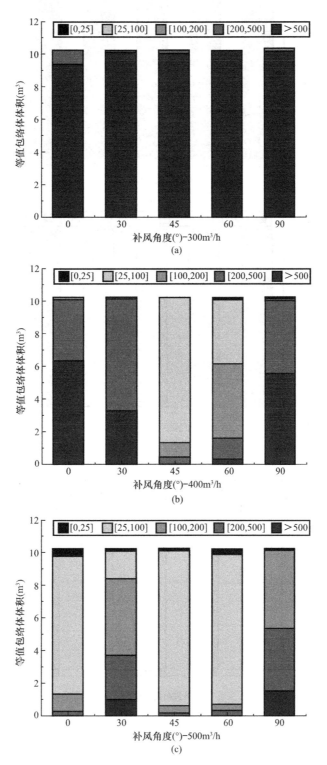

图 6-6　空间上部剩余浓度的等值包络体体积

（a）排风量 300m³/h；（b）排风量 400m³/h；（c）排风量 500m³/h

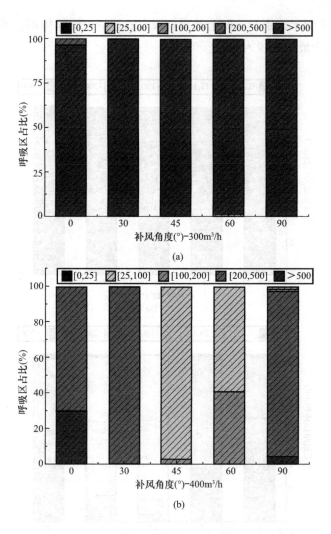

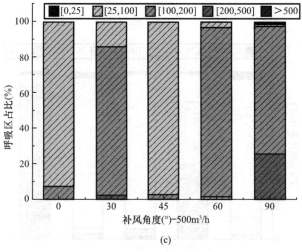

图 6-7 等值包络面呼吸区占比

（a）排风量 300m³/h；（b）排风量 400m³/h；（c）排风量 500m³/h

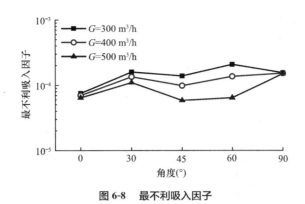

图 6-8 最不利吸入因子

从吸油烟机排风量方面分析：随着吸油烟机排风量增大，最不利吸入因子变小，说明通风改善效果增强。在 $300 \sim 500 \mathrm{m}^3/\mathrm{h}$ 吸油烟机排风量范围内，大的排风量仍然是最佳选择。在 $500 \mathrm{m}^3/\mathrm{h}$ 排风量下，无论选择哪一个补风角度，低浓度区间在人体呼吸区和空间上部的占比最大、最不利吸入因子较基准工况都减小很多，油烟颗粒物被控制在吸油烟机排风罩下范围内，厨房空间内几乎没有弥散的油烟颗粒物。而在 $300 \mathrm{m}^3/\mathrm{h}$ 排风量下，几个补风角度下的油烟颗粒物呼吸暴露都比较严重。因此，选择 $500 \mathrm{m}^3/\mathrm{h}$ 排风量的补风效果将更加稳定。

从补风角度方面分析：补风角度不同，通风改善的效果不同。当补风角度取值为 45°及 60°时，空间浓度主要分布在低浓度区间，除 $300 \mathrm{m}^3/\mathrm{h}$ 吸油烟机排风量外，最不利吸入因子数量级较低；当补风角度取值为 30°、90°时，空间浓度和最不利吸入因子规律单一：吸油烟机排风量越大，通风改善效果越好。

顶棚圆形（圆环）向下射流的最佳方案为：吸油烟机排风量为 $500 \mathrm{m}^3/\mathrm{h}$，补风角度 45°，风口尺寸为 $21 \mathrm{cm} \times 43.4 \mathrm{cm}$（半径 $r \times$ 高度 h）。

6.2.2 地板圆形（圆环）射流补风

地板圆形（圆环）射流补风控制的设置方案是：固定补风速度，改变吸油烟机排风量和补风口的补风角度，从这两个影响因素进行研究。地板圆形（圆环）射流补风物理模型如图 6-9 所示，在厨房地板上设置圆形（圆环）射流补风口。模拟时通过改变补风口的面积参数，同样固定补风速度为 $0.97 \mathrm{m}/\mathrm{s}$。同样每个吸油烟机排风量（$300 \mathrm{m}^3/\mathrm{h}$、$400 \mathrm{m}^3/\mathrm{h}$、$500 \mathrm{m}^3/\mathrm{h}$）下同时改变 5 个补风角度。地板圆形（圆环）射流补风口设置参数与顶棚圆形（圆环）补风口一致，详见表 6-2。圆形（圆环）风口设置为压力入口。研究

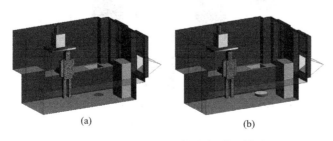

(a) (b)

图 6-9 地板圆形（圆环）射流补风物理模型*

（a）地板圆形向上射流自然补风；（b）地板圆环向上射流自然补风

了三种不同吸油烟机排风量、五种不同补风角度下，共十五组地板圆形（圆环）自然补风控制方式对厨房油烟颗粒物的控制效果。

图 6-10、图 6-11 所示分别为空间上部剩余浓度的等值包络体体积、补风等值包络面呼吸区占比。图 6-12 所示为最不利吸入因子。

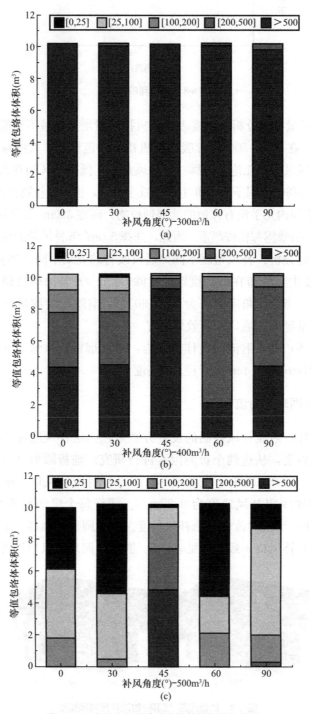

图6-10　空间上部剩余浓度的等值包络体体积

（a）排风量 300m³/h；（b）排风量 400m³/h；（c）排风量 500m³/h

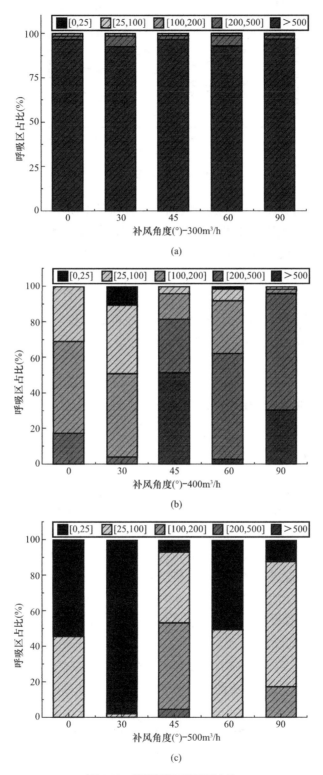

图 6-11 等值包络面呼吸区占比

(a) 排风量 300m³/h；(b) 排风量 400m³/h；(c) 排风量 500m³/h

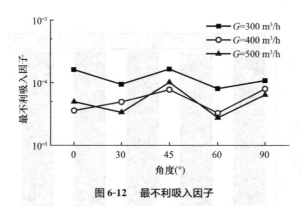

图 6-12   最不利吸入因子

从吸油烟机排风量方面分析：随着吸油烟机排风量不断增大，空间浓度逐渐移向低浓度区间，且最不利吸入因子不断下降，说明通风改善效果增强。在 $300\sim500\mathrm{m}^3/\mathrm{h}$ 吸油烟机排风量范围内，大的排风量 $500\mathrm{m}^3/\mathrm{h}$ 仍然是最佳选择。

从补风角度方面分析：补风角度为 $30°$ 是最佳选择。在该补风角度下，空间浓度和最不利吸入因子较基准工况减少得最多。

地板圆形（圆环）射流补风的最佳方案为：吸油烟机排风量为 $500\mathrm{m}^3/\mathrm{h}$，补风角度 $30°$，风口尺寸为 $21\mathrm{cm}\times25.0\mathrm{cm}$（半径 $r\times$ 高度 h）。

6.3   顶棚/地板贴附补风方式

6.3.1   顶棚条缝贴附补风

顶棚条缝贴附补风控制的设置方案是：固定补风风量，改变补风口的补风风速。吸油烟机排风量设置为 $500\mathrm{m}^3/\mathrm{h}$；为防止门窗缝隙对补风的影响，按 100% 补风考虑，即补风量为 $500\mathrm{m}^3/\mathrm{h}$。

图 6-13   顶棚条缝贴附式补风物理模型

顶棚条缝贴附式补风物理模型如图 6-13 所示，在厨房顶棚上设置条缝补风口，条缝补风口后沿与后墙边缘平齐。条缝补风口与吸油烟机等长，为 $90\mathrm{cm}$。模拟中改变 4 个补风速度，在定补风量设置的前提下，通过改变补风口的面积参数实现。模拟条缝补风口设置为压力入口。

本节研究了 4 种不同补风速度情况下，顶棚条缝贴附补风对厨房油烟污染的控制效果，顶棚条缝补风口设置参数如表 6-2 所列。

顶棚条缝补风口设置参数   表 6-2

参数/组别	1	2	3	4
风口尺寸 $a\times b$(cm×cm)	90×30.8	90×15.4	90×10.2	90×7.7
风口面积 S(m²)	0.277	0.139	0.092	0.069
补风风速 v(m/s)	0.50	1.00	1.51	2.00

图 6-14(a)、(b) 分别为顶棚条缝贴附补风在 4 种不同补风速度（即不同补风面积）下的空间上部剩余浓度的等值包络体体积和等值包络面呼吸区占比。图 6-14(c) 为顶棚条缝贴附补风在 4 种不同补风速度下的最不利吸入因子。结果可以看出：4 个补风工况较基准工况有所改善，且补风速度越小，改善效果越好。

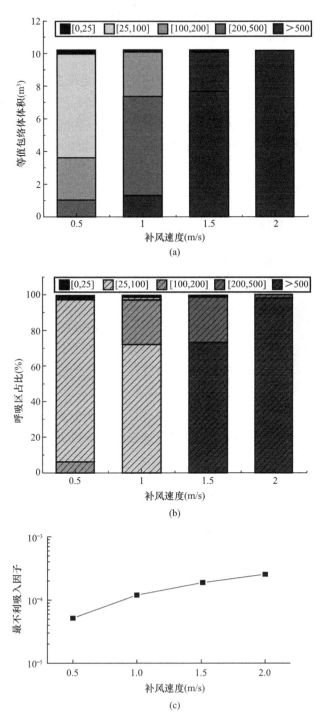

图 6-14　顶棚条缝贴附补风参数分析

(a) 空间上部剩余浓度的等值包络体体积；(b) 等值包络面呼吸区；(c) 最不利吸入因子

当补风速度为 0.50m/s 时，25～100μg/m³ 浓度区间在空间上部剩余浓度的等值包络体体积最小；同时，该浓度区间（25～100μg/m³）在呼吸区的占比也最大；油烟颗粒物的最不利吸入因子在 10^{-5} 量级，较基准工况低了 1 个数量级，油烟颗粒物呼吸暴露得到了很好的控制。

当补风速度为 1.00m/s、1.51m/s 时，最大空间上部剩余浓度的等值包络体体积和最大呼吸区占比均向高浓度区间移动；最不利吸入因子均在 10^{-4} 量级，和基准工况差不多，油烟颗粒物呼吸暴露的控制效果不够理想。

当补风速度增加至 2.00m/s 时，部分对厨房内气流组织造成扰动，油烟颗粒物外溢直至散布整个厨房空间，且在空间内出现了分层现象。500μg/m³ 以上浓度区间在空间上部剩余浓度的等值包络体体积偏大；同时，该浓度区间（500μg/m³ 以上）在呼吸区的占比也最大；油烟颗粒物的最不利吸入因子在 10^{-4} 量级，和基准工况差不多。

综上，顶棚条缝贴附式射流补风方式中，条缝补风口补风面积 0.277m²、补风风速 0.50m/s 是四个参数中最优的补风参数。

6.3.2　地板条缝贴附式射流补风

地板条缝贴附式射流补风控制的设置方案是：固定补风风量，改变补风口的补风风速。吸油烟机排风量设置为 500m³/h，同样考虑 100%补风量。地板条缝向上半竖壁贴附

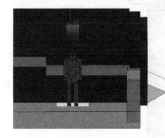

图 6-15　地板条缝向上半竖壁贴附式射流补风物理模型*

式射流补风物理模型如图 6-15 所示，在厨房地板上设置以人体、锅体、吸油烟机的轴对称面为对称面的条缝补风口。其中条缝补风口与吸油烟机等长。计算中同样改变 4 个补风风速。地板条缝向上半竖壁贴附式射流补风口设置参数如表 6-3 所示。模拟中条缝风口设置为压力入口。

在上述方案设置下，本小节研究了 4 种不同补风速度下，共 4 组地板条缝贴附补风方式对厨房油烟颗粒的控制效果。

地板条缝向上半竖壁贴附式射流补风口设置参数　　　　　　表 6-3

组别	1	2	3	4
风口尺寸 $a \times b$(cm×cm)	90×61.7	90×30.8	90×20.5	90×15.4
风口面积 S(m²)	0.555	0.277	0.185	0.139
补风风速 v(m/s)	0.25	0.50	0.75	1.00

图 6-16(a)、(b) 分别为地板条缝贴附补风在 4 种不同补风速度（即不同补风面积）下空间上部剩余浓度的等值包络体体积和等值包络面呼吸区占比。图 6-16(c) 为地板条缝贴附补风在 4 种不同补风速度下油烟颗粒最不利吸入因子。结果显示：4 个补风速度工况都和基准工况差不多，不仅没改善厨房污染情况，反而造成更严重的厨房空间污染。

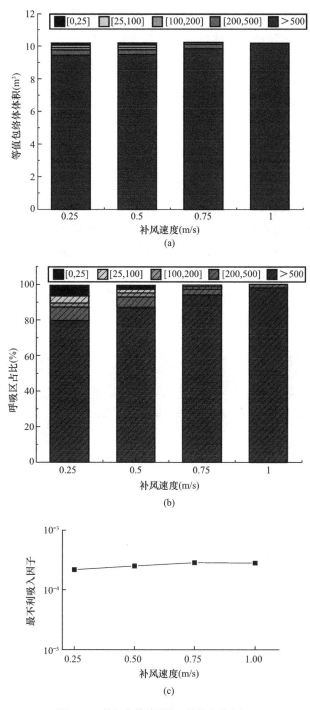

图 6-16　地板条缝贴附补风数值参数分析*

（a）空间上部剩余浓度的等值包络体体积；（b）等值包络面呼吸区占比；（c）最不利吸入因子

　　各补风风速下，$500\,\mu g/m^3$ 以上浓度区间的呼吸区占相差不大，尤其是补风速度在 $1.00 m/s$ 时接近 100%，说明烹饪个体在该工况下的呼吸暴露风险极大；$500\,\mu g/m^3$ 浓度值以上的包络体体积较大。另外，随着补风速度的增加，厨房内的空间浓度逐渐增大，这是由于补风口的补风速度增加，补风对油烟颗粒的卷吸作用增强，加剧了油烟颗粒物从吸油烟机罩内向厨房空间的逃逸。同时，各补风速度下，油烟颗粒物的最不利吸入因子均在 10^{-4} 量级，油烟颗粒物个体暴露的控制效果较差。

6.4 灶台周边补风方式

6.4.1 灶台前部条缝补风

灶台前部条缝补风控制的设置方案是：固定补风风量，改变补风口所在的位置和补风口补风速度。吸油烟机排风量设置为 $500\mathrm{m^3/h}$，同样考虑 100% 的补风量。灶台前部条缝补风补风物理模型如图 6-17 所示，在灶台处正对人体的前侧设置前送风条缝补风口。模拟中每个位置同时改变 3 个补风速度。定补风量设置的前提下，即改变补风口面积。其中补风口与吸油烟机等长。条缝风口设置为压力入口。灶台前部条缝补风口设置参数如表 6-4 所示。本书共研究了 3 种不同位置、3 种不同补风速度情况下，共 9 组灶台前部条缝补风方式对厨房油烟颗粒物的控制效果。

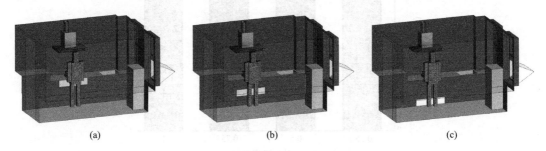

**图 6-17 灶台前部条缝补风补风物理模型*

(a) 位置 A；(b) 位置 B；(c) 位置 C

灶台前部条缝补风口设置参数 表 6-4

组别	1	2	3
风口尺寸 $a \times b$ (cm×cm)	90×30.8	90×20.5	90×15.4
风口面积 S (m²)	0.277	0.185	0.139
补风风速 v (m/s)	0.50	0.75	1.00

图 6-18、图 6-19 所示分别为灶台前部条缝补风空间上部剩余浓度的等值包络体体积、灶台前部条缝补风等值包络面呼吸区占比。图 6-20 所示为灶台前部条缝补风最不利吸入因子。

从补风位置方面比较分析模拟结果，位置 B 是最佳选择。补风速度取值范围在 $0.50 \sim 1.00\mathrm{m/s}$ 以内，空间上部剩余浓度和呼吸区浓度都主要集中在 $0 \sim 100\mathrm{\mu g/m^3}$ 低浓度范围，且最不利吸入因子都可以达到 10^{-4} 量级以下。其中以风速 $1.00\mathrm{m/s}$ 为最佳。

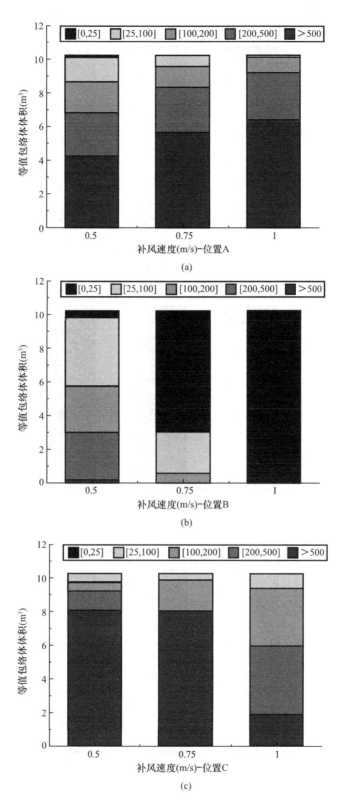

图 6-18 灶台前部条缝补风空间上部剩余浓度等值包络体体积

（a）位置 A；（b）位置 B；（c）位置 C

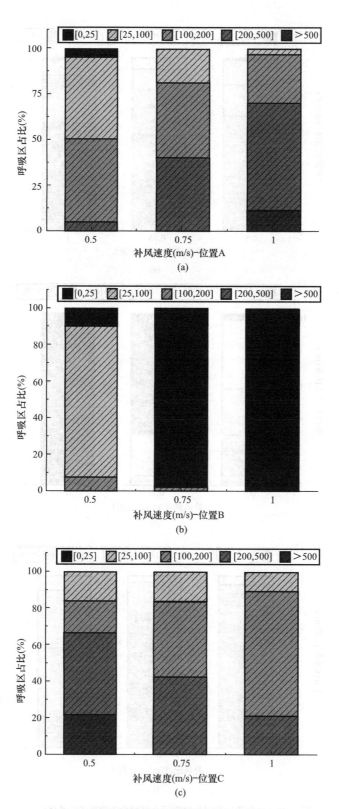

图6-19   灶台前部条缝补风等值包络面呼吸区占比

(a) 位置 A；(b) 位置 B；(c) 位置 C

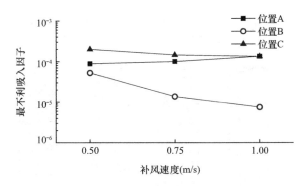

图 6-20　灶台前部条缝补风最不利吸入因子

从不同补风速度（即不同补风面积）方面比较分析，风速 1.00m/s 是最佳选择。从图 6-20 可以推断当补风口在位置 A 与位置 C 间不断移动时，吸入因子都在 10^{-4} 量级以下。且在位置 B 时，最不利吸入因子达到 9 组前送风补风方案的最小值即 10^{-6} 量级。

灶台前部条缝补风补风方式的最佳组合为：在位置 B 处开启补风面积为 $0.139m^2$ 的条缝补风口，补风风速为 $1.00m/s$。

6.4.2　灶台周边条缝补风

灶台周边条缝补风控制的设置方案是：固定补风风量，分别改变补风口的速度和角度。吸油烟机排风量设置为 $300m^3/h$；补风量设置为固定值 $90m^3/h$，是吸油烟机排风量的 30%。灶台周边条缝补风物理模型如图 6-21 所示，补风口（图 6-21 中虚线箭头所指）沿灶台锅边设置"凹"字形三边条缝补风口（靠墙一侧不设置），剩余 70% 的补风分别从吸油烟机两侧吊柜下部的两个风口（图 6-21 中实线箭头所指）自然补入。通过改变补风口面积来固定补风风速。灶台周边条缝补风口设置参数如表 6-5 所示。在研究补风角度这一影响因素时，在三个送风速度下分别改变四个送风角度：45°、60°、90°、110°。本节研究三种不同补风速度、四种不同补风角度，共 12 组灶台周边条缝补风方式对厨房油烟颗粒的控制效果。

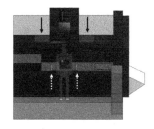

图 6-21　灶台周边条缝补风物理模型

灶台周边条缝补风口设置参数　　　　　　　　表 6-5

组别	1	2	3
风口面积 $S(m^2)$	0.277	0.185	0.139
补风速度 $v(m/s)$	0.50	0.75	1.00

图 6-22、图 6-23 所示分别为灶台周边条缝补风空间上部剩余浓度的等值包络体体积、灶台周边条缝补风等值包络面呼吸区占比。图 6-24 所示为灶台周边条缝补风不同补风速度、不同补风角度油烟颗粒最不利吸入因子。

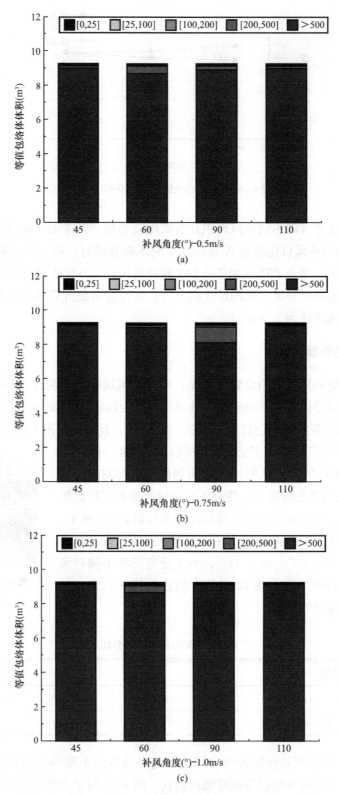

图 6-22　灶台周边条缝补风空间上部剩余浓度的等值包络体体积

(a) 补风速度 0.50m/s；(b) 补风速度 0.75m/s；(c) 补风速度 1.00m/s

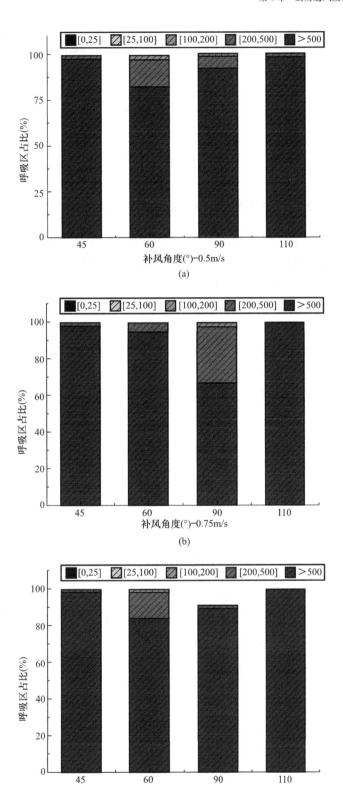

图 6-23 灶台周边条缝补风等值包络面呼吸区占比

（a）补风速度 0.50m/s；（b）补风速度 0.75m/s；（c）补风速度 1.00m/s

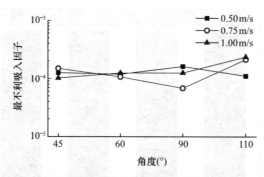

图 6-24　灶台周边条缝补风不同补风速度、不同补风角度油烟颗粒最不利吸入因子

从补风角度方面分析：当补风角度取值为 45°和 110°时，高浓度区间在空间上部和呼吸区的占比最大，且不同补风速度对最不利吸入因子的影响不大，其值较高，通风改善效果不明显；当补风角度取值为 60°和 90°时，空间上部和呼吸区的浓度区间有所改变，且最不利吸入因子对补风速度反应十分敏感。

从补风风速方面比较分析：各种补风速度下，空间上部及呼吸区浓度相差不大，主要都集中在 500μg/m³ 以上的高浓度区间，油烟颗粒的控制效果较差；空间油烟颗粒浓度出现分层，上部浓度高，下部浓度低。

灶台周边条缝补风的最佳方案为：补风面积 0.185m²、补风速度 0.75m/s，补风角度 90°。

6.5　本章小结

（1）顶棚圆形（圆环）射流补风能有效改善厨房通风效率。其最佳设置方案为油烟机排风量为 500m³/h 时，开启补风角度 45°的圆环射流补风口，风口尺寸为 21cm×43.4cm（半径 r×高度 h）。低浓度区间 25~100μg/m³ 在空间上部和呼吸区的占比最大，油烟颗粒物最不利吸入因子大约在 10⁻⁵ 量级。

（2）地板圆形（圆环）射流补风能有效改善厨房通风效率。其最佳设置方案为油烟机排风量为 500m³/h 时，开启补风角度 30°的圆环射流补风口，风口尺寸为 21cm×25.0cm（半径 r×高度 h）。此参数下 0~25μg/m³ 低浓度区间在呼吸区的占比接近 100%，油烟颗粒物最不利吸入因子大约在 10⁻⁵ 量级。

（3）顶棚条缝贴附补风能有效改善厨房通风效率。其最佳设置方案为在后墙边缘处开启补风面积为 0.277m² 的条缝补风口，此时补风速度为 0.50m/s。低浓度区间 25~100μg/m³ 在空间上部和呼吸区的占比最大，油烟颗粒物最不利吸入因子为 10⁻⁵ 量级。

（4）地板条缝贴附补风对油烟颗粒物个体暴露的控制效果比较差，烹饪个体在该工况下的呼吸暴露风险极大，空间内油烟颗粒物浓度也较高。

（5）灶台前部条缝补风能有效改善厨房通风效率。其最佳方案为在中间位置处开启补风面积为 0.139m² 的条缝补风口，补风速度为 1.00m/s。此方案能将最不利吸入因子降低至 10⁻⁶ 量级。此参数下，油烟颗粒物几乎全部被控制在油烟机排风范围内，空间内油烟颗粒物浓度也比较低。

（6）灶台周边条缝补风能有效改善厨房通风效率。其最佳方案为开启补风面积为 0.185m² 的条缝补风口，补风速度为 0.75m/s，补风角度 90°。

参考文献

［1］ 陈洁. 住宅厨房空间油烟污染控制策略研究［D］. 上海：同济大学，2018.

［2］ Gao Jun，Cao Changsheng，Xiao Qianfeng，et al. Determination of dynamic intake fraction of cooking-generated particles in the kitchen［J］. Building and Environment，2013；65：146-153.

［3］ Gao Jun，Cao Changsheng，Luo Zhiwen，et al. Inhalation exposure to particulate matter in rooms with under-floor air distribution［J］. Indoor and Built Environment，2014，23 (2)：236-245.

［4］ 陈洁，高军，杜博文. 热油阶段油烟颗粒源散发特性的实验研究［J］. 建筑热能通风空调，2018，37 (3)：33-36.

［5］ 李博. 住宅厨房卫生间污染控制气流组织的数值分析［D］. 沈阳：沈阳建筑大学，2011.

［6］ 李晓云. 住宅厨房排油烟系统补风方式及气流组织研究［D］. 沈阳：沈阳建筑大学，2012.

［7］ 尚少文，李晓云，郭海丰. 住宅厨房排油烟系统补风方式及气流组织研究［D］. 沈阳：沈阳建筑大学学报（自然科学版）. 2012 (01)：129-134.

［8］ 庞连池. 居住建筑厨房补风方式及节能研究［D］. 沈阳：沈阳建筑大学，2013.

［9］ 尹海国，李安桂. 竖直壁面贴附式送风模式气流组织特性研究［J］. 西安建筑科技大学学报（自然科学版），2015，47 (6)：879-884.

［10］ 尹海国，陈厅，孙翼翔，等. 竖直壁面贴附式送风模式气流组织特性及其影响因素分析［J］. 建筑科学，2016，32 (8)：33-39.

第7章　厨房通风改善研究案例二

本章采用数值计算与实验的方法，以气态污染物作为油烟污染物，重点研究橱柜补风方式的参数化设计。研究橱柜补风的最佳配置方式，以探究其对于油烟控制的改善效果。采用控制变量、逐步优化的方式开展了橱柜补风系统的研究，选用污染物去除率（PRR）和人体摄入量为指标，对橱柜补风系统进行参数优化和应用效果分析。

7.1　橱柜补风系统实验设置

7.1.1　实验系统与测试方法

橱柜补风是通过灶台上方吊柜送风的一种补风方式。补风系统优化策略的关键在于油烟污染物能否有效控制。实验过程中，需选择合理的补风参数、散发源以及测点，一方面保证实验的可操作性、准确性及有效性；另一方面也有利于后续模拟的验证分析与延伸拓展。橱柜补风系统污染控制实验台同样搭建在同济大学中式厨房油烟污染控制实验室内，橱柜补风系统实验舱与实验系统如图 7-1。

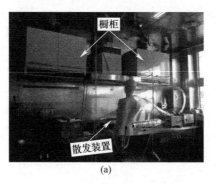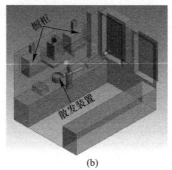

(a)　　　　　　　　　　　　　(b)

图 7-1　橱柜补风系统实验舱与实验系统 *
（a）实景图；（b）结构图

选择六氟化硫（SF_6）作为油的特征污染物，散发源释放装置由减压阀、流量控制器、软管、变频风机、混合风管、控温电箱、加热装置和散发装置组成。

排风系统由吸油烟机、外置变频风机、流量测试装置和排风管道组成。吸油烟机的风量控制由其内部风机以及外置变频风机共同实现；流量测试装置实际上为一喷嘴，通过前后压差变化计算得到排风量；排风管道直达屋顶排风口，远离厨房外窗，因此可认为外窗补风中污染物浓度为 0。

补风系统由变频风机、外部风管、橱柜内置风管、孔板以及橱柜高度调节装置组成，补风为室外新风，变频风机安装在实验舱吊顶内，橱柜补风在吸油烟机左右两边对称布置，内部结构完全相同，橱柜内部补风管及数值计算模型如图 7-2 所示。

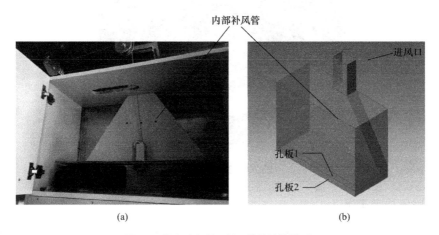

(a)　　　　　　　　　　　　　　　(b)

图 7-2　橱柜内部补风管及数值计算模型[*]

(a) 内部补风管；(b) 数字计算模型

探究橱柜补风系统对厨房油烟污染的控制效果，需要保证每次实验工况中特征污染物 SF_6 稳定散发；另外，实验过程中实验舱内外气流会通过缝隙进行交换，因此，需要保证实验舱外的背景浓度保持在较低水平。流量控制通过流量控制器实现，再经 PU 管送至实验舱内与一定量的室外新风混合后加热，最后通过特制的锅体均匀送至实验舱内。SF_6 的测试采用红外光声谱气体监测仪，其测试间隔为 15s（单通道采样模式）、35s（多通道采样模式）；分辨率为 0.001ppm，且具有很好的测试精度，SF_6 流量控制仪器及浓度测试仪器如图 7-3 所示。

(a)　　　　　　　　　　　　　　　(b)

图 7-3　SF_6 流量控制仪器及浓度测试仪器

(a) 流量控制器；(b) 红外光声谱气体监测仪

特征污染物的散发量应该在能够有效体现实验规律的前提下取较小值，本次实验中设定：散发时间 9min，释放速率 1.5L/min。SF_6 在释放到实验舱之前需要经过混合、加热以符合实际的烹饪油烟工况。实验选取 0.1m/s 作为锅面的源散发速度；以 200℃ 为标准，使用电热丝将混合后的 SF_6 加热至 200℃ 再释放到空间中，实验散发锅体如图 7-4 所示。

图 7-4　实验散发锅体

7.1.2　实验流程与工况

实验流程如下：（1）将排风量调整到最大，打开所有外窗和风扇，快速地将舱内的污染物浓度降低至背景浓度。（2）开窗关门调节排风量、补风量至实验所需工况，开启红外光声谱气体监测仪，开启 SF_6 污染物加热装置、释放装置。（3）释放结束后，继续记录 SF_6 浓度变化 30min。需注意的是，在释放结束前 20s 关闭减压阀，使管道中的 SF_6 充分被利用，因为在减压阀和流量控制器之间的管段具有较高压力，提前关闭减压阀时，管道中的高压 SF_6 仍能满足流量控制器的设定流量。（4）每进行 10 次实验后，需要检验厨房舱内的特征污染物背景浓度，保证污染物散发装置不出现泄漏。

本实验中，自变量为排风量、补风量、补风出口面积与位置、补风面与吸油烟机平面的相对高度，以及外窗开关状态。在这 5 个自变量的情况下进行所有平行实验必然会使工作量巨大，本实验采用控制变量法，先选定一个自变量进行优化配置，逐步对其余自变量进行优化配置的方法，各变量参数如表 7-1～表 7-3 所列。

最佳补风速度研究实验变量　　　　　　　　　　　　　　表 7-1

实验目的	排风量（m³/h）	补风量	窗户工况
最佳补风速度	300	0、60%、80%、100%	开窗
	400	0、60%、80%、100%	
	500	0、20%、40%、60%、80%、100%	
	600	0、40%、60%、80%、100%	
	700	0、40%、60%、80%、100%	

最佳补风面积与位置研究实验变量　　　　　　　　　　　　表 7-2

实验目的	排风量（m³/h）	补风量	补风位置	窗户工况
最佳补风面积与位置	500	最佳	右出风 66.67%	开窗
			前出风 50%、66.67%	
			后出风 50%、66.67%	
		后出风 50%	0、20%、40%、60%	关窗
		后出风 66.67%	0、20%、40%、60%、80%、100%	

最佳补风平面高度研究实验变量 表 7-3

实验目的	排风量（m³/h）	补风量＋补风位置	补风平面高度	窗户工况
最佳补风平面高度	500	最佳	补风平面高于排风面 5cm	开窗
			补风平面低于排风面 5cm	

7.2 橱柜补风实验结果与分析

7.2.1 最佳补风量（速度）分析（开窗）

本节以补风量比例为出发点对补风效果进行分析，排风量的大小决定了补风量的变化范围，因此，不同的排风量的补风比例即使相同，补风速度也不同，表 7-4 为 100％补风面积下不同排风量对应的补风量与补风速度，补风速度与补风量、补风面积的大小有关，在特定工况下出风面积为定值时，补风速度与补风量一一对应。

100％补风面积下不同排风量对应的补风量与补风速度 表 7-4

排风量 （m³/h）	补风量 （%）	补风速度 （m/s）	排风量 （m³/h）	补风速度 （m/s）	排风量 （m³/h）	补风速度 （m/s）
300	0	0	400	0	500	0
	20%	—		—		0.07
	40%	—		—		0.13
	60%	0.12		0.16		0.20
	80%	0.16		0.22		0.27
	100%	0.20		0.27		0.34
600	0	0	700	0		—
	20%	—		—		—
	40%	0.16		0.19		—
	60%	0.24		0.28		—
	80%	0.32		0.38		—
	100%	0.40		0.47		—

图 7-5 所示为不同排风量下污染物去除率和人体摄入量（开窗）。结果显示，随着排风量的增加，污染物去除率也随之增大，说明在 300~700m³/h 的排风量范围内，排风量的增加有利于提高吸油烟机的油烟捕集效果。在某一排风量下，开启橱柜补风能使污染物去除率明显增加，说明橱柜补风改善了吸油烟机作用效果。当补风量由较小值逐渐增加时，污染物去除率的变化较小：在 300m³/h 和 600m³/h 排风量下，污染物去除率对于补风量的变化不敏感，存在缓慢的先增后减的变化趋势；在 400m³/h 排风量下，污染物去除率随补风量的增加而增加；在 500m³/h 排风量下，污染物去除率随补风量的增加呈现先增后减的变化规律；在 700m³/h 排风量下，污染物去除率随补风量的增加在较小范围内波动。

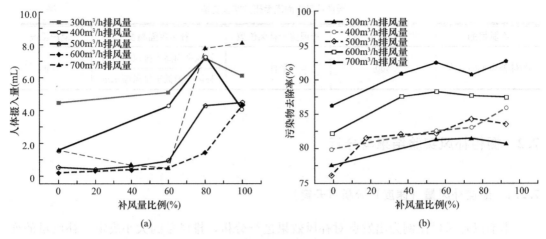

图 7-5   不同排风量下污染物去除率和人体摄入量（开窗）

(a) 人体摄入量；(b) 污染物去除率

以污染物去除率为评价指标，各排风量下（100%补风面积）最佳补风量（速度）如表 7-5 所示。

各排风量下（100%补风面积）最佳补风量（速度）   表 7-5

排风量（m³/h）	PRR$_{max}$（%）	补风量（m³/h）	补风速度（m/s）
300	81.63	240	0.16
400	85.95	400	0.27
500	84.51	400	0.27
600	88.47	360	0.24
700	92.97	420	0.28

7.2.2   最佳补风面积与位置（开窗）

不同补风口与排风口的相对位置会形成不同的气流组织形式，有利的气流组织能够最大限度减少污染物的扩散，将污染物"锁定"。实验中对 5 种补风位置进行了测试，对 66.67% 出风面积，设定补风量为 270m³/h、340m³/h 和 400m³/h，对应补风速度分别为 0.27m/s、0.34m/s 和 0.40m/s；对 50% 出风面积，设定补风量为 200m³/h、300m³/h 和 400m³/h，对应补风速度分别为 0.27m/s、0.40m/s 和 0.54m/s。所有工况的补风速度均高于 0.27m/s，以满足最佳补风量（速度）要求。

图 7-6 所示为不同补风量下不同补风面积人体摄入量与污染物去除率。图 7-6（a）结果显示，右出风 66.67% 和前出风 66.67% 补风面积工况下，污染物去除率低于 100% 补风面积的工况，但人体摄入量也较低。后出风 66.67% 补风面积下，污染物去除率升高的同时，人体摄入量的值降低。图 7-6（b）结果显示，前出风 50% 补风面积并不利于污染物去除率的提高，但污染物摄入量均低于 100% 补风面积最佳补风速度工况，而后出风 50% 补风面积能够在保证污染物去除率基本维持在 100% 补风面积工况，且此时人体摄入量维持在较低水平；并且相比于后出风 66.67% 补风面积，后出风 50% 补风面积下能够以更小的橱柜补风量（40%）达到相同的油烟捕集效果（54%），更加节能。

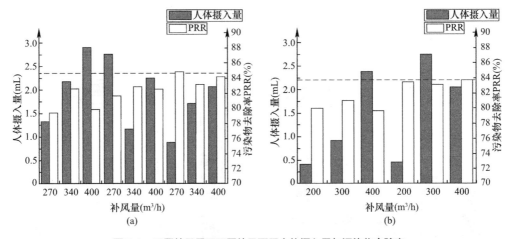

图 7-6　不同补风量下不同补风面积人体摄入量与污染物去除率

(图中黑色虚线为 100％补风面积对应工况下最佳 PRR)

(a) 右出风 66.67％、前出风 66.67％、后出风 66.67％；(b) 前出风 50％、后出风 50％

综合考虑污染物去除率和特征污染物的人体摄入量，橱柜补风最佳补风位置为后出风，最佳补风面积为 50％～66.67％。

7.2.3　最佳补风平面高度（开窗）

鉴于实验设备的限制，关于橱柜补风平面与吸油烟机排风平面的相对位置仅设置橱柜补风平面高于吸油烟机排风平面 5cm 和橱柜补风平面低于吸油烟机排风平面 5cm 两种工况，结合前述补风速度和补风位置与面积的优化，补风速度选择 0.27m/s、补风面积为 66.67％后出风，不同补风平面高度下人体摄入量与污染物去除率如图 7-7 所示。结果表明，与补风速度 0.27m/s，后出风 66.67％补风面积相比，橱柜补风平面高于或低于吸油烟机排风平面，对于油烟控制的效果均会产生不利影响，污染物去除率降低的同时人体摄入量提高。原因可能是：当橱柜补风平面高于吸油烟机排风平面时，橱柜补风对热羽流的聚拢作用减弱；当橱柜补风平面低于吸油烟机排风平面时，尚处于发展阶段的橱柜补风稳定性较差，直接作用于热羽流容易导致其扩散。

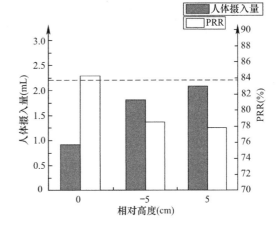

图 7-7　不同补风平面高度下人体摄入量与污染物去除率

(图中虚线为 100％补风面积对应工况下最佳 PRR)

7.2.4　分析

图 7-8 给出了不同排风量下开窗与关窗实验结果对比（橱柜无补风）。结果表明：关窗条件下，实验舱处于负压状态，补风完全来自门窗缝隙等位置，排风与补风无法形成稳定的气流组织，热羽流呈现自然上升状态，并且由于补风不足，相同频率下，排风机

实际风量低于对应开窗工况的数值，不同排风量时污染物去除率基本不变化，比对应开窗工况的污染物去除率高；人体摄入量随排风量的增大而减小。

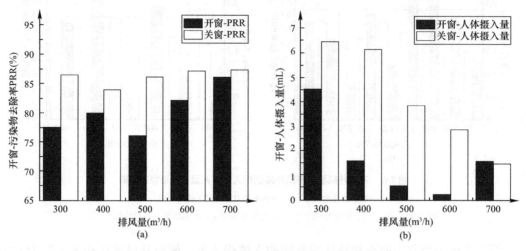

图 7-8　不同排风量下开窗与关窗实验结果对比（橱柜无补风）

（a）污染物去除率；（b）人体摄入量

将开窗工况下的橱柜补风最佳配置方式（排风量为 500m³/h、后出风 66.67% 补风面积）应用于关窗工况，分析橱柜补风对厨房油烟污染的控制效果，500m³/h 关窗不同补风量实验结果如图 7-9 所示。关窗工况下，污染物去除率随补风量的增加先增大后减小，在补风量为 300m³/h，补风速度为 0.30m/s 时 PRR 达到最大值；人体摄入量在补风量低于 300m³/h 时缓慢减少，随着补风量的增大至 100% 补风面积，人体摄入量持续升高。关窗工况下的最佳补风速度（0.30m/s）高于开窗状态下的最佳补风速度（0.27m/s），因为关窗条件没有自然补风，橱柜补风的补风量增加以弥补缝隙补风的不足，热羽流受到横向气流的影响减小。

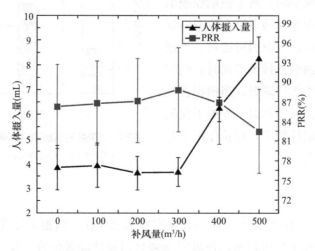

图 7-9　500m³/h 关窗不同补风量实验结果

7.3　橱柜补风物理模型及设置

7.3.1　物理模型

图 7-10 所示是橱柜补风物理模型，厨房布局、尺寸与前述实验系统一致。设置橱柜上部补风口边界条件为 velocity-inlet，左右两边橱柜速度相同，补风速度根据补风量和管道尺寸计算。

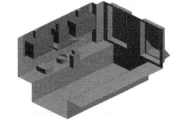

7.3.2　多孔阶跃面设置

橱柜下部孔板小孔尺寸过小且数量巨大，按照实际几何特征进行建模会导致网格质量较差且网格数量急剧增加，因此将其设置为多孔阶跃面（Porous-Jump）。多孔阶跃面通过建立流体流过该面的速度与前后压差之间关系式，模拟出该介质在不同速度下通过该边界后的速度大小，其关系式为：

图 7-10　橱柜补风物理模型

$$\Delta p = -\left(\frac{\mu}{\alpha}v + C_2 \frac{1}{2}\rho v^2\right)\Delta m \tag{7-1}$$

式中　ΔP——多孔阶跃面前后压差，Pa；

ρ——通过该阶跃面的流体密度，kg/m^3；

μ——层流黏度，Pa·s；

α——介质渗透系数，m；

C_2——压力跳跃系数，无量纲；

v——孔面速度，m/s；

Δm——介质厚度，m。

首先需要通过数值计算，设置不同进风速度，得到多个压力差，然后进行数据拟合得到上述公式中的 μ、α 和 C_2，最后在数值计算中需要设置的是介质渗系数率 α、介质厚度 Δm、压力跳跃系数 C_2。根据实验孔板补风的风速范围，设置梯度为 0.05m/s，0～0.6m/s 范围的进风速度，CFD 模拟出对应进风速度下孔板前后的压差。同理，得到右出风 66.67％补风面积，前、后出风 50％补风面积及前、后出风 66.67％补风面积的多孔介质参数，并比较不同补风面积下孔板的阻力特性。得到拟合方程后，根据对应系数关系即可求解多孔介质参数，不同补风面积孔板多孔介质参数如表 7-6 所示。不同补风面积下，即使孔板的几何特征相同（小孔尺寸），孔板的阻力特性也会存在差异，需要对不同补风面积下的阻力特性分别进行计算。

不同补风面积孔板多孔介质参数　　　　　　　　　表 7-6

补风位置及面积	介质渗透系数	压力跳跃系数
100％	$5.38×10^{-6}$	20362
右出风 66.67％	$3.63×10^{-7}$	18395

补风位置及面积	介质渗透系数	压力跳跃系数
前、后出风 50%	6.54×10^{-7}	21472
前、后出风 66.67%	4.36×10^{-7}	17851

7.3.3　工况设置

　　橱柜补风的模拟工况设置如表 7-7～表 7-12 所列。通过记录排风污染物浓度随时间的变化进行积分得到污染物去除率，模拟中不考虑管道的漏风系数以及浓度修正系数。设置与实验一致的呼吸区浓度测点，记录浓度随时间的变化规律，进行积分即可得到人体吸入量。

最佳补风速度计算模拟工况　　　　　　　　　　　　表 7-7

实验目的	排风量（m³/h）	补风量	窗户工况
最佳补风速度	500	0、20%、40%、60%、80%、100%	开窗

最佳补风面积与位置计算模拟工况　　　　　　　　　表 7-8

实验目的	排风量（m³/h）	补风量	补风位置	窗户工况
最佳补风面积与位置	500	最佳	右出风 66.67%	开窗
			前出风 50%、66.67%	
			后出风 50%、66.67%	
			左出风 50%	

最佳补风平面高度计算模拟工况　　　　　　　　　　表 7-9

实验目的	排风量（m³/h）	补风量＋补风位置	补风平面高度	窗户工况
最佳补风平面高度	500	最佳	补风平面高于排风面 5cm	开窗
			补风平面低于排风面 5cm	
			补风平面高于排风面 10cm	
			补风平面低于排风面 10cm	

最佳补风面积与位置计算模拟工况　　　　　　　　表 7-10

实验目的	排风量（m³/h）	补风面积与位置	补风量	窗户工况
最佳补风面积与位置	500	后出风 50%	0、20%、40%、60%	开窗
		后出风 66.67%	0、20%、40%、60%、80%、100%	

最佳排风量计算模拟工况　　　　　　　　　　　　表 7-11

实验目的	补风方式	排风量（m³/h）	窗户工况
最佳排风量	0 补风	300、400、500、600、700、800	开窗
	后出风 50%＋最佳补风速度	300、400、500、600、700、800	
	后出风 50%＋补风量 40%	300、400、500、600、700、800	

最佳补风速度计算模拟工况（关窗）　　　　　　　　　　　　　　　表 7-12

实验目的	排风量（m³/h）	补风面积与位置	补风速度（m/s）	窗户工况
最佳补风速度	500	后出风 50%	0、0.20、0.27、0.34、0.40、0.47、0.54、0.675	关窗
除去电箱＋最佳补风速度	500	后出风 50%	0.20、0.27、0.34、0.40	
			0.20、0.27、0.34、0.40	

7.4　开窗工况下橱柜补风结果

7.4.1　最佳补风速度（开窗）

图 7-11 所示为排风量 500m³/h 实验与模拟的污染物去除率及人体吸入量对比。结果显示，模拟与实验规律变化符合得很好；同一补风量下，污染物去除率模拟结果总是低于实验结果，主要原因是实验存在漏风，排风中污染物浓度比实际大，而选取的浓度修正系数是以理想捕集效果对应的排风浓度进行计算的。实验中补风高于 300m³/h 时，人体吸入量会出现明显上升现象，在模拟结果中，补风高于 400m³/h 时才会明显升高，原因是实验中橱柜补风速度存在周围高、中间低的规律，而模拟中橱柜补风的均匀性更佳，补风速度更大时才能突显对呼吸区污染物浓度的影响。

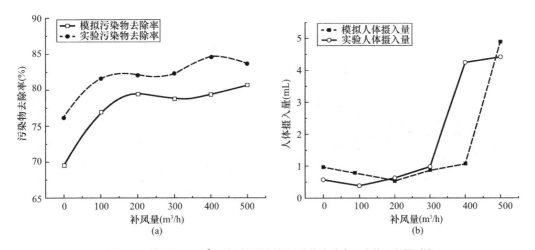

图 7-11　排风量 500m³/h 实验与模拟的污染物去除率及人体吸入量对比

（a）污染物去除率；（b）人体吸入量

综合考虑污染物去除率和人体吸入量两个指标，污染物去除率较高的同时人体吸入量相对较低的参数配置为最佳补风，500m³/h 排风量下（100% 补风面积）计算结果如表 7-13 所示，500m³/h 排风量下的最佳补风速度在 0.24～0.30m/s 之间，最佳补风速度值高于实验所得结论，仍可能是模拟补风均匀性更好所致。

500m³/h 排风量下（100％补风面积）计算结果　　　　表 7-13

序号	1	2	3	4	5	6	7	8
补风量（m³/h）	0	100	200	300	358	400	450	500
补风速度（m/s）	0	0.07	0.13	0.20	0.24	0.27	0.30	0.34
污染物去除率（％）	69.39	77.01	79.39	78.87	79.41	79.47	80.57	80.78
人体吸入量（mL）	0.96	0.73	0.54	0.85	0.53	1.05	2.16	4.85

7.4.2　最佳补风面积与位置（开窗）

图 7-12 给出了不同补风量、补风面积人体吸入量与污染物去除率。图 7-12（a）的数据表明，在最佳补风速度 0.27m/s，前出风 66.67％补风面积下，相比于补风速度相同、100％补风面积的工况，污染物去除率和人体吸入量均较低。而右出风 66.67％和后出风 66.67％补风面积下，污染物去除率略有升高，人体吸入量明显降低。图 7-12（b）数据表明，50％补风面积下，前部或后部补风情况下，污染物去除率和人体吸入量随补风量的变化规律与 66.67％补风面积工况相同，但人体吸入量值均低于 66.67％补风面积的工况。左出风 50％补风面积对油烟污染的控制起到了极大的恶化作用，随着补风量的增加，污染物去除率明显降低并且人体吸入量急剧上升。

综上所述，500m³/h 橱柜补风最佳补风位置和面积的模拟结果是后出风 50％补风面积，补风速度在 0.27m/s 左右。

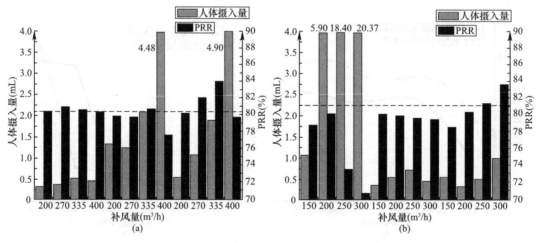

图 7-12　不同补风量、补风面积人体吸入量与污染物去除率

（图中虚线为 500m³/h 排风量下 100％补风面积 0.27m/s 补风速度对应的污染物去除率）

（a）右、前、后出风 66.67％补风面积；（b）左、前、后出风 50％补风面积

7.4.3　最佳补风高度（开窗）

在模拟工况中，补风平面与排风平面的相对高度有 −10cm、−5cm、0、5cm、10cm，不同补风平面高度下人体吸入量与污染物去除率如图 7-13 所示。结果显示，当补风平面高于排风平面时，会对吸油烟机的油烟捕集效果产生不利影响，尤其是人体吸入

量会明显升高，这与实验结论一致；当补风平面低于排风平面时，随着距离的增加，污染物去除率略微增加，人体吸入量先增加后降低，与实验中补风平面低于排风平面 5cm 的结论一致；补风平面高度继续降低时，热羽流的发展区域更小，补风对其造成的扩散作用较小。

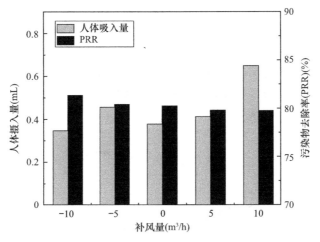

图 7-13　不同补风平面高度下人体吸入量与污染物去除率

7.4.4　不同排风量下最佳补风配置（开窗）

不同排风量下橱柜补风模拟结果如图 7-14 所示，当补风为 100% 自然补风时（橱柜无补风，全外窗补风），随着排风量的升高，污染物去除率先升高后降低，当排风量高于 600m³/h 后，污染物去除率急剧下降；人体吸入量先下降后升高，与污染物去除率的变化规律相同，说明在自然补风下的排风量并不是越大越好，存在一个最佳排风量。不同排风量对应的最佳补风速度不同，随着排风量的增加，最佳补风量（速度）增加，在不同排风量下，以排风量的 40% 补风量能够达到较好的油烟污染控制效果。

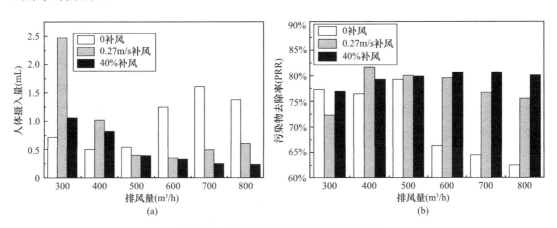

图 7-14　不同排风量下橱柜补风模拟结果

（a）人体摄入量；（b）污染物去除率

7.4.5　关窗工况下橱柜补风结果

模拟过程中需要遵守质量守恒定律，因此厨房实验舱内的排风量和补风量的绝对值应该相等。在关窗实验中，橱柜补风比例低于100%时，在负压稳定的情况下，其余补风由厨房围护结构缝隙补充，因此在模拟计算中根据这个原理设定相应的边界条件。

500m³/h后出风50%补风面积不同补风量下关窗模拟结果如图7-15所示，500m³/h的排风量下，随着补风量的增加，污染物去除率先升高后降低，污染物人体吸入量持续升高，达到峰值后在较小范围内波动，综合考虑两个评价参数，最佳补风速度在0.27～0.34m/s范围内。两个评价指标随补风量的变化规律与实验结论符合得较好，实验结果的最佳补风速度为0.30m/s左右。

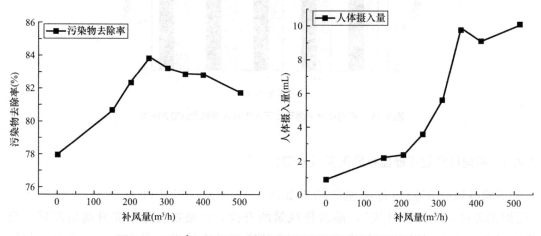

图7-15　500m³/h后出风50%补风面积不同补风量下关窗模拟结果

7.5　本章小结

（1）研究了以下影响橱柜补风作用效果的因素：补风量（补风速度）、补风位置、补风面积、补风面与排风面的相对高度、外窗启闭情况以及排风量。

（2）关于补风速度，实验结果显示对油烟污染控制有利的最佳补风速度为0.23～0.27m/s，模拟结果显示最佳补风速度为0.24～0.30m/s。关于补风位置（以远离吸油烟机排风口为右，以远离烹饪人员为后），不同的补风位置出风方向存在差异，左出风最易导致热羽流的扩散；右出风对热羽流的影响最小，但补风经过较大的空间区域才到达排风；前出风补风方向斜向下远离橱柜后部，对热羽流有一定加剧扩散的作用，不利于污染物的捕集；后出风存在附壁效应，补风组织较好，有利于热羽流的捕集，同时呼吸区的污染物浓度较低。

（3）实验得到开窗工况下，500m³/h排风量开窗工况下橱柜补风的最佳参数设计为：补风量40%，橱柜出风口后出风50%补风面积，橱柜补风平面与吸油烟机排风平面保持相同高度。与500m³/h排风量下的100%自然补风实验结果相比，污染物去除率提高了

10.25％，污染物的人体摄入量减少了 17.71％。

（4）模拟结果表明随着排风量的增加，橱柜最佳补风速度也会增加，即通过定补风速度的方法达不到不同排风量下的最佳油烟污染控制效果，但模拟中以定补风量（橱柜补风量为排风的 40％）的方法进行补风，油烟捕集效果能够维持在较好的范围内。

参考文献

[1]　王森. 厨房结构及布局对厨房空气质量影响的模拟研究 [D]. 西安：西安建筑科技大学，2015.

[2]　贾欣. 厨房污染物控制方案的研究与评价：污染物分布模拟和吸油烟机优化选型软件开发 [D]. 沈阳：沈阳建筑大学，2012.

[3]　畅凯. 重庆市住宅厨房空气品质现状及改善措施 [D]. 重庆：重庆大学，2016.

[4]　霍星凯. 吸油烟机箱体优化及厨房排烟效率的研究 [D]. 武汉：华中科技大学，2017.

[5]　Jun Gao，Changsheng Cao，Lina Wang et al. Determination of Size-Dependent Source Emission Rate of Cooking-Generated Aerosol Particles at the Oil-Heating Stage in an Experimental Kitchen [J]. Aerosol and Air Quality Research. 2013；13（2）：488-496.

[6]　李晓云. 住宅厨房排油烟系统补风方式及气流组织研究 [D]. 沈阳：沈阳建筑大学，2012.

[7]　尚少文，李晓云，郭海丰. 住宅厨房排油烟系统补风方式及气流组织研究 [J]. 沈阳建筑大学学报（自然科学版），2012，28（01）：129-134.

[8]　庞连池. 居住建筑厨房补风方式及节能研究 [D]. 沈阳：沈阳建筑大学，2013.

[9]　邸亮. 控制住宅厨房 PM2.5 浓度的气流组织优化研究 [D]. 沈阳：沈阳建筑大学，2016.

[10]　李博. 住宅厨房卫生间污染控制气流组织的数值分析 [D]. 沈阳：沈阳建筑大学，2011.

[11]　史漫兴. 风幕式吸油烟机污染物扩散规律及其控制的研究 [D]. 株洲：湖南工业大学，2008.

[12]　Chen J K，Dai G Z，Huang R F. Effects of mannequin and walk-by motion on flow and spillage characteristics of wall-mounted and jet-isolated range hoods [J]. The Annals of occupational hygiene.，2010，54（6）：625-639.

[13]　王刚，蒋彦龙，施红，等. 大型商用厨房室内热舒适性的数值分析 [J]. 世界科技研究与发展，2014，36（3）：236-240.

[14]　陈锋，周斌. 住宅厨房污染物控制数值模拟研究 [C]. 江苏省暖通空调制冷 2015 年学术年会论文集，2015：493-496.

[15]　李旺，戴石良，王汉青，等. 基于 CFD 模拟的厨房简易顶板辐射空调模型的研究 [J]. 流体机械，2019，47（4）：76-82.

第**3**篇

新型油烟捕集净化设备研究与开发

　　本篇从油烟捕集设备出发，从油烟颗粒物的低阻过滤装置、吸油烟机恒风量控制、气幕式吸油烟机、外排＋净化一体式吸油烟机，以及吸油烟机捕集效率评价方法等方面，进行深入的探索研究。针对现有高层住宅厨房集中烟道排风普遍存在的吸油烟机风量大幅度衰减的现象，研究并开发了恒风量吸油烟机，利用FOC矢量控制法实现了恒风量的控制逻辑，经实验测试，恒风量吸油烟机在一定范围内，排风量可保持恒定。针对与油烟机集成的空气净化器，对其气流配置参数进行优化；分析了较优循环净化参数下，循环净化与吸油烟机运行排风量的合理化搭配及节能潜力。对气幕式吸油烟机性能影响因素进行研究，以明确气幕式吸油烟机的作用机理，进一步对其进行参数优化设计，并对其性能进行合理评价。针对油烟颗粒物捕集装置——离心分离装置的研发，将影响离心分离装置捕集效率和阻力的各种因素辨识清楚，进而对离心分离装置的结构进行模拟优化寻优，最终找出效率较高、阻力较低的适宜结构。针对吸油烟机捕集效率评价方法，厘清厨房空间复杂气流特征与污染捕集/逃逸机制，建立了吸油烟机直接捕集效率指标；从空间分离维度出发，通过空间回流污染的运动扩散机制研究，构思出基于回流污染通量分配的回流捕集量化方法以及基于非烹饪区虚拟净化的直接捕集分离方法；从时间分离维度出发，明晰了直接捕集/回流捕集的动态形成机理，构思出直接捕集排风浓度峰值法。

第 8 章 恒风量吸油烟机

恒风量吸油烟机可以保证不同楼层住户在不同的出口静压条件下实现某一恒定排风量，从而保证厨房油烟污染的控制效果。本书首先进行了原烟机产品动力特性测试，分析得到了该机器原装电路板的控制逻辑为恒转矩控制，测得了不同转速下的风机特性参数和电参数之间的变化关系。进而提出恒风量吸油烟机的控制逻辑，通过 FOC（Field Oriented Control）矢量控制法控制逻辑，最后对开发的三种风量设定值下的机器进行动力测试验证。与相关企业共同研发了新一代的恒风量吸油烟机产品。

8.1 恒风量烟机压力调控范围研究

8.1.1 恒风量设定值选取

住宅厨房排风量的选取是以满足厨房排风需求为目标，该需求主要有两个方面：（1）尽可能排除烹饪过程中产生的污染物，通过局部通风限制其外溢到其他区域；（2）在排油烟的过程中尽量减少烹饪人员的暴露。目前，我国行业标准《建筑通风效果测试与评价标准》JGJ/T 309—2013 与国家建筑标准设计图集《住宅排气道（一）》23J 916—1 对住宅厨房排气量做出规定：住宅厨房集中排烟系统各用户排气量应在 300～500m³/h 范围内。本书作者对上海市某小区进行了厨房排风量的调研，该调研结果反映该小区中吸油烟机的运行风量普遍约 300m³/h。

厨房的需求排风量受多因素影响，包括厨房布局、空间大小，吸油烟机捕集罩的形状、安装高度，烹饪食材、烹饪方式、烹饪时间，以及厨房补风形式等。经前述研究，厨房补风形式对油烟捕集率的影响显著，当补风情况较好时（灶台两侧加挡板、地板射流补风、顶棚条缝补风等），400～500m³/h 的风量情况下就能达到较好的油烟污染控制效果。通过对捕集率的实验测试结果发现，以 600m³/h 为转折点，一开始在低风量区域，随着风量的升高捕集率也随之增大；而当风量值进入高风量区域，捕集率的升高并不显著。由此可见，在该补风形式及油烟散发量的情况下，600m³/h 是较为经济的运行风量值。

同时，吸油烟机排风量的选取还与油烟源散发强度相关，当烹饪时油烟散发量小，小风量（比如 300m³/h）就可满足室内污染物控制要求；而当油烟散发量较大时，则需要更大的排风量（600m³/h 以上）。

综上，考虑不同的风量挡位需求，并且参考了某品牌吸油烟机厂家对产品的风量需求，本书最终选取了 360m³/h、480m³/h、600m³/h、720m³/h、840m³/h 共 5 种恒风量设定值进行研究。360m³/h 和 480m³/h 为低挡，600m³/h 为中挡，720m³/h 和 840m³/h

为高挡。

8.1.2　出口压力边界确定方法

对于任何一款风机而言均不可能实现全压力范围内（零到风机最高转速最大压头）的风量恒定，因此，在控制恒风量之前需要先确定控制压力范围。另外，针对不同的恒定风量的设定值，需要考虑不同压力范围。本节中对于恒风量烟机的出口压力指的排风量达到恒风量设定值时所需的机外静压。

恒风量烟机压力调控范围确定如图 8-1 所示，在高层住宅厨房集中排风系统中，对于第 i 层来说，该层恒风量风机的出口压力边界受到该层公共烟道压力的影响，而该层公共烟道的压力在其他层随机开启下存在一个变化区间，可按照模型计算结果取 95％ 置信区间为各层公共烟道压力变化范围，由此可求得该层恒风量烟机出口压力上下边界。

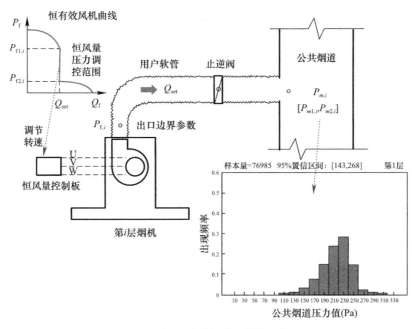

图 8-1　恒风量烟机压力调控范围确定

在模型计算结果中，各层公共烟道压力范围不尽相同，由此对每一层的恒风量烟机的出口压力范围也不同。然而在实际的工程应用中，往往是开发各层都能使用的标准化恒风量烟机产品，由此该标准化产品的出口压力上下界需要涵盖各个楼层，由此其应为各层上下界的并集。即有：

$$\left[P_{\mathrm{f1}}, P_{\mathrm{f2}}\right] = \bigcup_{i=1}^{N} \left[P_{\mathrm{f1}, i}, P_{\mathrm{f2}, i}\right] \tag{8-1}$$

由于压力分布始终随着楼层高度上升而下降，因而标准化产品的上界应选取最底层的压力上界，下界应选取为最顶层的压力下界。即有：

$$P_{\mathrm{f1}} = P_{\mathrm{f2}} \qquad P_{\mathrm{f2}} = P_{\mathrm{f2}, N} \tag{8-2}$$

式中　P_{f1}——标准化产品的出口压力下界，Pa；

　　　P_{f2}——标准化产品的出口压力上界，Pa；

$P_{\mathrm{fl},i}$——第 i 层烟机的出口压力下界，Pa；

$P_{\mathrm{fl},i}$——第 i 层烟机的出口压力上界，Pa。

由此只需要计算最顶层和最底层的公共烟道压力变化即可。在计算过程中，计算层的风机输入为风量恒定在 Q_{set}，其余层模拟风机随机开启，统计计算层恒风量烟机的出口静压范围。

该压力范围计算结果在恒风量烟机的开发中有两个作用：压力上界对风机的最大压头提出了要求；压力范围为风机的控制提供了边界。本书通过构建高层住宅厨房流体管网模型进行计算。

8.1.3　压力调控范围计算结果

本书压力调控范围计算需要考虑的三种情况：（1）只有单层是恒风量烟机（考虑单户使用情况），其余各层为普通的某品牌烟机；（2）各层都采用相同的恒风量烟机，该烟机只有一种挡位，风量设定值相同；（3）各层都采用相同的恒风量烟机，该烟机具有三个不同的恒风量挡位，各层同一挡位的恒风量设定值相同。

1. 单层恒风量

计算过程中统计了第一层和第三十层保持不同恒风量设定值时，其余各层随机开启，挡位随机挑选，开启率 0.6 以下。利用厨房集中烟道管网模型，计算了 10 组工况（5 种恒风量设定值，底层和顶层两个位置）。对处于第一层和第三十层的恒风量烟机的出口静压 P_{f} 进行统计分析，取 95% 置信区间为压力分布上下限。

经计算，单层使用恒风量烟机的情况下，单层恒风量吸油烟机出口压力范围如图 8-2 中所示。由图可见，当恒风量设定值为 360$\mathrm{m^3/h}$ 时，压力范围为 [76Pa，309Pa]，区间长度为 233Pa；当恒风量设定值为 840$\mathrm{m^3/h}$ 时，压力范围为 [215Pa，481Pa]，区间长度为 266Pa。由此可知，随着恒风量设定值的升高，该压力范围上下界都随之升高，但压力区间长度变化并不显著。其原因在于该压力区间长度取决了其余层随机开启下对恒风量吸油烟机排油烟阻力的影响。而仅单层安装恒风量吸油烟机并不能显著影响其他层的风量分布，因而恒风量设定值虽然会影响压力上下界的值，但是并不会显著影响压力区间长度。

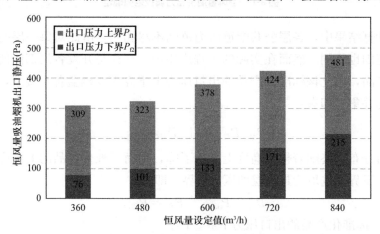

图 8-2　单层恒风量吸油烟机出口压力范围

2. 多层单挡位恒风量

本节考虑各层都采用相同的恒风量吸油烟机，该吸油烟机只有一种挡位，风量设定值相同，与上节相同，计算了不同恒风量设定值下的恒风量压力调控范围。同样设置开启率限制在 0.6 以下，计算了 10 组工况。

经计算，图 8-3 展示了多层单挡位恒风量吸油烟机出口压力范围。结果显示，随着恒风量设定值的升高，压力范围上下界随之快速升高。恒风量设定值为 360m³/h 时，压力范围为 [46Pa，231Pa]，区间长度为 185Pa；恒风量设定值为 840m³/h 时，压力范围为 [253Pa，1255Pa]，区间长度为 1002Pa。设定值为 360m³/h 时，多层单挡位下的恒风量压力范围要小于单层恒风量的情况，而其余风量设定值下则相反。这是因为，在上节中其余层开启吸油烟机的风量大多数能达到 360m³/h，系统总风量是更高的，因而恒风量风机的压力波动范围更大。

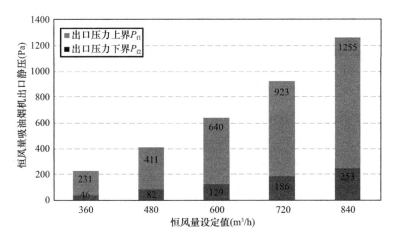

图 8-3　多层单挡位恒风量吸油烟机出口压力范围

由图 8-3 也可看出，在集中排气系统中，若各层都安装恒风量烟机，恒风量设定值不宜取得过高，否则对于风机性能有很高的要求。当然另一方面，本章计算中考虑的三十层系统开启率按最高 0.6 来计算。当设计开启率取小，恒风量吸油烟机的出口压力上界也会大幅度变小，此时可以取较高的恒风量设定值。

3. 多层多挡位恒风量

与上节相同，本节考虑各层都采用相同的恒风量吸油烟机，该吸油烟机具有 3 种恒风量挡位，每个挡位的恒风量设定值不相同，本书中设置低速挡为 360m³/h，中速挡为 600m³/h，高速挡为 840m³/h。同样设置开启率限制在 0.6 以下，假设各层用户对挡位的选取完全随机。计算了 6 组情况，每组产生 10000 个计算案例进行统计分析。

多层多挡位恒风量吸油烟机出口压力范围如图 8-4 所示，恒风量设定值为 360m³/h 时，压力范围为 [67Pa，592Pa]，区间长度为 525Pa；恒风量设定值为 840m³/h 时，压力范围为 [207Pa，795Pa]，区间长度为 588Pa。结果显示，恒风量挡位随机开启下，压力区间长度趋于"平均化"。

通过以上的计算结果，可以得到不同情况下，不同风量设定值下恒风量吸油烟机的压力调控范围，可为之后恒风量吸油烟机的开发提供参考。

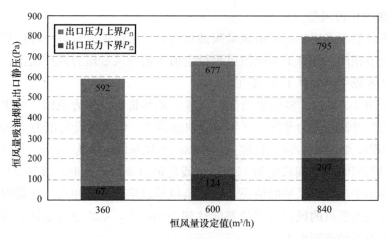

图 8-4　多层多挡位恒风量吸油烟机出口压力范围

8.2　原型烟机动力特性测试及分析

8.2.1　实验测试平台及方案

考虑吸油烟机抽吸过程中，厨房空间分布（比如吸油烟机距离灶台高度等）带来的流动影响，该吸油烟机的实验测试在厨房实验室中进行，该测试平台主要在实验室内安装了一套机械排风装置：包括一条排风管（上有一段标准喷嘴流量段）、一个手调风阀以及一个由变频器控制的屋顶接力风机，排风量可实现从 $0\sim700\mathrm{m^3/h}$ 的无级改变，测试平台系统示意简图如图 8-5 所示。

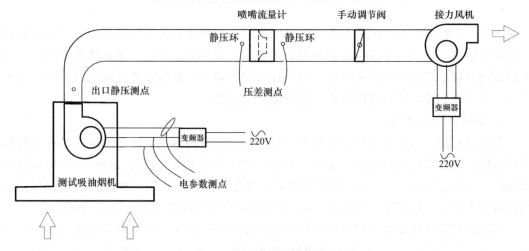

图 8-5　测试平台系统示意简图

在此系统中，手动调节阀用于增大系统阻抗，减小风量；接力风机用于增大系统风量。该接力风机内为三相交流电机，可通过变频器从 $0\sim50\mathrm{Hz}$ 无级调节。吸油烟机出口管道开有静压侧孔，采用标准比托管和电子微压计测量，图 8-6 展示了测试平台系统实拍图。

图 8-6　测试平台系统实拍图

本次测试对象仍为某品牌 T8 吸油烟机，吸油烟机顶部安装有一块电机驱动控制板，连接电机、电源和触控屏（用于切换挡位），用于风机电机的驱动和控制。本章中的测试分为两个方面：（1）了解吸油烟机不同挡位下的控制模式，即该烟机原装电路板的控制逻辑。（2）确定不同转速下风机输出的风参数与输入电机的电参数变化特性，用于之后对其进行改造，确定恒风量控制逻辑中的具体参数，图 8-7 所示为某品牌 T8 吸油烟机。

(a)　　　　　　　　　　　(b)

图 8-7　某品牌 T8 吸油烟机

(a) 内部结构；(b) 电机驱动控制板

测试过程中测得的风参数包括风机出口静压及风机输出风量；测得的电参数包括电机输入电流、输入电压、输入功率、频率以及电机转速。实验过程中首先测试了原装电路板下不同挡位的情况，之后将风机控制在恒定的转速下（具体控制方法见下节），然后通过调节手动调节阀或者接力风机的运行频率来改变管路阻抗，以得到不同的出口静压工况点。当风量稳定后，测取不同出口静压下的风量值和电机各个电参数并记录下来。

8.2.2　电机基本参数及调速设置

测试的原型机某品牌 T8 吸油烟机中电机为现今家电中最常用的 BLDC（Blushless Direct Current）直流无刷电机。传统的直流电机（DC 电机）具有响应速度快，起动转矩大，从零转速提升到额定转速过程中能保持最大转矩的优点，然而它在运行过程中要求定子磁场和转子磁场需要时刻保持垂直状态。然而 DC 电机的定子采用的是永磁体，定子磁场方向恒定，只能通过控制转子磁场来保持旋转。为了让两个磁场在旋转过程中时刻保持垂直，需要用到电刷来改变输入转子线圈的电流方向。在电刷换向过程中常常会与输入电极摩擦产生火花，电机组件易损坏。

为了解决这一问题，BLDC 电机中定子改用线圈（也称为绕组），而转子改用永磁体，通过控制定子线圈的电流方向来改变定子磁场的方向。永磁体转子在旋转过程中磁场方向时刻变化，一般需要用霍尔位置传感器（磁场通过霍尔元件产生电势差）或者定子线圈的反电动势（永磁体转子旋转产生变化磁场，引起定子线圈产生反电动势）来反馈转子的位置和速度，通过控制输入定子线圈电流方向使得两个磁场保持垂直。由此 BLDC 电机便不需要采用电刷换向也能使得电机一直保持最大转矩输出。同传统的感应电机相比，BLDC 电机效率更高，体积更小。因此，BLDC 电机输入电流方向周期性改变的交流电，BLDC 电机运行原理图如图 8-8 所示。

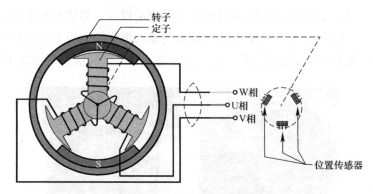

图 8-8　BLDC 电机运行原理图

测试吸油烟机内使用的电机内有 3 组绕组，星形连接，吸油烟机用电机基本参数如表 8-1 所示。其运行温度范围为 0～60℃，相对湿度为 95% 以下，运行转速范围为 250～2000r/min。

吸油烟机用电机基本参数　　　　　　　　　　　　　　　　表 8-1

电机型号	电机类型	磁极对数	额定输入功率	额定输入电压	额定输入电流	额定转速	额定转矩
MK1.5 R73	BLDC 直流无刷	5	160W	310V	1.5A	890r/min	1.5N·m

根据厂家提供的电机性能测试结果，当输入电流限制为 1.7A 恒定时，电机在不同转速下都能保持转矩的恒定（1800r/min 以上，电机转矩难以继续维持），这也是 BLDC 电机的主要优势之一。同时，随着转速的提高，电机效率也随之升高。

由于研究时需测得恒定转速下的风机特性曲线（原装电路板不同挡位下并非恒定转速），为此选用可实现对直流无刷电机和交流永磁电机开环控制的变频器。在使用之前对变频器进行调试并设定相关参数。不同的电机需要设置不同的控制模式。变频器调试参数设定值如表 8-2 所示。在电机相关参数输入完成电机启动之前，需要通过 P4-02 进行参数自调适，检查输入的电机参数是否合理。若不合理，则电机无法被启动，需要重新设置参数表。在调适完成之后，可向变频器输入不同的频率值，对应不同的转速。由此将风机的转速恒定，进行不同转速下风机风参数特性曲线和电机电参数特性曲线的测试。测试过程中设置了 400r/min（33Hz）到 1600r/min（133Hz）每隔 200r/min 一个取值共7 个转速工况。

变频器调试参数设定值　　　　　　　　　表 8-2

参数项	设定值	备注	参数项	设定值	备注
P1-01	2000	最大频率/转速	P1-09	74	额定频率
P1-02	250	最小频率/转速	P1-10	890	额定转速
P1-03	5	加速时间	P1-11	2.5	低频下电压提升
P1-04	5	减速时间	P1-12	1	控制源选择
P1-05	0	停止模式	P1-13	1	数字量输入选择
P1-06	1	能量优化	P1-14	201	扩展参数访问密码
P1-07	33	反电动势	P4-01	5	电机控制模式
P1-08	1.5	额定电流	P4-02	1	参数自调适（启动前必需）

测试过程中首先测试了原装电路板下不同挡位的情况，之后利用变频器将风机控制在恒定的转速下，测试不同转速下的参数变化情况。

8.2.3　电机转速与频率的关系测定

图 8-9 给出了风机转速测量值与电机输入频率的线性拟合关系，由图中可见，两者呈线性关系，风机转速可由电机输入频率反映。测定这两者的关系后，在后期的风机测试过程中，只需测得频率即可依据确定该工况下的转速，也为之后变频器的频率设定取值提供参考。

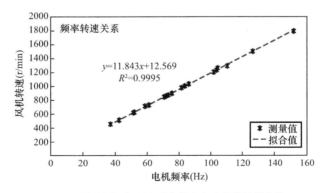

图 8-9　风机转速测量值与电机输入频率的线性拟合关系

直流无刷电机是同步电机，由电机学理论可知，电机的转速 n（r/min）由下式计算：

$$n=\frac{60f}{p}\qquad(8\text{-}3)$$

式中 f——电机输入频率，Hz；

　　　p——电机磁极对数，该吸油烟机用直流无刷电机内共有 10 个磁极，$p=5$。

由此可求得 $n=12f$，与测试结果符合，由此也可佐证转速和频率值测试的准确性。

8.2.4 吸油烟机原装电路板控制逻辑分析

所选型号吸油烟机原装电路板总共设置有四个挡位，在每个挡位运行时，风机的转速都会根据外界压力的变化而变化。当排风口压力增大，如关小阀门或对出风口进行封堵，风机的转速也会相应的增加。

本书通过阀门开度改变吸油烟机出口压力参数，测得了不同出口静压下输入电机的电流电压功率和频率等电参数。在不同挡位下，受限于实验台的测试条件，出口静压值不能全范围覆盖。由于实验台管路阻力较大，低速挡下出口压力难以达到很大，由此不同挡位下能够调节到的出口压力范围不同。

不同挡位电机输入电流随吸油烟机出口静压的变化情况如图 8-10 所示，同一挡位下电机输入电流保持不变，随着挡位越高电流越大，低挡电流值保持在 0.3A，中挡电流值保持在 0.5A，高挡电流值保持在 1A，爆炒挡电流值保持在 1.07A。由图 8-10 中可见，当 BLDC 电机的输入电流恒定，电机的电磁转矩也恒定。由此可知，该吸油烟机原装电路板的控制逻辑是恒转矩控制，不同挡位设置不同转矩大小。在此恒定电机电磁转矩的控制模式下，而输入电压则会随吸油烟机出口静压而线性增长，且不同挡位的变化幅度相似但基准值不同，不同挡位电机输入电压随吸油烟机出口静压的变化情况如图 8-11。在同一挡位下，当电机输入电压线性增大时，电机的转速也相应线性增大，不同挡位电机输入频率随电机功率的变化情况如图 8-12 所示。由图 8-12 可知，不同挡位的线性比例不同，挡位越低，转速增益系数越大。由此分析，该电路板的控制逻辑中考虑了通过提高转速来应对排油烟阻力增大的情况，然而并没有具体去解析风机的特性曲线。也即没有确定提高多少转速才能使得风量仍保持设定值，满足各户的排油烟需求。

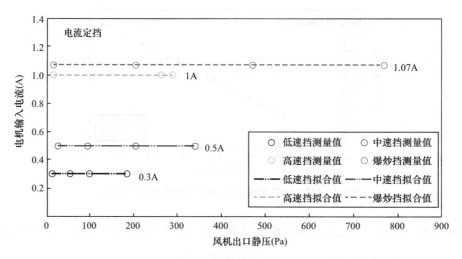

图 8-10　不同挡位电机输入电流随吸油烟机出口静压的变化情况*

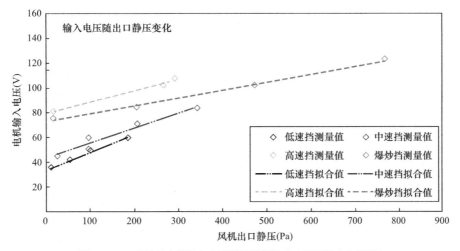

图 8-11　不同挡位电机输入电压随吸油烟机出口静压的变化情况*

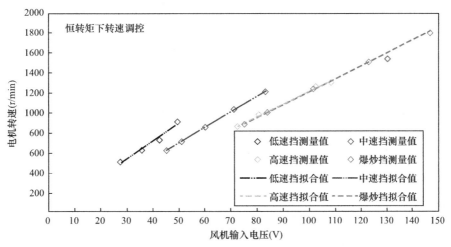

图 8-12　不同挡位电机输入频率随电机功率的变化情况*

实际上，单纯地给出一个线性比例的转速增长并不能达到恒风量的目的。比如外界压力从 50Pa 增长到 100Pa，和从 500Pa 增长到 550Pa，维持风量不变所需要提高的转速比例是不相同的。这与风机的特性曲线形状和走势相关。因而在恒风量吸油烟机的变频方案中需要一定的算法。

8.2.5　风机特性曲线测定及分析

在测得 T8 吸油烟机原装电路板的情况后，将电机驱动线路换为英泰变频器以控制电机恒转速运行，测得不同转速下的风机特性曲线。限于实验台条件，测试的风量范围为 $100 \sim 700 \mathrm{m}^3/\mathrm{h}$。转速测试范围为 $400 \sim 1600 \mathrm{r/min}$。

图 8-13 展示了恒定转速下风机出口静压-风量特性拟合曲线。图中通过三次方程对测试点进行了曲线拟合。由图中可见，该风机的出口静压随着风量的升高平缓降低（尤其是在低转速下），由此可见该特性曲线为平缓性，风机对出口压力较为敏感，当吸油烟机出口压力变化大时将引起较大范围的风量变化。由此为实现恒定风量，需要根据出口压力变化进行调节。

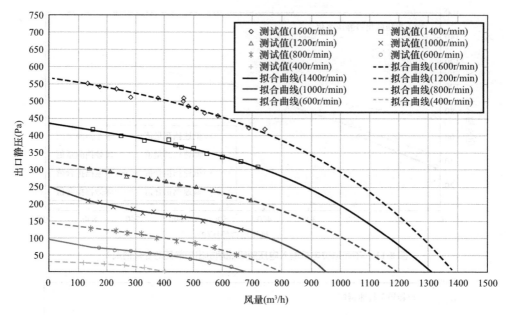

图 8-13   恒定转速下风机出口静压-风量特性拟合曲线

图 8-14 展示了恒定转速下电机输入功率-风量曲线，体现了电机电参数与风机风参数之间的联系。由图中可见，随着风量的增大，维持电机恒转速所需的电机输入功率也会相应增大，且在转速越高的情况下，电机输入功率的增长也越快。其原因可以通过能量守恒来解释，当风机风量升高，风机的负载随之升高，由此要维持电机的转速不变便需要更大的电机输入功率。

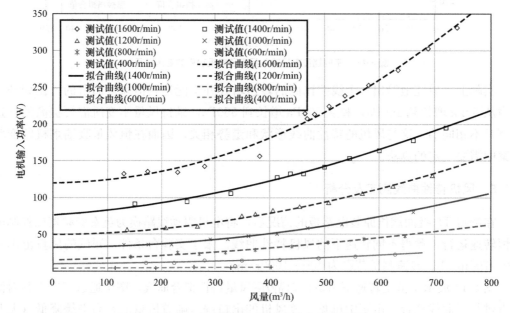

图 8-14   恒定转速下电机输入功率-风量曲线

根据风机的做功和电机的输入功率，可以求得该风机的能量转化效率。图 8-15 展示了不同转速下的风机全压效率 η 随风量变化，其计算公式如下：

$$\eta = \frac{\rho P Q}{N} \tag{8-4}$$

式中　P——风机前后压力提升，当入口压力为 0 时，P 为风机出口压力值，Pa；

　　　Q——风机排风量，m^3/h；

　　　ρ——空气密度，取为常温下的 $1.2kg/m^3$；

　　　N——电机输入功率，W。

由图 8-15 可见，在不同的转速下，$800m^3/h$ 风量范围内，风机效率在 $20\%\sim50\%$ 之间，且随着风量的升高而先增后降。在 $300\sim500m^3/h$ 的风量范围内，风机的效率较高。

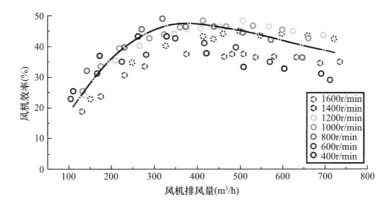

图 8-15　不同转速下的风机全压效率随风量变化*

图 8-16 展示了不同转速下的风机输入电流与电压值随风量变化。由图所示，与电机输入功率类似，电机的输入电流在转速恒定情况下也会随风量的增长而增大，且转速越高电流增长越快。

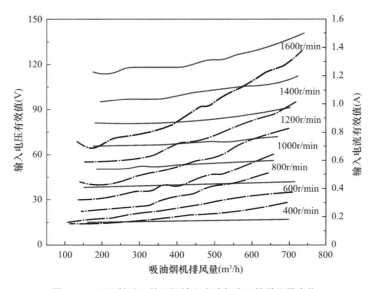

图 8-16　不同转速下的风机输入电流与电压值随风量变化*

相比之下，恒转速下的电机的输入电压随风量变化并不是十分明显。在低转速下，电机输入电压基本没有什么变化。当转速提升到 $1000r/min$ 后才开始随风量增加而有所升高。

由此可见，在特定的风机转速下，由于风机出口压力波动造成风量变化后，为了维持风机的转速恒定，电机的输入电参数也会随风量变化而变化。这一现象的科学解释也可以从 BLDC 电机中永磁体转子的机械转动方程着手：

$$T_e - T_L - Z\omega = J\frac{\mathrm{d}\omega}{\mathrm{d}t} \tag{8-5}$$

式中　T_e——永磁体转子受到定子线圈磁场作用而产生的电磁转矩，正比于输入定子线圈的电流，也即电机输入电流，N·m；

T_L——电机的负载转矩，随着风机的风量增大而增大，N·m；

Z——黏滞摩擦系数，反映了转子旋转过程中由于摩擦造成的能量耗散，N/(m·s)；

ω——转子旋转的角速度，正比于电机转速，rad/s；

J——电机转子的转动惯量，kg·m²。

当电机转速恒定，上式右边项等于 0。由此电磁转矩随电机负载转矩变化而变化。当出口压力降低，风量升高，负载转矩升高，电磁转矩随之升高，由此引起电机输入电流随之升高。

由此，本节提出在无风量传感器的情形下，可通过采集 BLDC 电机的电参数信号（电机输入电流）来反馈风机此刻的风量。这一方法解决了油烟环境中放置风量传感器被堵塞失效的情况。使用这一方法需要提前测定电机电参数与风机风参数的关系。确定了电机此刻的转速并对电机输入电流进行采样后，便可结合这两个电参数确定风机此刻的运行工作点，通过电机电参数反馈风机运行工作点，如图 8-17 所示。

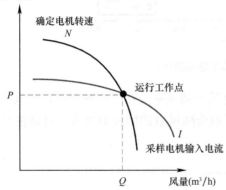

图 8-17　通过电机电参数反馈风机运行工作点

8.3　恒风量吸油烟机开发测试与研究

8.3.1　恒风量控制逻辑

由风机的 P-Q 特性曲线可知，风机的出口静压可由转速和风量确定：

$$P = f(Q, n) \tag{8-6}$$

具体实验测试数据的拟合公式为：

$$P = -6.67 + 4.65n + 0.172Q + 223n^2 - 0.08Q^2 - 5.172nQ \quad (R^2 = 0.9989) \tag{8-7}$$

在转速确定下，风机的风量可由电机输入电流确定：

$$Q = f(n, I) \tag{8-8}$$

具体实验测试数据的拟合公式为：

$$P = 1.854 - 7.692n + 42.760I - 2.383n^2 - 10.158I^2 - 5.044nI \quad (R^2 = 0.9545) \quad (8\text{-}9)$$

同时吸油烟机出口压力与公共烟道压力之差消耗在用户支管上，有方程式如下：

$$P - P_{\mathrm{m}} = \xi_{\mathrm{b}} \frac{\rho Q^2}{2A^2} = \alpha Q^2 \tag{8-10}$$

上式中　ξ_{b}——支管阻力系数，无量纲；

　　　　P_{m}——烟道公共压力，Pa；

　　　　A——支管截面积，m^2；

　　　　n——转速，r/min；

　　　　f——频率，Hz；

　　　　ρ——气体密度，kg/m^3；

　　　　I——输入电流，A；

　　　　P——压力，Pa；

　　　　Q——风量，m^3/min；

　　　　$\alpha = 1.0296$。

据此，该变频方案控制逻辑如下：

第 1 步：在 t_0 时刻确定该时刻风机转速 n_0；

第 2 步：采集此刻的电机输入电流 I_0，由式（8-8）可得到该时刻的风机风量 $Q_0 = G(n_0, I_0)$；将其与风量设定值 Q_{set} 比较：若两者在设定偏差内，结束此步骤，在下一个时刻 $t_0 + \Delta t$ 从第 1 步重新开始；若两者偏差在设定区域外，进行第 3 步；

第 3 步：由式（8-6）确定该时刻的风机出口静压 $P_0 = H(Q_0, n_0)$，由此可由式（8-10）计算得到该时候的公共烟道压力 $P_{\mathrm{m}} = P_0 - \alpha Q_0^2$，由此可得到该外界压力下，达到风量设定值的需求压力 $P_1 = P_{\mathrm{m}} + \alpha Q_0^2$，进而可得到在此出口静压下，达到设定风量值 Q_{set} 所需风机转速为 $n_1 = H_{Q_{\mathrm{set}}}^{-1}(P_1)$。

第 4 步：在下一个时刻从第 1 步重新开始。

上述恒风量控制逻辑图如图 8-18 所示。它需要在前期较为准确地拟合电参数与风参数之间的关系。而从当前转速调节至目标需求转速，可使用常见的 BLDC 电机调速方法：FOC（Field-Oriented Control）矢量变频法。

BLDC 电机常用的控制方法为磁场定向控制（Field Oriented Control，FOC）又称矢量控制，是通过控制变频器输出电压幅值和频率的一种变频控制方法。恒风量控制逻辑的实现是基于 FOC 的基础上，加入一个速度响应控制环，确定当前时刻需要将电机调节至何种转速值。

FOC 实质是运用坐标变换将三相静止坐标系的电机相电流转换到相对于转子磁极轴线静止的旋转坐标系上，通过控制旋转坐标系的矢量大小和方向达到控制电机的目

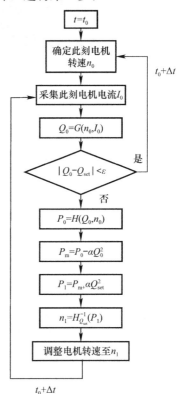

图 8-18　恒风量控制逻辑图

的。由于电机定子线圈上的电压量、电流量、电动势等都是交流量（或者说是大小方向时刻变化的矢量），并都以同步转速在空间上不断旋转，控制算法难以实现控制。通过坐标变换之后，将旋转同步矢量转换成静止矢量，将电压量和电流量均变为直流量。再根据转矩公式，找出转矩与旋转坐标系上的被控制量之间关系，实时计算确定控制转矩所需的直流给定量，从而间接控制电机。由于各直流量是虚构的，在物理上并没有实际意义，因而还需要通过逆变换变为实际的交流给定值。

8.3.2　恒风量吸油烟机测试

恒风量吸油烟机的特性曲线测试在某品牌厨房实验室内进行，该实验室为标准化的吸油烟机压力-风量曲线的测试平台，恒风量样机测试台如图 8-19 所示。该实验台通过将测试样机与辅助风机串联，通过调节辅助风机的频率来控制测试样机的出口静压。实验台中通过喷嘴箱测定风量，通过电子压力传感器读取出口静压值，测试数据直接可在相应的计算机软件平台中读取。

(a)　　　　　　　　　　　(b)

图 8-19　恒风量样机测试台

(a) 测试台 1；(b) 测试台 2

受限于风机的最大转速下的静压风机曲线，同时考虑风机噪声的问题，恒风量设定值下的静压调控上限具有一定的限制，且风量越大该压力上限越小。也即，当恒风量设定值较小时，该风量下风机能够变频的范围更大，因而压力调控范围更大；当恒风量设定值较大时，该风量下风机能够达到的压头范围更小，因而有可能不能满足恒风量下的压力调控范围。

恒风量设定值越大反而需要的压力调控范围越大，由此恒风量设定值越大，对电机和风机的性能要求更高。对于本课题中选取的原型机，由于其输出能力的限制和室内噪声的考虑，其并不适合过大的恒风量设定值。当该风量设定值过大时，需要牺牲一部分压力调控范围，由此在实际运行过程中恒风量维持范围更小。因此在实际的产品开发中，选择合适的风量设定值尤为重要。

本次开发的恒风量设定值的取值一方面参考了以往的关于厨房补风和吸油烟机油烟污染控制效果的研究，另一方面参考了某品牌产品开发人员对产品的要求，最终选取了 $600m^3/h$、$720m^3/h$ 和 $840m^3/h$ 三种风量进行了尝试。

图 8-20 展示了恒风量样机静压-风量曲线测试结果。由图可见，在一定的压力范围下，三条曲线下的风量值基本都能保持恒定，由此证明了前述恒风量控制逻辑的可行性。由图可见，恒风量设定值为 600m³/h 下的压力范围设置为 150～600Pa，能够满足三种情况下的恒风量压力范围；恒风量设定值为 720m³/h 下的压力范围设置为 100～475Pa，能够满足仅单层恒风量的情况，另外两种情况下的压力范围难以实现；恒风量设定值为 840m³/h 下的压力范围设置为 0～450Pa（将压力下限放至 0 并不影响），但并未满足三种压力范围。

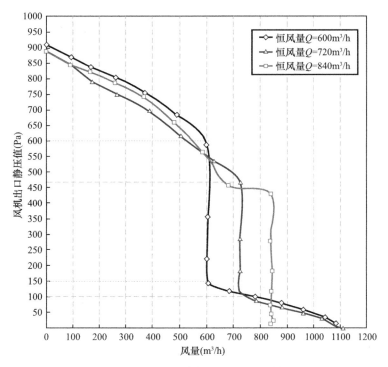

图 8-20　恒风量样机静压-风量曲线测试结果

8.3.3　恒风量吸油烟机系统运行效果分析

为了探究恒风量吸油烟机在系统中的实际运行效果，选取图 8-21 中的恒风量曲线代入系统中进行计算。

1. 适应恒风量曲线的管网模型求解

厨房烟道管网模型求解过程中需先假设备支管流量值，通过管网压力值和风机压力值的偏差来对流量值进行迭代调整。而对于恒风量曲线，通过风量值难以确定风机压力值（在恒风量设定值下）。

由此，本节将恒风量曲线视作压力-风量曲线，将其划分为分段函数，通过风量值求压力值转化为通过压力值求风量值。图 8-21 展示了图 8-20 中恒风量设定值取 600m³/h 时的风量压力分段函数，有公式如下：

$$Q=\begin{cases} -3.758P+1157 & 0<P<150\text{Pa} \\ 600 & 150\text{Pa}<P<600\text{Pa} \\ -0.0028P^2+2.25P+261 & 600\text{Pa}<P<900\text{Pa} \end{cases} \quad (8\text{-}11)$$

同样对于图 8-21 中恒风量设定值取为 720m³/h，有公式如下：

$$Q=\begin{cases} -3.904P+1133 & 0<P<100\text{Pa} \\ 720 & 100\text{Pa}<P<475\text{Pa} \\ -0.0008P^2-0.64P+1205 & 475\text{Pa}<P<900\text{Pa} \end{cases} \quad (8\text{-}12)$$

同样对于图 8-21 中恒风量设定值取为 840m³/h，有公式如下：

$$Q=\begin{cases} 840 & 0<P<450\text{Pa} \\ -0.0017P^2+0.564P+848 & 450\text{Pa}<P<900\text{Pa} \end{cases} \quad (8\text{-}13)$$

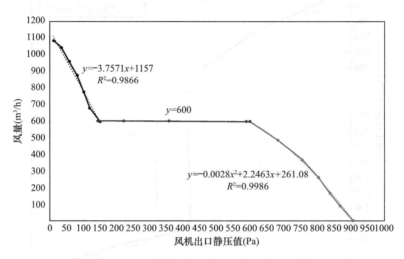

图 8-21　恒风量设定值取 600m³/h 时的风量压力分段函数

　　求解过程中先假设风机压力值，通过风机曲线对应支管风量值，将支管风量值代入烟道管网模型中求得管网压力值。若两压力值相同，则之前的假设值是正确的，计算得到的支管风量值也是正确的；若两压力值在设置的偏差以外，则修正压力值进行迭代，直到两个压力值在设置的偏差内，再求得风量分布。

　　本节将图 8-21 中三种不同恒风量设定值下的曲线输入到模型中，设置各层开启吸油烟机使用同一条恒风量曲线，计算了开启率为 0.2、0.4、0.6 三种代表性系统的均匀开启的各层支管风量，即风机出口静压值。图 8-23 展示了不同开启率下三种恒风量风机的风量分布，其中三条虚线为恒风量设定值。

　　由图 8-22 可见，当开启率为 0.2 时，三种恒风量曲线都能达到恒风量设定值，然而对于恒风量设定值为 600m³/h 的机器，除了底层为恒风量设定值，其余各层的排风量均大于恒风量设定值，顶层甚至接近 720m³/h，这是由于压力调控下界取得过高，顶层的风机转速没有降下来。当开启率为 0.4 时，600m³/h 和 720m³/h 的机器能够达到各层恒风量，而 840m³/h 的机器在底层已经难以维持风量设定值，这是由于顶层风机转速已经达到很高，难以继续提升到恒风量设定值了。当开启率为 0.6 时，只有 600m³/h 仍然满足要求，720m³/h 和 840m³/h 的机器在用户底部都难以达到风量要求。

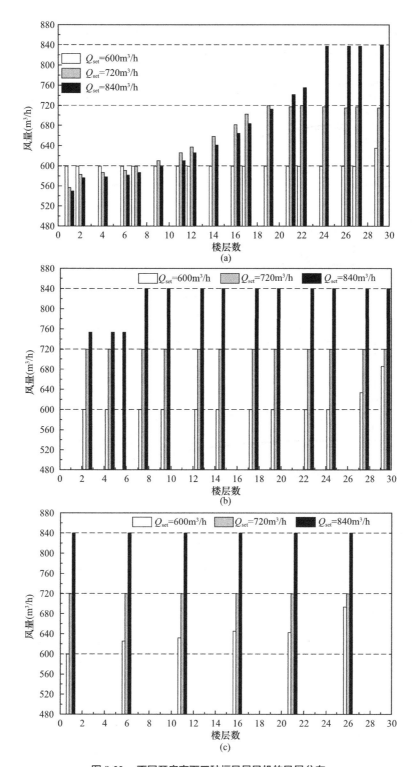

图 8-22　不同开启率下三种恒风量风机的风量分布

（a）开启率为 0.6；（b）开启率为 0.4；（c）开启率为 0.2

图 8-23 展示了不同开启率下三种恒风量风机的出口压力分布，其中虚线为恒风量曲线的压力调控上界。图 8-23 佐证了风量表现情况，当开启率不高时，底层压力没有突破

恒风量的压力调控上界，故而能够满足风量要求；随着开启率的升高，底层用户的压力也逐渐升高，突破压力调控上界后，转速难以继续提高，风量难以达到设定值。

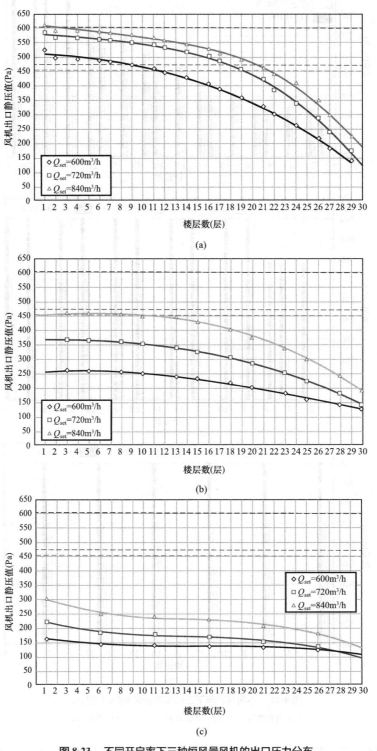

图 8-23　不同开启率下三种恒风量风机的出口压力分布

(a) 开启率为 0.6；(b) 开启率为 0.4；(c) 开启率为 0.2

2. 多挡位分阶段恒风量吸油烟机

考虑用户烹饪方式的不确定性，厨房吸油烟机的需求排风量也不是固定的，因此，吸油烟机产品均设置多个挡位供用户自行选择。用户在低油烟散发量的烹饪过程中可以选择低挡位运行，降低室内噪声的同时减少风机能耗。本书的恒风量吸油烟机也可设置多个挡位供用户选择。限于风机的最高转速以及室内噪声控制需求，恒风量设定值越大，风机能够调控的压力范围越小；但是，恒风量设定值越大，风机需要调控的压力范围越大，出现了"需求"和"供给"上的矛盾点。为缓解这一矛盾，本节提出采用多挡位分阶段恒风量的吸油烟机运行策略，基本思路是考虑转速和噪声的上限，当吸油烟机快要到达这一上限时，风机的"供给"难以继续满足"需求"，此时降低恒风量设定值。

多挡位分阶段恒风量烟机如图 8-24 所示，设置了 3 个挡位 4 种恒风量值。对于风机而言，一般转速越高、风量越大，带来的噪声越大。由此，出于对风机噪声和能耗的考虑，对于每种挡位下都对应有一条最高转速曲线：设置低挡不突破 N_1，中挡不突破 N_2，高挡不突破 N_3；同时每挡中也有最大风量限制：低挡不超过 Q_1，中挡不超过 Q_3，高挡不超过 Q_4。

具体的调控过程如下：对于小风量设定值 Q_1，其所需要的压力调控范围相对较小，可以采用较低转速（不超过 N_1）来满足。对于中间挡位下，当系统开启率较低，出口压力较小时，可以设置较高的风量设定值 Q_3，转速依然不超过 N_1；而当出口压力继续升高，保持 N_1 转速使风量在 Q_2 到 Q_3 中间；当压力继续升高，突破 N_1 转速，风量设定值从 Q_3 降挡至 Q_2，同时限制转速不突破 N_2。对于高挡位，低压力下风量设定值取 Q_4，转速设定在 N_2 以下，突破 N_2 后风量设定值降低至 Q_3，同时限制转速不突破 N_3。

各挡位下的最高转速的确定需要综合考虑电机和风机的性能，以及不同转速下给厨房室内带来的噪声程度等。Q_1 到 Q_4 这些风量设定值的选取参考厨房的排油烟需求和风机的风量输出能力。

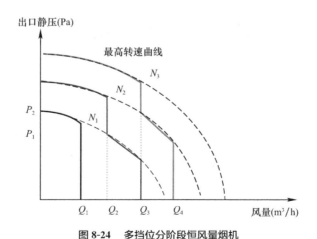

图 8-24　多挡位分阶段恒风量烟机

对于本书采用的 T8 原型机，本节设计了三挡分阶段恒风量，T8 吸油烟机三挡分阶段恒风量如图 8-25 所示，上述 N_1、N_2、N_3 分别选取 1600r/min、1800r/min、2000r/min，Q_1、Q_2、Q_3、Q_4 分别选取 360m³/h、600m³/h、720m³/h、840m³/h。

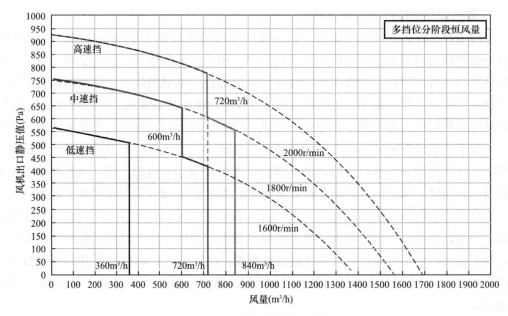

图 8-25 T8 吸油烟机三挡分阶段恒风量

本节将图 8-25 中的三挡分阶段恒风量曲线代入烟道管网模型中进行计算。选取了最大开启率为 0.6，均匀开启时，各层开启相同挡位的各层风量分布计算结果，T8 吸油烟机三挡分阶段恒风量运行效果如图 8-26 所示。由图可见，在低挡位情况下，各开启层数均能达到 Q_1 值；在中挡情况下，二十二层以上出口压力较低的楼层风量为 Q_3 值，十六层以下出口压力较高的楼层则跳挡至 Q_2 值，剩余的中间层的风量则在 Q_2 和 Q_3 之间；在高挡情况下，与中挡情况类似，二十一层以上达到 Q_4 挡，而十六层以下跳挡至 Q_3 值，对于一层用户出口压力过大，风机已经达到最高转速继续难以继续维持 Q_3 值。

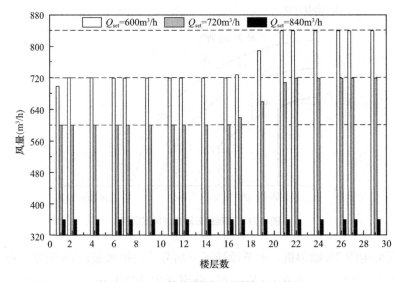

图 8-26 T8 三挡分阶段恒风量烟机运行效果

8.4 本章小结

（1）对于一栋建筑中各层都可使用的标准化恒风量产品，其压力上界应选取其运行在最底层的压力上界，压力下界应选取其运行在最顶层的压力下界。计算结果显示，随着恒风量设定值的升高，该压力范围上、下界都随之升高。当恒风量设定值分别为 $360m^3/h$、$600m^3/h$、$840m^3/h$ 时：对于仅有单层使用恒风量烟机的情况，压力范围分别为 [76Pa，309Pa]、[133Pa，378Pa]、[215Pa，481Pa]；对于各层都使用单一挡位的恒风量烟机时，随着恒风量设定值的升高，该压力范围上、下界都随之快速升高，压力区间长度变化十分显著，压力范围分别为 [46Pa，231Pa]、[129Pa，640Pa]、[253Pa，1255Pa]；对于各层都使用三挡位的恒风量烟机，挡位随机开启时，压力区间变得趋于"平均化"，低挡及高挡风量设定值下压力波动范围均向中挡靠近，压力范围分别为 [67Pa，592Pa]、[124Pa，677Pa]、[207Pa，795Pa]。

（2）实验数据显示，某品牌 T8 吸油烟机原装电路板的控制逻辑是恒转矩控制，不同挡位设置不同大小的电磁转矩。同一挡位下，通过维持电机输入电流不变来维持转矩恒定。挡位越高电流输入值越大，定子线圈产生的电磁转矩也越大。某品牌 T8 吸油烟机在恒转矩的控制模式下，随着烟机出口静压升高，风机的转速随之呈线性增长，挡位越低其转速的线性增长系数越大。在风机转速恒定的情况下，随着风量的增大，某品牌 T8 吸油烟机电机的输入功率、输入电流也相应增大，且在转速越高的情况下增长越快。在无风量传感器的情形下，可通过采集 BLDC 电机的电参数信号（电机输入电流）来反馈风机此刻的运行风量。

（3）本书中提出的控制逻辑通过采集当下电机的转速和输入电流值来确定当前的风机运行风量，通过计算当前运行风量值与设定风量值之间的偏差来确定调节转速的目标值。恒风量吸油烟机的测试结果显示，三条动力曲线在一定的压力范围内，风量值基本都能保持恒定，证明了本书中恒风量控制逻辑的可行性和正确性。

（4）在本书中建立的管网模型迭代过程中，将恒风量曲线视作压力-风量的分段函数，将原来通过风量求风机出口压力修改为由风机出口压力求风量，这样可以适应恒风量曲线的特点，模型计算过程仍然能够快速收敛。模型计算结果显示，当开启率为 0.2 时，本章显示的三种恒风量曲线都能达到恒风量设定值；当开启率为 0.4 时，$600m^3/h$ 和 $720m^3/h$ 的机器能够达到各层恒风量，而 $840m^3/h$ 的机器在底层已经难以维持风量设定值；当开启率为 0.6 时，只有 $600m^3/h$ 仍然满足要求，$720m^3/h$ 和 $840m^3/h$ 的机器在用户底部，远远低于风量要求。由此可见，针对特定的风机，确定合理的恒风量设定值以及合适的压力调控范围是保证其实际运行效果的重点。

参考文献

[1] 童乐棋. 基于公共烟道压力分布特性的油烟机风量调控研究 [D]. 上海：同济大学，2020.

［2］ Zeng Lingjie，Tong Leqi，Gao Jun，et al． Pressure and flowrate distribution in central exhaust shaft with multiple randomly operating range hoods ［J］． Building Simulation． 2022 (15)：149-165.

［3］ Zeng Lingjie，Tong Leqi，Gao Jun，et al． A novel constant-air-volume range hood for high-rise residential buildings with central shaft ［J］． Energy and Buildings，2021 (245)：111086.

［4］ Zeng Lingjie，Liu Guodong，Gao Jun，Du Bowen，Lv Lipeng，Cao Changsheng，Ye Wei，Tong Leqi，Wang Yirui． A circulating ventilation system to concentrate pollutants and reduce exhaust volumes：case studies with experiments and numerical simulation for the rubber refining process ［J］． Journal of Building Engineering． 2021；35：019842.

［5］ Jung Ha Park． Development of a small wind power system with an integrated exhaust air duct in high-rise residential buildings ［J］． Energy and Buildings，2016 (122)：202-210.

［6］ Hwataik Han． Correlations of control parameters determining pressure distributions in a vertical exhaust shaft ［J］． Building and Environment，2010 (45)：1951-1958.

［7］ Brett C，Singer． Pollutant concentrations and emission rates from natural gas cooking burners without and with range hood exhaust in nine California homes ［J］． Building and Environment，2017 (122)：215-229.

［8］ Gyujin Shim． Comparison of different fan control strategies on a variable air volume systems through simulations and experiments ［J］． Building and Environment，2014 (72)：212-222.

［9］ L. Meia． Simulation and validation ofa VAV system with an ANN fan model and a non-linear VAV box model ［J］． Building and Environment，2002 (37)：277-284.

［10］ 张吉洋． 基于模糊控制的变频风机算法优化 ［J］． 洁净与空调技术，2017 (2)：103-106.

［11］ Massimo Vaccarini． Development and calibration of a model for the dynamic simulation of fans with induction motors ［J］． Applied Thermal Engineering，2017 (111)：647-659.

［12］ Ahmed Tukur． Statistically informed static pressure control in multiple-zone VAV systems ［J］． Energy and Buildings，2017 (135)：244-252.

［13］ 谢允飞． 自调整模糊控制算法在矿井通风调速系统的应用 ［J］． 机械管理开发，2018 (9)：240-243.

［14］ 居伟伟． 多风机风压平衡变频技术研究 ［J］． 金属矿山，2018 (5)：148-152.

［15］ Su-Hyun Kang． A study on the control method of single duct VAV terminal unit through the determination of proper minimum air flow ［J］． Energy and Buildings，2014 (69)：464-472.

［16］ Xue-Bin Yang． Evaluation of four control strategies for building VAV air-conditioning systems ［J］． Energy and Buildings，2011 (43)：414-422.

［17］ Moon Keun Kim． Energy analysis of a decentralized ventilation system compared with centralized ventilation systems in European climates：Based on review of analyses ［J］． Energy and Buildings，2016 (111)：424-433.

［18］ 商萍君． 变频风机优化控制方法 ［J］． 制冷与空调，2018 (18)：91-94.

［19］ 宋国庆． 基于 T-S 模型的局部通风机风量模糊预测控制算法 ［J］． 南京理工大学学报，2017 (41)：591-597.

［20］ 李静． 基于 PLC 控制的风机变频节能技术的研究与应用 ［J］． 工业炉，2017 (39)：62-65.

［21］ 尹俊． 基于灰色预测模糊 PID 控制的掘进巷道风机调速研究 ［J］． 煤矿机械，2012 (33)：205-208.

［22］ 卢军民． 风机高效运行控制系统设计 ［J］． 机床与液压，2015 (43)：142-145.

［23］ 刘少君． 自动吸油烟机的模糊控制器设计 ［J］． 佛山科学技术学院学报（自然科学版），2001 (19)：31-35.

［24］ 李肇蕙． 基于蚁群算法的变风量空调系统多参量控制研究 ［D］． 沈阳：沈阳建筑大学，2011.

［25］ Serre M，Odgaard A J，Elder R A． Energy loss at combining pipe junction ［J］． Journal of Hydraulic Engineering，1994，120 (7)：808-830.

第 9 章 外排＋内循环净化一体式吸油烟机

本章在吸油烟机基础上引入空气净化器，通过一体化设计来控制厨房油烟污染物。与吸油烟机集成的空气净化器同时具备节能与提高厨房空气质量的潜力。目前已有大量对吸油烟机或空气净化器性能的优化研究，但尚未有研究聚焦于空气净化器与吸油烟机一体化气流参数的优化设计；另外，由于热羽流的热浮力特性，其会在垂直方向进行膨胀，所以易从吸油烟机侧边缘溢出；空气净化器的强动量源流会产生干扰气流，卷吸大量溢出烹饪油烟，从而削弱吸油烟机的捕集性能。综上，本书致力于寻求与吸油烟机共同运行的净化装置循环净化参数以及气流组织技术，研究在合理的风量范围内实现油烟高效捕集与净化的技术途径，同时保证吸油烟机捕集性能与空气净化器的净化效果。

9.1 净化一体式集成系统设计

9.1.1 系统设计与数值计算模型

外排油烟机与空气净化器集成示意图如图 9-1 所示，将净化模块安装于吸油烟机上侧，吸油烟机的排风排至烟道或室外，净化模块为内循环。

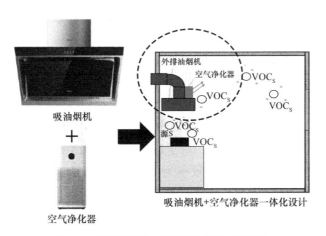

图 9-1 外排油烟机与空气净化器集成示意图

本书同样采用 CFD 数值计算方法来寻找合适的一体式循环净化参数。厨房几何模型是根据同济大学中式厨房油烟污染控制实验室建立的，如图 9-2(a) 所示。吸油烟机前端设置有空气净化器，如图 9-2(b) 所示虚线框所指。出风口在一体式循环净化前侧，空气净化器通过前侧的送风口将洁净空气输送至厨房空间，然后从两侧回风，为内循环。

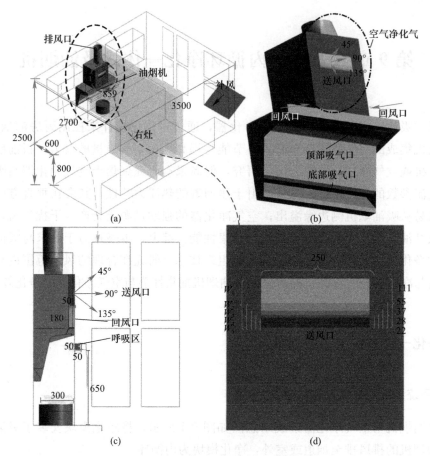

图 9-2　中式厨房油烟污染控制实验室

（a）厨房几何模型；（b）一体式空气净化和吸油烟机；（c）空气净化器回风口；（d）空气净化器出风口示意图

　　在模拟计算进行了部分假设与简化，并对假设的合理性进行验证。（1）CFD 计算过程中忽略了太阳的辐射热及烹饪辐射热；（2）忽略了吸油烟机和空气净化器的风机叶片旋转；（3）在数值模拟中没有考虑空气净化器的滤料如何过滤颗粒物和吸附气态污染物的净化过程。此外，本章主要想对比获取怎样的气流组织模式下更能高效地实现油烟污染物控制，而净化效率具体数值大小，对于比较不同送风参数下的气流组织的优劣没有影响，所以本书假设空气净化器净化效率为 100%。烹饪位置为右灶，补风考虑实际存在的横风效应的影响，从窗户进行补风，如图 9-2（a）所示。为了定量确定烹饪污染物在空间分布情况，划分了呼吸区和厨房空间两个特征区域，如图 9-2（c）所示，呼吸区的长度与吸油烟机的长度等长，高度位于 1.45～1.5m，宽度为 0.05m，以反映烹饪时的烹饪者的暴露浓度，除油烟机下部烹饪区域，锅体上部外空间为厨房空间。在后续的模拟过程中，计算两个特征区域的体积平均浓度以进行比较。

　　本书中，还规定了污染物浓度降低率（PCRR$_s$）这一指标，计算方法如下：

$$PCRR_s = 1 - \frac{C_{HOOD+AC}}{C_{HOOD}} \tag{9-1}$$

式中　$C_{Hood+AC}$——使用吸油烟机与空气净化器集成设备的呼吸区或厨房空间的体积平均

浓度，10^{-6}；

C_{Hood}——仅使用吸油烟机的呼吸区或厨房空间的体积平均浓度，10^{-6}。

9.1.2　正交试验设计与显著性分析

在本书讨论的将空气净化器搭配吸油烟机在厨房的应用中，对于油烟的控制效果的影响参数大致可分为吸油烟机运行参数、净化器循环净化气流参数与送回风口布置位置、烹饪热源温度等的影响。为了便于综合评价各影响因素的显著性水平并减少计算案例的数量，本书采用正交试验设计方法，图 9-3 所示为循环净化送回风参数因素水平示意图。

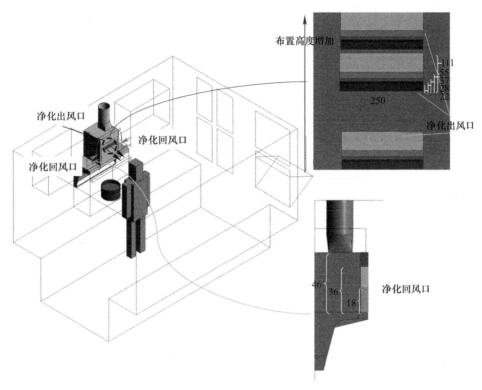

图 9-3　循环净化送回风参数因素水平示意图

通过正交试验的方法来评估包括油烟机排风量、热源强度、循环净化风量、循环净化送风速度、循环净化送风角度、循环净化送风口布置高度，以及循环净化回风口长度等影响因素对于厨房烹饪污染物整体控制以及人员呼吸暴露的影响程度。排风量以及热源强度是从源、汇两个角度上表征源散发强度大小与吸油烟机捕集能力高低，正交试验设计表如表 9-1 所示。

正交试验设计表　　　　　　　　　　　　　　　　　　　　　　　　表 9-1

序号	排风量[a]（m³/h）	热源强度[b]（kW）	循环风量[c]（m³/h）	送风口宽度[d]（cm）	送风角度[e]	送风口布置高度[f]	回风口长度（cm）
1	300	1.5	60	3.70	45°	H	18
2	300	1.5	60	3.70	90°	M	36

序号	排风量[a]（m³/h）	热源强度[b]（kW）	循环风量[c]（m³/h）	送风口宽度[d]（cm）	送风角度[e]	送风口布置高度[f]	回风口长度（cm）
3	300	1.5	60	3.70	135°	L	46
4	300	2.0	100	5.55	45°	H	18
5	300	2.0	100	5.55	90°	M	36
6	300	2.0	100	5.55	135°	L	46
7	300	2.5	200	11.10	45°	H	18
8	300	2.5	200	11.10	90°	M	36
9	300	2.5	200	11.10	135°	L	46
10	400	1.5	100	11.10	45°	M	46
11	400	1.5	100	11.10	90°	L	18
12	400	1.5	100	11.10	135°	H	36
13	400	2.0	200	3.70	45°	M	46
14	400	2.0	200	3.70	90°	L	18
15	400	2.0	200	3.70	135°	H	36
16	400	2.5	60	5.55	45°	M	46
17	400	2.5	60	5.55	90°	L	18
18	400	2.5	60	5.55	135°	H	36
19	500	1.5	200	5.55	45°	L	36
20	500	1.5	200	5.55	90°	H	46
21	500	1.5	200	5.55	135°	M	18
22	500	2.0	60	11.10	45°	L	36
23	500	2.0	60	11.10	90°	H	46
24	500	2.0	60	11.10	135°	M	18
25	500	2.5	100	3.70	45°	L	36
26	500	2.5	100	3.70	90°	H	46
27	500	2.5	100	3.70	135°	M	18

注：a 该列代表吸油烟机得排风量，分别有 300m³/h、400m³/h、500m³/h 三种工况。
　　b 该列代表烹饪热源强度，分别有 1.5kW、2.0kW、2.5kW 三种工况。
　　c 该列代表循环净化风量，分别有 60m³/h、100m³/h、200m³/h 三种工况。
　　d 该列代表循环净化三种出风口宽度，其宽度尺寸分别为 3.7cm（W3）、5.55cm（W2）、11.1cm（W1）。
　　e 该列代表循环净化三种送风口角度，45°即净化斜向上出风输送至厨房空间顶部，90°即净化水平送风，135°即净化斜向下出风输送至厨房空间底部。
　　f 该列代表循环净化不同出风口距离锅散发源的布置高度：高位出风（H）、中部出风 [M（原出风口位置）] 和低位出风（L）。

　　利用方差分析对正交实验的厨房空间浓度和吸入因子的结果进行分析，如图 9-4 所示。对比各因素对于影响吸入因子的显著性水平，油烟机排风量、循环净化出风角度、净化出风口布置高度及净化回风口长度具有统计学显著意义，显著性水平为 0.01；其中油烟机排风量的影响程度仍然最大，如图 9-4(b) 所示，其 F 检验数值可达 58，当油烟机排风量从 300m³/h 加大至 400m³/h 与 500m³/h 时，吸入因子可降低 3.24 和 4.90 倍。循环净化出风角度，净化出风口布置高度及净化回风口长度的 F 检验数值依次为 31、21 和 17。综合厨房空间浓度结果分析，需要同时实现厨房空间浓度与吸入因子数值均较低的情况，还需进行详细的单因素分析寻优，以找到两者兼顾的平衡点。

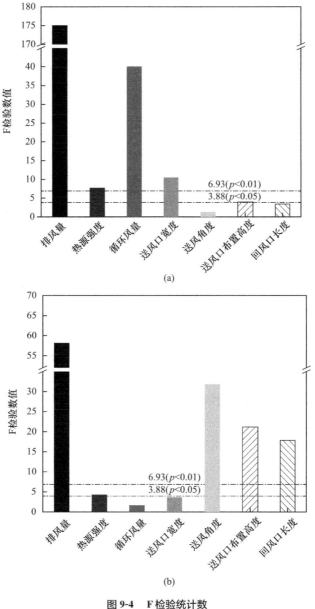

图 9-4　F 检验统计数
（a）厨房空间浓度；（b）吸入因子

9.1.3　单因素分析

基于正交试验结果，为同时实现厨房空间浓度与吸入因子数值均较低的情况，从实现循环净化效果的大动量源流需求与减少卷吸干扰吸油烟机排污效果之间寻找平衡，本部分开展在循环风量为 $100m^3/h$ 和 $200m^3/h$ 的单因素分析，油烟机排风量固定为 $400m^3/h$，热源强度选择 2.0kW。对于循环净化送风口布置高度，高位送风对于净化效果实现更加有利，后续计算送风口高度统一布置在高位。关于循环净化的回风口长度，通过正交试验发现，加大长度对净化效果并没有明显改善，甚至出现恶化的情况，所以保持循环净化的回风口长度与循环净化模块一致，都为 18cm。净化参数中对厨房空间浓度影响较大的送风口宽度及对吸入因子影响较大的送风角度都纳入单因素分析对比。送风角度示意图如图 9-5 所示，送风角度考虑斜上 30°至斜向下 135°的范围，而送风口宽度考虑 W0.7～W4（即 W0.7、W1、W1.5、W2、W2.5、W3 和 W4）的宽度范围，具体宽度分别为 15.8cm、11.1cm、7.40cm、5.55cm、4.44cm、3.70cm 和 2.77cm，分别代表水平送风速度为 0.7m/s、1m/s、1.5m/s、2m/s、2.5m/s、3m/s 和 4m/s 送风。而在 200m³/h 的循环风量下，进行送风角度为 45°、67.5°、90°、112.5°和 135°及送风口宽度 W0.7、W1、W1.5、W2 和 W2.5 单因素分析。

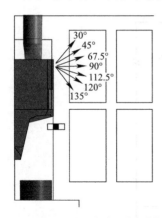

图 9-5　送风角度示意图

1. 循环风量 100m³/h 的参数化分析

100m³/h 循环风量各送风参数下厨房空间浓度与吸入因子如图 9-6 所示，对比了 100m³/h 循环风量各送风参数下厨房空间浓度与吸入因子，总体上，加上 100m³/h 的循环净化后，相比单独吸油烟机运行，厨房空间浓度与吸入因子均有不同程度的下降，且随着净化出风口宽度从 W0.7 变化到 W4 时，除斜向下 135°送风时，射流卷吸效应明显，净化效果显著变差外，大部分情况下，厨房空间浓度逐渐下降，而吸入因子逐渐上升。正是如此，需要对比得出同时实现厨房空间浓度与吸入因子数值均较低的情况，从实现循环净化效果的大动量源流需求与减少卷吸干扰吸油烟机排污效果之间寻找平衡。在斜向上送风（30°、45°与 67.5°）时，在宽度为 W3 时，厨房空间浓度与吸入因子皆能达到较低位置，其中斜上 67.5°送风时对于整体污染物控制效果及人体呼吸暴露降低在斜向上送风中最佳，模拟计算时间周期内的时间平均厨房空间浓度较无循环净化时的空间浓度降低约 55%，吸入因子为 8.2×10^{-5} 接近 500m³/h 排风量无循环净化的工况。水平送风（90°）厨房空间浓度与吸入因子较难实现都较好情况。而斜向下送风（100°、112.5°、120°与 135°）时，斜向下 112.5°送风宽度 W3 时，两者兼顾相对较好。

2. 200m³/h 循环风量的参数化分析

200m³/h 循环风量各送风参数下厨房空间浓度与吸入因子如图 9-7 所示，对比 200m³/h 循环风量各送风参数下厨房空间浓度与吸入因子，总体上，加上 200m³/h 的循环净化后，相比单独吸油烟机运行以及 100m³/h 的循环风量，厨房空间浓度与吸入因子都能有所降低。在斜向上送风（45°与 67.5°）与水平送风（90°）时，厨房空间浓度与吸入因子变化规律基本一致，净化出风口宽度从 W0.7～W1.5～W2.5 时，呈现先变小后增大的变化趋势，但谷点的宽度较 100m³/h 循环风量前移。斜上 67.5°送风在 W1.5 与 W2 时厨房空间浓度与吸入因子皆能达到较低位置，对于整体污染物控制效果及人体呼吸暴露降低作用在各送风角度内最佳，模拟计算时间周期内的时间平均厨房空间浓度较无循环净化的空间浓度降低约 90%，吸入因子为 $(4.2 \sim 4.5) \times 10^{-5}$。斜向下 135°送风厨房空间浓度与吸入因子较难实现同时均较低情况，斜向下 112.5°送风宽度 W1.5 与 W2 时，两者兼顾较好。

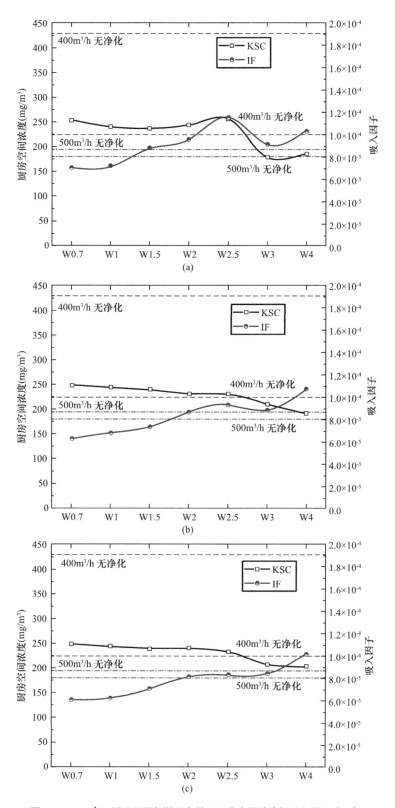

图 9-6　100m³/h 循环风量各送风参数下厨房空间浓度与吸入因子（一）

（a）送风角度 30°；（b）送风角度 45°；（c）送风角度 67.5°

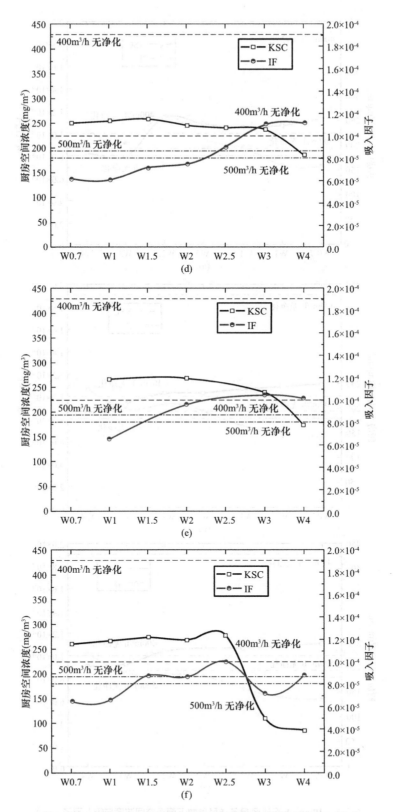

图9-6   100m³/h循环风量各送风参数下厨房空间浓度与吸入因子（二）

(d) 送风角度90°；(e) 送风角度100°；(f) 送风角度112.5°

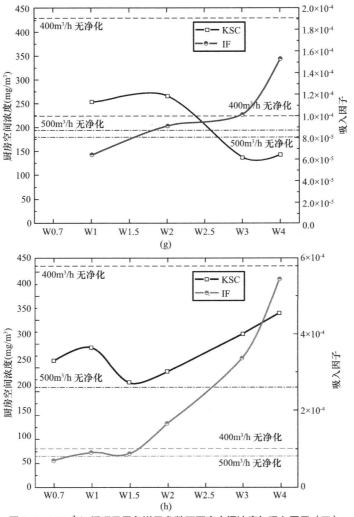

图 9-6　100m³/h 循环风量各送风参数下厨房空间浓度与吸入因子（三）

（g）送风角度 120°；（h）送风角度 135°

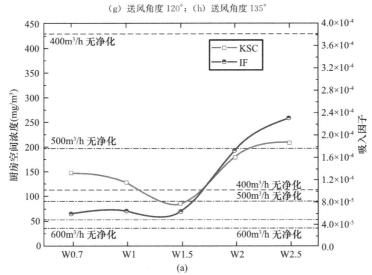

图 9-7　200m³/h 循环风量各送风参数下厨房空间浓度与吸入因子（一）

（a）送风角度 45°

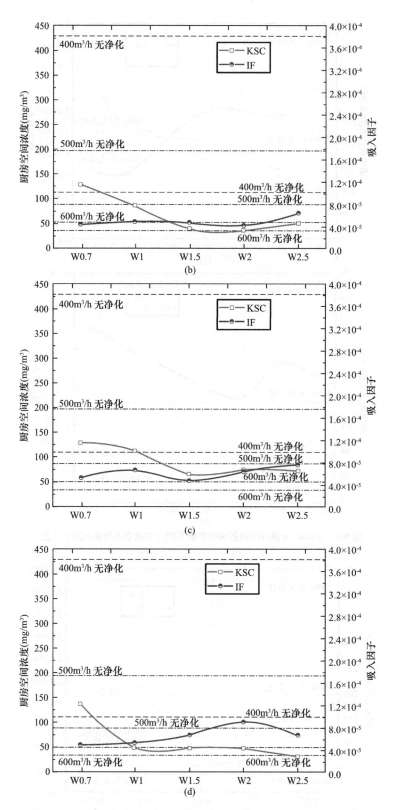

图 9-7   200m³/h 循环风量各送风参数下厨房空间浓度与吸入因子（二）

（b）送风角度 67.5°；（c）送风角度 90°；（d）送风角度 112.5°

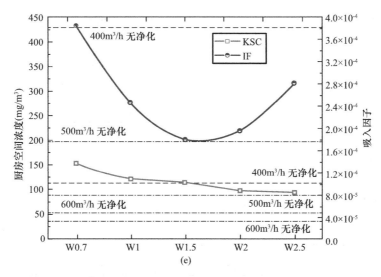

图 9-7　200m³/h 循环风量各送风参数下厨房空间浓度与吸入因子（三）

（e）送风角度 135°

9.2　循环净化与吸油烟机风量的合理化搭配

从上述吸油烟机运行参数与一体化循环净化参数对油烟污染物控制影响的显著性分析，以及不同循环净化参数的寻优分析，获取较优循环净化参数。为进一步探究搭配不同吸油烟机排风量下较优循环净化参数的变化特性，以获得契合于不同排风量的循环净化气流配置参数。进而可讨论不同净化效率下达到同一控制效果时，利用较优的循环净化参数的等效排风量，讨论减少的吸油烟机排风量带来风机运行能耗降低情况，以及对厨房内的环境温度与供冷/热量的影响。

9.2.1　循环净化参数对比

结合前述正交实验结果及单因素分析结果，发现在 100m³/h 循环风量下，斜向上 67.5° 与斜向下 112.5° 送风与在宽度为 W3 时较优，而在 200m³/h 的循环风量下，斜向上 67.5° 在宽度为 W1.5～W2 较优。本节继续模拟计算在 0～600m³/h 排风量下厨房空间浓度与吸入因子控制情况。

如图 9-8 与图 9-9 所示，图中分别展示不同排风量的 100m³/h、200m³/h 循环风量不同出风口宽度的厨房空间浓度与吸入因子。100m³/h 循环风量计算了无净化与出风口宽度 W2～W4 的工况，200m³/h 计算了无净化与出风口宽度 W0.7～W2.5 的工况。结果发现，在小排风量时，厨房空间浓度与吸入因子在计算参数选择范围内基本呈现单调递减的趋势，随着排风量的进一步增加，呈现 V 字形变化规律。总体上在 100m³/h 与 200m³/h 循环风量以 67.5° 送风时，出风口宽度为 W3 与 W1.5 时整体效果较好。类似地，空气净化器 200m³/h 循环风量以 67.5° 送风出口宽度为 W1.5 时，厨房空间浓度相比不同吸油烟机排风量无净化运行时有所下降，吸入因子降低，在吸油烟机排风量为 600m³/h 时，无论搭配

100m³/h 或 200m³/h 循环净化风量，厨房烹饪污染物浓度均可控制在较低水平。

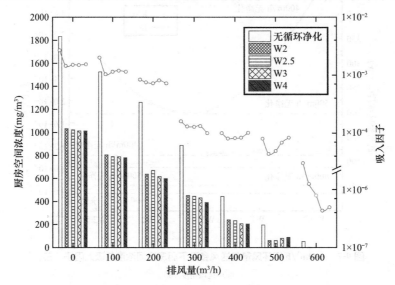

图 9-8   不同排风量的 100m³/h 循环风量不同出风口宽度的厨房空间浓度与吸入因子

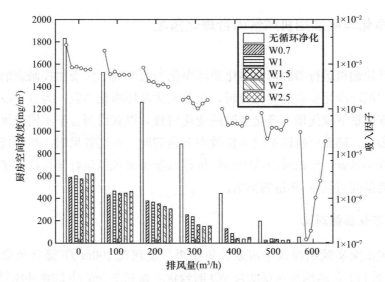

图 9-9   不同排风量的 200m³/h 循环风量不同出风口宽度的厨房空间浓度与吸入因子

9.2.2   等效风量分析

以上的分析已获得契合于不同吸油烟机排风量的较优循环净化参数，为进一步分析再搭配较优参数的一体化循环净化与吸油烟机设备的节能潜力，本节进一步分析不同排风量下循环净化的等效风量，即在不同排风量下增设 100m³/h 或 200m³/h 循环风量等效于增加多少吸油烟机排风量达到的油烟污染控制效果。具体计算过程中，考虑净化器的净化效率，假设滤料在有效工作时间内，并基于稳态净化效率的简化，不随时间衰减，以此仔细对比 90% 或 40% 的净化效率的等效排风量。此外，本部分 100m³/h 与 200m³/h 循环风量的气流参数为较优的 67.5°送风时，出风口宽度分别为 W3 与 W1.5 的净化参数。

图 9-10 展示了不同排风量下 100m³/h 循环风量，并对无循环净化及净化去除效率为 40％或 90％时进行了对比。通过将循环净化时的厨房空间浓度与未使用空气净化器厨房空间的体积平均浓度插值获取等效排风量。当循环风量为 100m³/h 时，净化去除效率为 40％或 90％，排风量为 0～600m³/h 时，无循环净化吸油烟机运行需要 106～799m³/h 或 212～800m³/h 才能达到相同的污染物控制效果。

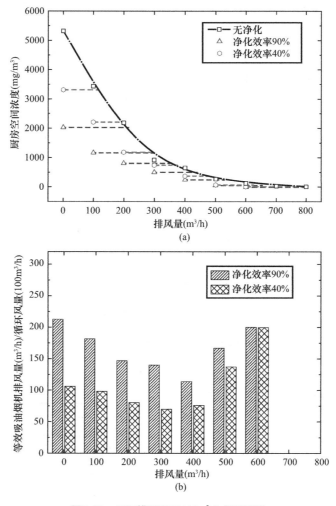

图 9-10   不同排风量下 100m³/h 循环风量

(a) 厨房空间浓度；(b) 等效吸油烟机排风量

基于吸油烟机与循环净化一体化设计的污染物控制效果，与单独开启吸油烟机达到同样的污染物控制效果相比，吸油烟机的排风量比现有的一体式循环净化设备的排风量有所增加，从而增加 70～199m³/h 或 114～212m³/h 的油烟机排风量等效于使用去除率为 40％或 90％的 100m³/h 循环风量空气净化器达到的效果。例如，吸油烟机 300m³/h 排风量下，100m³/h 循环风量，如图 9-10(a) 所示，90％的净化效率的厨房空间浓度通过横线寻找到无净化相同浓度下的吸油烟机排风量为 440m³/h，此时 300m³/h 排风量＋100m³/h 循环风量的浓度等同于单独吸油烟机排风量为 440m³/h 运行的结果，而增加的

100m³/h 循环风量的等效吸油烟机排风量则为 140m³/h。

　　通过同样的计算方法，图 9-11 给出了不同排风量下 200m³/h 循环风量，并对无循环净化及净化去除效率为 40% 或 90% 时进行了对比。通过线性插值可得，当循环风量为 200m³/h 净化去除效率为 40% 或 90%，排风量为 0~600m³/h 时，无循环净化单独吸油烟机运行需要 196~799m³/h 或 294~800m³/h 才能达到相同的污染物控制效果，从而增加 120~199m³/h 或 189~294m³/h 的吸油烟机排风量等效于使用去除效率为 40% 或 90% 的 200m³/h 循环风量空气净化器达到的效果。通过以上的分析，在油烟机排风量为 600m³/h 时，搭配 100m³/h 或 200m³/h 循环净化，厨房烹饪污染物浓度可接近单独吸油烟机运行排风量为 800m³/h 时的水平。

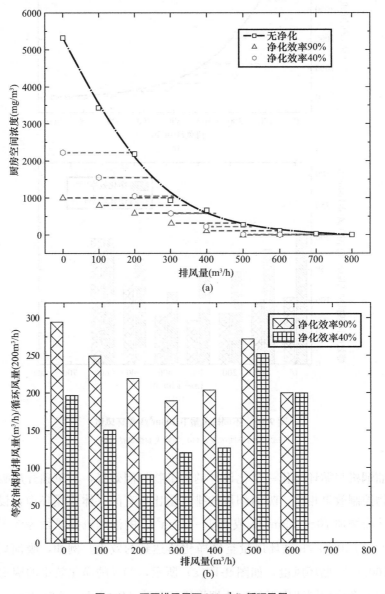

图 9-11　不同排风量下 200m³/h 循环风量

（a）厨房空间浓度；（b）等效油烟机排风量

9.2.3　风机运行能耗对比

本节将在获得的不同烟机运行排风量增设 100m³/h 或 200m³/h 循环风量等效于增加多少吸油烟机运行排风量达到的污染物控制效果基础上，计算对比单独吸油烟机与循环净化＋吸油烟机的运行能耗，可以进一步确定在较优循环净化参数下运行能耗的节约情况。

关于运行能耗的计算，通风系统中风机的能量需求可以通过下式计算：

$$P = \frac{\Delta p \cdot q}{\eta} \tag{9-2}$$

式中　P——风机功率，W；

　　　Δp——风机压力，Pa；

　　　q——风机流量，m³/s；

　　　η——风机效率，%。

一般吸油烟机需要克服的流动阻力比空气净化器风机大，特别是在有公共烟道的高层住宅中。根据实际情况，吸油烟机风机的压力设定为 300Pa。通过测试，循环风机的压力约为 60Pa，此为考虑净化材料初阻力的压力值。假设空气净化器风机与吸油烟机的风机运行效率相同。

图 9-12 展示了不同排风量下采用 100m³/h 循环风量与 200m³/h 循环风量风机节能率。在净化效率为 40% 或 90%、100m³/h 循环风量时，排风量为 0~600m³/h 的情况下使用一体式空气净化器，观察节能率为 11.7%~81.1% 或 18.2%~90.6%，而在 200m³/h 循环风量时，排风量为 0~600m³/h 的下使用一体式循环净化，节能率为 17.4%~79.6% 或 20.0%~86.4%。总体上，在较低排风量时，风机运行节能率较高，并随着运行排风量的增加，采用一体化循环净化的风机运行节能率趋于平稳，并且在 300~500m³/h 的排风量范围内，200m³/h 循环风量的节能率较 100m³/h 循环风量节能率高 3.2%~8.8%。

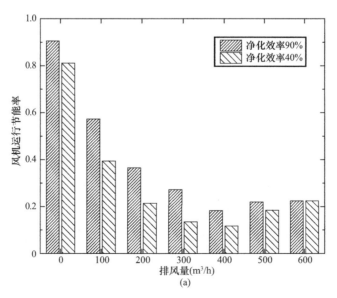

图 9-12　循环风量风机节能率（一）

（a）100m³/h 循环风量风机节能率

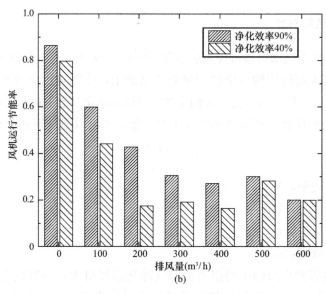

图9-12　循环风量风机节能率（二）

(b) 200m³/h 循环风量风机节能率

9.2.4　厨房空间温度与需求供能量对比

在达到同一污染物控制效果时，利用较优的循环净化参数可以减少吸油烟机的运行排风量，除了节省风机运行能耗外，所需补风量也会有所减少。在冬季或者夏季，较大的室外低温或者高温空气进风会对厨房内的环境温度产生影响，而厨房环境较低或者较高的空气温度也会传递至邻室，这部分传递的冷量/热量会加大室内冷/热负荷。除此之外，厨房温度受室外极端空气温度的影响对厨房内本身的热环境营造也提出了挑战。所以可对比利用较优的循环净化参数与否，达到同一污染物控制效果时厨房室内温度，厨房与邻室传热量，以及厨房冷/热负荷。

在计算中，补风温度考虑不同建筑热工分区范围，设置为$-30\sim40$℃（即-30℃、-10℃、0、20℃、30℃与40℃），根据前述油烟污染控制效果较好的循环净化参数，循环净化风量为200m³/h，以67.5°送风，出口宽度为W1.5，净化效率为90%。

不同补风温度，采用循环净化风量为200m³/h的一体化设备与单独吸油烟机运行时的厨房空间浓度如图9-13(a)所示。随着补风温度的升高，厨房空间浓度皆有所上升，分析是由于补风温度空气密度影响烹饪区空气动力学特性所致。200m³/h循环风量净化效率90%工况计算结果，如图9-13(b)所示，在搭配吸油烟机排风量为0、200m³/h、400m³/h和600m³/h的等效排风量基本集中在293m³/h、414m³/h、578m³/h和790m³/h附近，受不同的补风温度的影响较小，侧面体现这一较优的循环净化参数在不同运行排风量及不同补风温度皆能保持较好的油烟污染控制效果。

继续对比不同补风温度、200m³/h循环风量、净化效率90%及其等效排风量的厨房空间体积平均温度。不同补风温度的厨房空间体积平均温度如图9-14所示，以25℃为参考温度，随着补风温度的增加，厨房空间平均温度均显著升高；随着排风量增加，

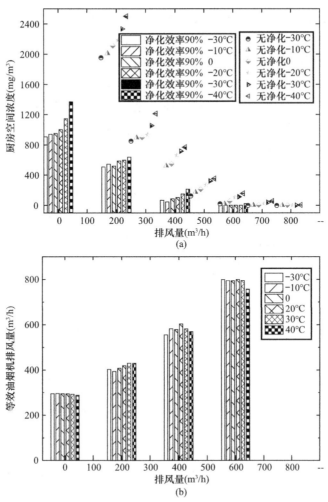

图 9-13　循环净化风量为 200m³/h 的一体化设备

（a）厨房空间浓度；（b）200m³/h 循环风量净化效率 90％的等效排风量

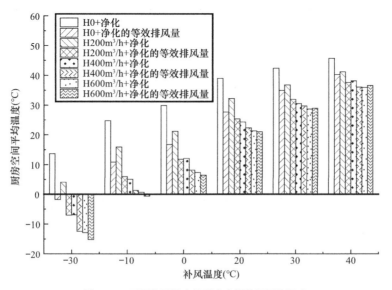

图 9-14　不同补风温度的厨房空间体积平均温度

有/无循环净化之间的厨房温度差异逐渐缩小，在补风温度为-30℃时差异最大，采用一体化循环净化工况下厨房温度高2.8~15.7℃，这极大提高了冬季厨房的热舒适性。在补风温度为30℃与40℃时，一体化循环净化在0与200m³/h排风量时厨房空间温度稍高于单独烟机运行的温度，在低温补风时，一体化净化方式较为有利。在补风温度为30℃与40℃，当一体化循环净化的排风量升高到400m³/h或600m³/h，两者之间的空间温度差异变得较小，说明在高温补风时，采用一体化循环净化时稍许增加吸油烟机排风量能克服这一情况发生，且能将厨房空间污染物浓度控制得更低。

继续对比不同补风温度情况，一体化循环净化运行时与等效排风量运行时的厨房现有热环境与邻室传递热量的情况。如图9-15所示为不同补风温度的厨房与邻室换热量，与厨房空间的温度类似，随着排风量的增加，有/无循环净化间与邻室交换的热量的差异逐渐缩小。在补风温度处于-30~0℃范围内，采用一体化循环净化方式，通过侧墙从邻室传递至厨房环境的热量更低。在补风温度为30℃与40℃时，当一体化循环净化的排风量为400m³/h或600m³/h，两者从厨房传递至邻室的热量差异不大，而在0与200m³/h排风量时，一体化循环净化会传递较多的热量至邻室，与前述一致，可通过稍许增加搭配的吸油烟机运行排风量来克服这一情况。

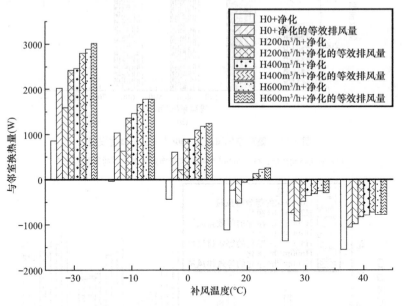

图9-15　不同补风温度的厨房与邻室换热量

受不同补风温度影响，厨房空间呈现不同的环境温度，本部分讨论计算将此时的厨房空间温度升高/降至适宜的温度时所需求的总供暖/供冷量大小。需求供能量计算方法如下式：

$$Q = C_p \dot{m}(t_a - 25) \tag{9-3}$$

式中　Q——供热/供冷量，kW；

　　　C_p——空气定压比热容，kJ/(kg·℃)；

$\dot{m}$——厨房内的空气量，kg/s；

t_a——厨房空间体积平均温度，℃。计算中统一取厨房空间的目标温度值为 25℃。

通过计算，如图 9-16 所示给出了不同补风温度的厨房空间降/升温至 25℃所需供冷/供热量。当补风温度低于 20℃时，厨房内环境升温至 25℃需要供给一定热量，而补风温度高于 20℃时，厨房内环境降温至 25℃需要输送冷量。而在补风温度为 20℃，在运行排风量为 0 和 200m³/h 及 400m³/h 和 600m³/h 时，则分别向厨房空间供冷及供热。随着运行排风量的增加，有/无循环净化间的需求供能量都在减少。在补风温度分别为 −30℃、−10℃与 0 时，排风量为 0~400m³/h 范围内，采用一体化循环净化较单独吸油烟机运行（厨房烹饪污染物浓度水平一致）时，所需总供热量少 85~415kW、31~349kW 与 17~316kW。而在补风温度较高为 30℃与 40℃，当一体化循环净化的排风量为 200m³/h、400m³/h、600m³/h，一体化循环净化与单独吸油烟机运行所需求的厨房空间总供冷量差异较小。

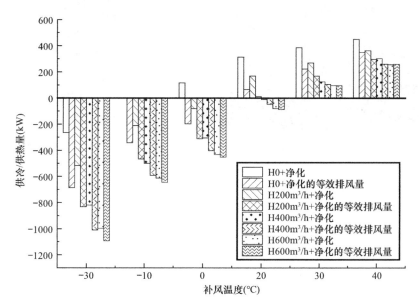

图 9-16　不同补风温度的厨房空间降/升温至 25℃所需供冷/供热量

9.3　厨房油烟污染净化实验研究

9.3.1　净化实验系统与设置

1. 颗粒物净化实验系统与设置

净化实验用颗粒物源采用气溶胶发生器，气溶胶发生器用于产生浓度稳定的气溶胶，实验流程及测试方法：测试前充分排风，保证所有测点的浓度达到背景浓度，室外风经风管补入，风机设有变频器，能够调节风量，风量通过喷嘴箱测试；补风经电加热段加热并送至散发锅内，散发锅出口面设有温度传感器，传感器将温度反馈至温度控制箱，温度控制箱调节电加热段的加热功率，保证散发锅出口温度达到设定值，并保持稳定，进而对相应测点进行测试。实验分别对比了吸油烟机风量为 $200m^3/h$、$400m^3/h$ 和 $600m^3/h$ 的情况，斜上 45°出风、垂直出风以及斜下 45°出风的净化效果，每一测试工况重复 3 次实验测试。测点布置示意图如图 9-17 所示。

2. 炒干辣椒实验系统与设置

炒干辣椒净化实验工况设置如下：封闭式厨房吸油烟机排风量为 0、$200m^3/h$、$400m^3/h$、$600m^3/h$，净化模块斜上 45°出风；开放式厨房吸油烟机排风量 $400m^3/h$、$600m^3/h$，净化模块斜上 45°出风。实验用炒菜机器人如图 9-18 所示。

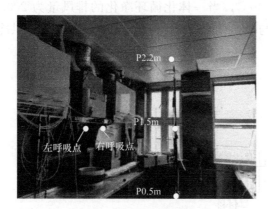

图 9-17　测点布置示意图　　　　图 9-18　实验用炒菜机器人

3. 典型烹饪实验流程

酸辣土豆丝标准流程：（1）食材准备：将土豆切成细长条，称取 200g 用于烹饪；红椒切段，称取 50g；10g 干辣椒、20mL 醋、5g 蒜、5g 姜、5g 葱、3g 盐及 40mL 大豆油。（2）烹饪过程：洗净擦干锅；倒入已备好的 40mL 大豆油，开启炒菜机至 1800W 加热油 30s，然后将备好的干辣椒、葱、蒜、姜倒入锅中翻炒 30s，然后将备好的土豆丝和 20mL 醋倒入锅中翻炒 1min，再加入 3g 盐和 50g 红椒继续翻炒 2min30s，停止加热，烹饪结束。

农家小炒肉标准流程：（1）食材准备：将肉切成薄片，称取 150g；红椒与青椒切段，各 50g；5g 蒜、5g 姜、5mL 蚝油、3g 盐及 40mL 大豆油。（2）烹饪过程：洗净擦干锅；倒入已备好的 40mL 大豆油，开启炒菜机至 1800W 加热油 30s，然后将备好的蒜与姜倒入锅中翻炒 30s，再加入备好的 150g 肉片继续翻炒 2min，再加入备好的红椒、青椒、盐和蚝油继续翻炒 2min30s，停止加热，烹饪结束。

火锅标准流程：（1）食材准备：羊肉卷，牛肉卷，丸子，各取 200g；生菜，称取 100g；火锅底料，称取 200g；水，量取 1L。（2）烹饪过程：洗净擦干锅，倒入已备好的火锅底料 200g 和 1L 水，开启炒菜机至 1800W 加热 5min，然后将备好的 200 克羊肉卷，牛肉卷，丸子和 100g 生菜倒入锅中继续加热 5min，停止加热，烹饪结束，图 9-19 为 3 个菜烹饪完成展示。

(a)　　　　　　　　　　(b)　　　　　　　　　　(c)

图 9-19　3 个菜烹饪完成展示

（a）酸辣土豆丝；（b）农家小炒肉；（c）火锅

9.3.2　气溶胶颗粒物净化结果

本实验对比测试了吸油烟机风量为 200m³/h、400m³/h 和 600m³/h 情况，斜上 45°出风、垂直出风以及斜下 45°出风的净化效果，厨房颗粒物净化实验不同工况测点浓度对比如图 9-20 所示，发现斜上 45°出风净化效果较优。对比不同吸油烟机排风量加上

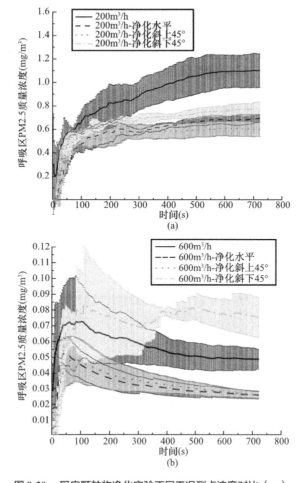

图 9-20　厨房颗粒物净化实验不同工况测点浓度对比（一）

（a）风量为 200m³/h 浓度；（b）风量为 600m³/h 浓度

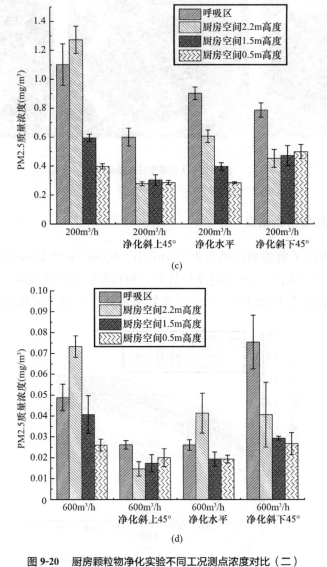

图 9-20　厨房颗粒物净化实验不同工况测点浓度对比（二）

（c）风量为 200m³/h 时各高度的浓度；（d）风量为 600m³/h 时各高度的浓度

净化的污染物浓度减少率，结果发现，在吸油烟机风量为 200m³/h 时减少率为：呼吸区 46%、2.2m 高度 78%、1.5m 高度 49%、0.5m 高度 28%；在吸油烟机风量为 400m³/h 时减少率：呼吸区 56%、2.2m 高度 78%、1.5m 高度 60%、0.5m 高度 24%；在吸油烟机风量为 600m³/h 时减少率：呼吸区 47%，2.2m 高度 79%、1.5m 高度 57%、0.5m 高度 23%，对于斜下 45°出风的方式，出风气流诱导卷吸气流较多，致使厨房空间 1.5m 测点浓度较无净化时升高。与 CFD 模拟结论基本一致，斜上 45°出风较其余两个角度出风更优，模拟与实验测试的呼吸区以及厨房空间浓度减少率基本一致（实际净化效率无法达到 100%），各测点污染物浓度减少率如表 9-2 所示。

各测点污染物浓度减少率表　表 9-2

污染物类型	吸油烟机风量（m³/h）	出风角度	呼吸区测点	2.2m 高度	1.5m 高度	0.5m 高度
PM2.5	600	斜上 45°	46.4%	80.0%	57.4%	23.2%
	600	水平出风	46.6%	43.6%	52.5%	25.7%
	600	斜下 45°	−54.4%	44.6%	27.9%	−2.4%
	400	斜上 45°	56.4%	72.6%	60.0%	23.6%
	400	水平出风	42.8%	29.7%	62.8%	34.2%
	400	斜下 45°	45.5%	28.7%	37.2%	−6.1%
	200	斜上 45°	45.5%	78.2%	48.9%	27.9%
	200	水平出风	18.0%	52.4%	33.3%	28.4%
	200	斜下 45°	28.6%	64.5%	20.6%	−25.9%

模拟斜上 45°净化单元的呼吸区浓度减少率：66.5%；厨房空间浓度减少：86%。

9.3.3　炒干辣椒颗粒物与 TVOC 净化结果

1. 颗粒物净化测试结果

实验测试了吸油烟机风量为 0、200m³/h、400m³/h 和 600m³/h 情况下，有无净化污染物浓度暴露，不同油烟排风量的情况下有无净化呼吸区浓度、测点浓度对比如图 9-21、图 9-22 所示。

通过对比发现：在实际烹饪的炒干辣椒实验中，在不同油烟排风量情况下加上净化后，呼吸区 PM2.5 质量浓度总体能减少 50%～60%左右，在污染物浓度较高的 1.5m 高度和 2.2m 高度测点能减少 50%～70%，在 0.5m 高度测点能减少 25%～40%。炒干辣椒实验过

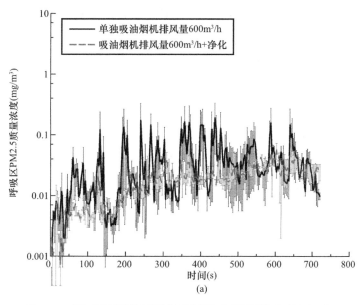

图 9-21　不同吸油烟排风量情况下有无净化呼吸区浓度对比（一）

（a）排风量 600m³/h

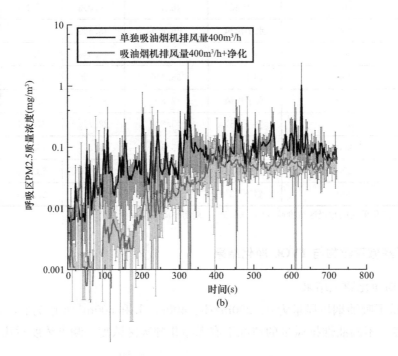

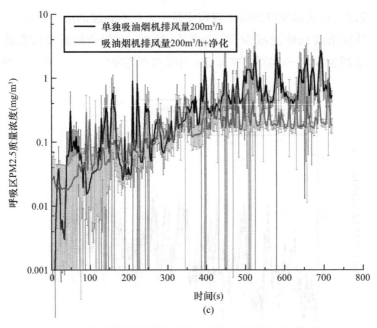

图 9-21 不同吸油烟排风量情况下有无净化呼吸区浓度对比（二）

（b）排风量 400m³/h；（c）排风量 200m³/h

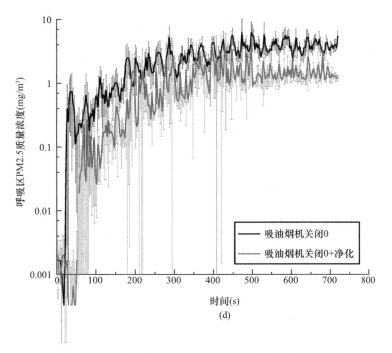

图 9-21 不同吸油烟排风量情况下有无净化呼吸区浓度对比（三）

(d) 吸油烟机关闭

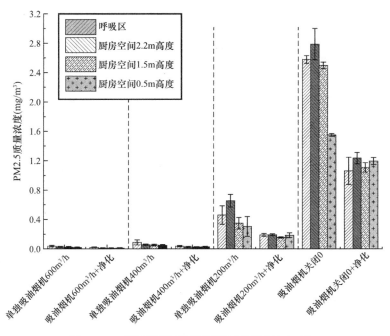

图 9-22 不同油烟排风量情况下无净化测点浓度对比

程中，600m³/h 吸油烟机排风量时，呼吸区平均浓度由 0.038mg/m³ 减少为 0.019mg/m³，浓度减少率为 49.2%。烹饪期间累积浓度暴露量为：无净化 27.36(mg·s)/m³，有净化 13.88(mg·s)/m³，有净化工况暴露量明显减少，各测点污染物浓度减少率如表 9-3 所示，不同油烟排风量下有无净化测点浓度对比如图 9-22 所示。

各测点污染物浓度减少率 表 9-3

污染物类型	吸油烟机风量（m³/h）	出风角度	呼吸区测点	2.2m 高度	1.5m 高度	0.5m 高度
PM2.5	600	斜上 45°	49.2%	67.7%	61.4%	41.9%
	400	斜上 45°	58.4%	53.0%	51.6%	40.9%
	200	斜上 45°	58.6%	70.6%	55.0%	39.1%
	0	斜上 45°	58.8%	55.7%	55.6%	22.9%

2. 气体净化测试

实验测试了吸油烟机风量为 0、200m³/h、400m³/h 和 600m³/h 下，有无净化的污染物浓度，不同油烟排风量时的有无净化测点浓度、呼吸区浓度对比如图 9-23、图 9-24 所示，通过对比发现，在实际烹饪的炒干辣椒实验中，不同吸油烟排风量时加上净化后，呼吸区 TVOC 浓度总体能减少 20%~35% 左右，污染物浓度减少率为：1.5m 高度和 2.2m 高度测点减少 20%~35%，0.5m 高度测点减少 10%~35%，由于净化单元对于 VOC 的吸附效率较颗粒物更低，相应浓度减少率相对更低。炒干辣椒实验过程中，600m³/h 油烟机排风量下，呼吸区平均浓度由 96ppb 减少为 75ppb，浓度减少率为 25.5%。烹饪期间累积浓度暴露量为：无净化 69.1（ppm·s），有净化 51.6（ppm·s），各测点污染物浓度减少率如表 9-4 所示。

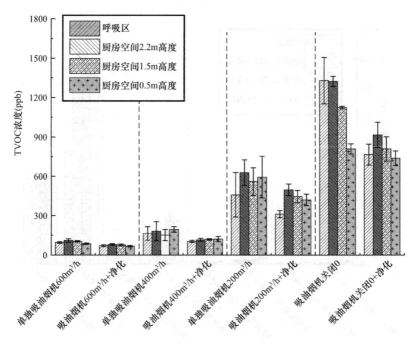

图 9-23　不同油烟排风量下有无净化测点浓度对比

9.3.4　典型烹饪 TVOC 净化结果

3 个菜烹饪过程有无净化浓度整体对比如图 9-25 所示。酸辣土豆丝烹饪过程中，呼吸区平均浓度由 177ppb 减少为 132ppb，浓度减少率为 25.4%，烹饪期间累积浓度暴露

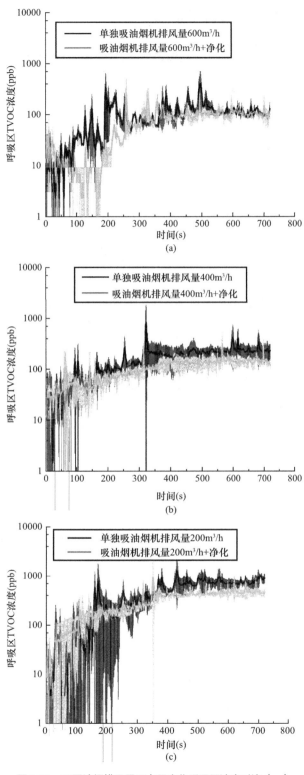

图 9-24　不同油烟排风量下有无净化呼吸区浓度对比（一）

（a）排风量 600m³/h；（b）排风量 400m³/h；（c）排风量 200m³/h

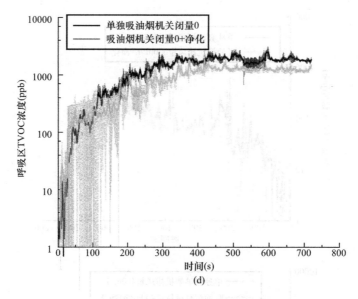

图 9-24　不同油烟排风量下有无净化呼吸区浓度对比（二）

（d）吸油烟机关闭

各测点污染物浓度减少率　　　　　　　　　　　　　　表 9-4

污染物类型	吸油烟机风量（m³/h）	出风角度	呼吸区测点	2.2m 高度	1.5m 高度	0.5m 高度
TVOC	600	斜上 45°	25.5%	27.5%	26.3%	22.9%
	400	斜上 45°	36.4%	36.3%	22.1%	37.6%
	200	斜上 45°	32.1%	20.7%	20.4%	29.1%
	0	斜上 45°	35.1%	30.8%	28.1%	8.7%

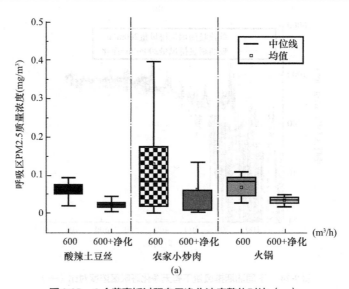

图 9-25　3 个菜烹饪过程有无净化浓度整体对比（一）

（a）呼吸区 PM2.5 浓度

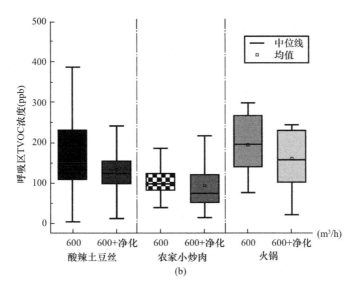

图 9-25　3 个菜烹饪过程有无净化浓度整体对比（二）

(b) 呼吸区 TVOC 浓度

量为：无净化 46.2(ppm・s)，有净化 34.6(ppm・s)。农家小炒肉烹饪过程中，呼吸区平均浓度由 107ppb 减少为 92ppb，浓度减少率为 14%，烹饪期间累积浓度暴露量为：无净化 35.3(ppm・s)，有净化 30.4(ppm・s)。火锅烹饪过程中，呼吸区平均浓度由 194ppb 减少为 160ppb，浓度减少率为 17.5%，烹饪期间累积浓度暴露量为：无净化 116.4(ppm・s)，有净化 95.8(ppm・s)。

9.4　本章小结

（1）利用正交试验的方法，基于厨房空间浓度与吸入因子等的评价指标，分析与吸油烟机集成的循环净化设备的排风量，循环风量，热源温度，净化出风速度、角度、高度及回风口速度对于厨房空间整体烹饪污染物控制及呼吸防护的显著性水平，发现吸油烟机排风量、热源强度、净化器的循环风量、净化出风口宽度对于控制厨房空间体积平均浓度具有统计学显著意义，显著性水平达 0.01，而吸油烟机排风量、循环净化出风角度、净化出风口布置高度及净化回风口长度对于吸入因子具有统计学显著意义，显著性水平为 0.01。为同时实现厨房空间浓度与吸入因子数值均较低的情况，基于正交试验结果，对部分参数优化固定后，开展剩余参数的单因素分析寻优，以找到两者兼顾的平衡点。

（2）围绕不同吸油烟机排风量时较优循环净化参数变化特性，不同净化效率达到同一污染物控制效果的等效排风量、风机运行能耗、厨房内的空气温度及供冷/热量大小展开了讨论。总体上在 100m³/h 与 200m³/h 循环风量以 67.5°送风时，出风口宽度为 W3 与 W1.5 时在不同排风量下净化效果均较好。200m³/h 循环风量以 67.5°送风出风口宽度为 W1.5 时，厨房空间浓度可较不同吸油烟机排风量无净化运行时下降 69%～97%，而吸入因子可由无净化时的 2.7×10^{-3}～3.03×10^{-5} 降低至 8.1×10^{-4}～1.03×10^{-6}，且在吸油烟机排风量为 600m³/h 时，无论搭配 100m³/h 或 200m³/h 循环净化，厨房烹饪污染物浓度可控制在较低水平。对比不同补风温度情况，厨房空间体积平均空气温度、与邻室传递热量及满足设计温度所需供能量发现，在补风温度较低时，使用一体化的循环净化比单独吸油烟机运行能提升厨房空间温度、减少邻室的供暖能耗及厨房内所需能量。

参考文献

［1］ 谢午豪. 外排油烟机内循环净化参数化设计研究 ［D］. 上海：同济大学，2022.

［2］ Wuhao Xie, Jun Gao, Lipeng Lv, et al. Exhaust rate for range hood at cooking temperature near the smoke point of edible oil in residential kitchen ［J］. Journal of Building Engineering. 2022，45：103545.

［3］ Xie Wuhao, Gao Jun, Lv Lipeng, Hou Yumei, Cao Changsheng, Zeng Lingjie, Xia Yunfei. Parametrized design for the integration of range hood and air cleaner in the kitchen ［J］. Journal of Building Engineering. 2021；443：102878.

［4］ Yumei Hou, Yukun Xu, Zhi Liu, et al. Indoor air quality and energy-saving potential improvement of a range-hood-integrated air cleaner ［J］. Science and Technology for the Built Environment. 2023 (29)：795-808.

［5］ Offermann F J, J. R G S, Grimsrud F T, et al. Control of respirable particles in indoor air with portable air cleaners ［J］. Atmospheric Environment，1985，11 (19)：1761-1771.

［6］ Henderson D E, Milford J B, Miller S L. Prescribed burns and wildfires in Colorado：impacts of mitigation measures on indoor air particulate matter ［J］. J Air Waste Manag Assoc，2005，55 (10)：1516-1526.

［7］ Berry D，Mainelis G，Fennell D. Effect of an ionic air cleaner on indoor/outdoor particle ratios in a residential environment ［J］. Aerosol science and technology，2007，41 (3)：315-328.

［8］ Barn P，Larson T，Noullett M，et al. Infiltration of forest fire and residential wood smoke：an evaluation of air cleaner effectiveness ［J］. Journal of exposure science & environmental epidemiology，2007，18 (5)：503-511.

［9］ Gao J，Cao C，Zhang X，et al. Volume-based size distribution of accumulation and coarse particles (PM0.1-10) from cooking fume during oil heating ［J］. Building and Environment，2013 (59)：575-580.

［10］ Zhao B，Zhang Y，Li X，et al. Comparison of indoor aerosol particle concentration and deposition in different ventilated rooms by numerical method ［J］. Building and Environment，2004，39 (1)：1-8.

［11］ 蒋达华. 烹饪热羽流扩散特性 ［D］. 西安：西安建筑科技大学，2018.

［12］ 曹昌盛，吕立鹏，高军，等. 家用吸油烟机捕集率实验研究 ［J］. 暖通空调，2019，49 (7)：24-30.

［13］ Gao Z，Zhang J S. Numerical analysis for evaluating the "Exposure Reduction Effectiveness" of room air cleaners ［J］. Building and Environment，2010，45 (9)：1984-1992.

［14］ BIVOLAROVA M，ONDRÁČEK J，MELIKOV A，et al. A comparison between tracer gas and aerosol particles distribution indoors：The impact of ventilation rate, interaction of airflows, and presence of objects ［J］. Indoor Air，2017，27 (6)：1201-1212.

［15］ 王军，张旭. 建筑室内人员污染暴露量及其特征性分析 ［J］. 环境科学与技术. 2012，35 (1)：13-16.

第 10 章　气幕式吸油烟机

气幕式吸油烟机通过引入射流技术，在吸油烟机上边缘增加空气幕，阻挡油烟溢散，提高吸油烟机的捕集性能。然而，气幕式吸油烟机性能影响因素众多，各因素如何对其性能产生影响作用不明确，气幕式吸油烟机作用原理有待于阐明。另外，气幕式吸油烟机的设计往往凭借经验，无简单且行之有效的设计方法。因此，本章重点对气幕式吸油烟机性能影响因素进行研究，以明确气幕式吸油烟机作用机理，进一步对其进行参数优化设计，并对其性能进行合理评价。

10.1　气幕式吸油烟机性能影响因素的显著性研究

10.1.1　正交试验设计

本书采用正交试验方法，考虑吸油烟机排风量、热源强度、空气幕出流速度、出流角度、出流条缝的宽度以及条缝宽度和出流速度等因素对气幕式吸油烟机捕集性能的交互作用。

气幕式吸油烟机及其出流参数情况简图如图 10-1 所示，图中 Va 代表空气幕出流速度，Aa 代表空气幕出流角度，$Width$ 代表气幕出流条缝宽度。在吸油烟机的设计中，首先应该考虑热源强度这一因素。本书考虑典型家用电磁炉的高、中、低三个挡位，测得不同挡位下的功率分别为 2.0kW、1.5kW 和 1.1kW。

根据热源强度和吸油烟机安装高度等参数，利用热羽流流量法可以推算出吸油烟机所需的最小排风量，详细的计算过程

图 10-1　气幕式吸油烟机及其出流参数情况简图

将在 10.3 节中展示，计算结果为 350m³/h，并将其作为排风量的一个水平。同时，国家标准《民用建筑供暖通风与空气调节设计规范》GB 50736—2012 和《吸油烟机及其他烹饪烟气吸排装置》GB/T 17713—2022 中分别规定吸油烟机的排风量应该在 300～600m³/h。在本书中，标准规定的上限 600m³/h 作为一个参数。此外，前人采用 PIV（粒子图像测速系统，Particle Image Velocimetry）技术研究吸油烟机控制下的厨房流畅特性，发现在吸油烟机排风量达到 600m³/h 的情况下仍然存在油烟的溢出。因此，本书取更高的排风量 860m³/h 作为一个参数。

对于气幕式吸油烟机的独有参数：气幕出流速度、气幕出流角度和气幕出流条缝宽度来说，在进行预实验的基础上，分别确定了三种水平。同时，气幕出流速度和出流条缝宽度的交互作用也被认为是一个因素考虑在正交试验中，因为这两个因素可能以动量的形式对气幕式吸油烟机的性能产生影响。

根据上节描述的正交因素和各因素水平的设置情况，同时考虑预留空列作为误差分析列，$L_{27}(3^{13})$ 正交表在本书中被采用。这是能够充分反映多因素试验的最小试验次数的正交表。正交试验设计表如表 10-1 所示。同时，无空气幕时不同热源强度和排风量下的 9 种工况作为基础工况同时被考虑。

正交试验设计表

表 10-1

序号	气幕出流速度 c （m/s）	气幕出流条缝 宽度 d（cm）	吸油烟机排风量 e （m³/h）	热源强度 f （kW）	气幕出流角度 g （°）
1	1	0.5	350	1.1	0
2	1	0.5	600	1.5	−4
3	1	0.5	860	2.0	4
4	2	0.8	350	1.1	0
5	2	0.8	600	1.5	−4
6	2	0.8	860	2.0	4
7	3	1.0	350	1.1	0
8	3	1.0	600	1.5	−4
9	3	1.0	860	2.0	4
10	2	1.0	350	1.5	4
11	2	1.0	600	2.0	0
12	2	1.0	860	1.1	−4
13	3	0.5	350	1.5	4
14	3	0.5	600	2.0	0
15	3	0.5	860	1.1	−4
16	1	0.8	350	1.5	4
17	1	0.8	600	2.0	0
18	1	0.8	860	1.1	−4
19	3	0.8	350	2.0	−4
20	3	0.8	600	1.1	4
21	3	0.8	860	1.5	0
22	1	1.0	350	2.0	−4
23	1	1.0	600	1.1	4
24	1	1.0	860	1.5	0
25	2	0.5	350	2.0	−4
26	2	0.5	600	1.1	4
27	2	0.5	860	1.5	0

注：g 该列代表空气幕的不同出流方向。0°：垂直向下出流，4°：向热源方向倾斜 4°出流，以及 −4°：背离热源方向 4°出流。

10.1.2　受控环境定量散发实验

1. 实验台概述和测点布置

实验在位于同济大学中式厨房污染控制实验室中进行，实验台如图 10-2 所示。厨房长度方向安装一排长度为 3.5m，宽度为 0.6m，高度为 0.8m 的柜台。柜台中心放置一口直径为 0.32m，高度为 0.18m 的锅，采用电磁炉加热。锅中心距离柜台边缘 0.32m。柜台中心上方 0.8m 处安装气幕式吸油烟机，实验台详图及测点布置如图 10-3 所示。气

图 10-2　实验台实景图

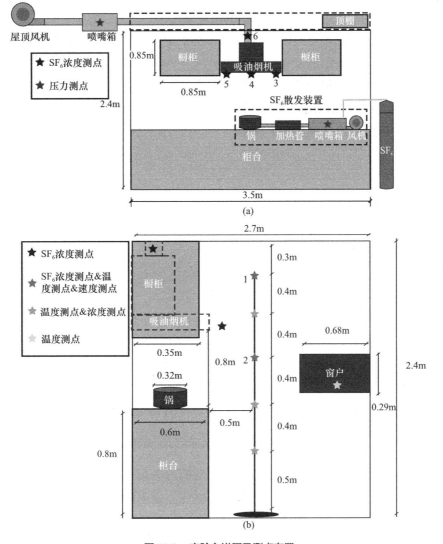

图 10-3　实验台详图及测点布置

（a）实验台详图；（b）测点布置

图 10-4　可转动气幕格栅图

幕式吸油烟机的气幕送风部分由轴流风机、可转动气幕格栅等组成，其中轴流风机连接变频器，调节其转速，进而改变空气幕的送风速度。可转动气幕格栅经 3D 打印制作而成，具有不同的宽度，同时可以自由调节空气幕送风角度，可转动气幕格栅图如图 10-4 所示。气幕的来源为室内循环风，轴流风机进风口位于吸油烟机底盘上部，吸入来自厨房上部空间的空气，对油烟控制区域的气流组织影响不大。

2. 水蒸气散发实验

本书采用水蒸气散发反映烹饪油烟特性。实际烹饪过程中，油烟产生的热羽流强度较小，且不稳定，导致其轴心温度分布与烧水产生的热羽流相比差距不大。烧水产生水蒸气可以具有稳定的散发工况和相对固定的散发温度。

锅上部速度温度测点布置如图 10-5 所示，图中中点 1 的数据在该部分展示，点 1 作为下节示踪气体散发实验的散发速度被重点关注。为验证水蒸气散发实验的正确性和实验结果的可靠性，本节利用能量守恒方程对实验结果进行验证，发现实验测得值和理论计算值之间的误差在 10% 以内，不同热源强度下水蒸气散发速度对比如图 10-6 所示。证明本书采用水蒸气代替烹饪油烟是合理的。

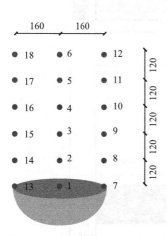

图 10-5　锅上部速度温度测点布置

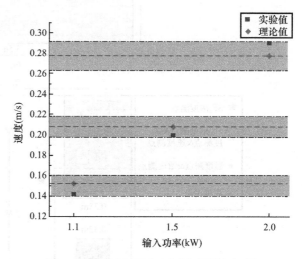

图 10-6　不同热源强度下水蒸气散发速度对比

3. 示踪气体散发实验

本书尝试用示踪气体代替实际烹饪过程散发的污染物，采用定量散发的手段，对气幕式吸油烟机的性能进行评价。相关研究表面烹饪油烟中的气态污染物与示踪气体具有相似的动力特性，且 SF_6 浓度分布与 $0.7\,\mu m$ 和 $3.5\,\mu m$ 粒径的颗粒物浓度分布具有很好的一致性。结合烹饪油烟的粒径分布，本书选择 SF_6 代替实际烹饪过程散发的污染物来研究有吸油烟机排风下的厨房通风情况。

散发装置由 SF_6 压缩气体钢瓶、风机、喷嘴箱、加热管、锅和热电阻构成。SF_6 示踪气体浓度，采用红外光声谱气体浓度分析仪进行检测。实验中共检测厨房空间中的 6 个点，如图 10-3 所示：点 2，位于柜台前 0.5m，高于柜台高度 0.5m；点 1，同样选择作为厨房空间浓度的代表；点 3，点 4 和点 5，此三个点位于吸油烟机正面边缘处，代表人员呼吸区浓度，最后，点 6，排风浓度。除示踪气体实验外，厨房空间垂直速度分布通过无线万向风速风温记录仪记录（WWFWZY-1）。测点分布如图 10-3（b）竖杆所示。

实验流程如下：第一步，打开厨房门窗，打开吸油烟机并将排风量设定为后续实验需要的排风量，当前述 6 个点位的浓度均低于 $1mg/m^3$ 时，进行下一步实验。第二步，关门，保持厨房窗户开启。打开示踪气体钢瓶，将质量流量设定为需求值，示踪气体实验散发参数如表 10-2 所示。每次实验的持续时间大于 30min，以保证每个点读数 10 次以上，以便进行误差分析，确保实验数据的准确性。第三步，关闭示踪气体钢瓶，停止散发，重复第一步。

示踪气体实验散发参数　　　　　　　　　　　　　　　　表 10-2

热源强度（kW）	散发温度（K）	散发速度（m/s）	SF_6 质量流量（mg/s）
1.1	373.15	0.14	123
1.5	373.15	0.20	123
2.0	373.15	0.29	123

10.1.3　正交试验结果及显著性分析

本节采用排污效率 C_{re}（Contaminant removal efficiency）作为气幕式吸油烟机性能的评价指标。

1. 传统吸油烟机的性能分析

传统吸油烟机即空气幕关闭的气幕式吸油烟机。实验结果展示在图 10-7 中。结果显示，随着吸油烟机排风量的增加，排污效率显著增加。这是由于随着排风量增加，吸油烟机控制区域的平均风速得到提高，吸油烟机对于污染物的控制能力加强；提高排风量产生的排污效率的增益不是线性增加，随着排风量的增大，排污效率的增益变小。这说明通过增加排风量来提高吸油烟机的排污效率并不经济。且如前所述，由于住宅厨房大多存在补风不足的情况，导致实际吸油烟机达不到设定风量，这也从侧面凸显了研究发展气幕式吸油烟机的意义。除吸油烟机排风量外，热源强度对吸油烟机的排污效率影响也很大。随着热源强度增加，吸油烟机的排污效率降低，这是由于热源强度大，热源产生的热羽流强烈，热羽流在垂直方向上的膨胀、掺混效应显著，更容易在吸油烟机上边缘溢散，使得

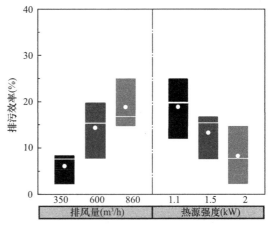

图 10-7　传统吸油烟机排污效率

厨房空间污染物浓度上升，图 10-7 所示为传统吸油烟机排污效率。

2. 气幕式吸油烟机正交试验结果和显著性分析

正交试验结果如图 10-8 所示，与传统吸油烟机类似，增加吸油烟机的排风量、降低热源强度对于提高气幕式吸油烟机的排污效率有正面作用。相比于无气幕的传统吸油烟机，气幕式吸油烟机在相同排风量和热源强度下的排污效率有所提高。有空气幕作用时，提高吸油烟机排风量带来的增益也相应变大。同时，随着热源强度的增大，排污效率下降水平有所减缓。总的来说，相对于传统吸油烟机来说，气幕式吸油烟机的排污效率有所提高，其性能是得到提升的。但是从排污效率的变化中也可以发现，增加气幕无法达到实现与增加排风量相同的效果。

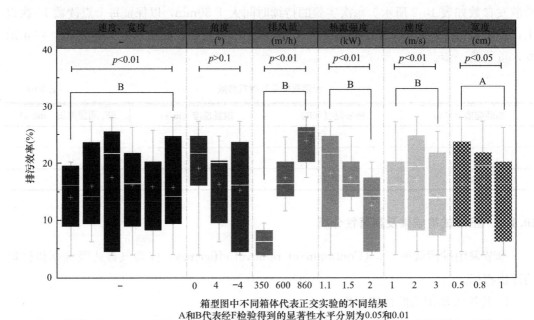

箱型图中不同箱体代表正交实验的不同结果
A和B代表经F检验得到的显著性水平分别为0.05和0.01

图 10-8　正交试验结果*

除所有吸油烟机共有的两个影响因素之外，气幕式吸油烟机的独有因素，也对气幕式吸油烟机的性能有所影响，并反映在排污效率上，现详细叙述如下。

气幕出流速度的影响不是一个单调过程，出现一个拐点，当气幕出流速度从 1m/s 增大到 2m/s 时，气幕式吸油烟机的排污效率有所提高。但是，随着气幕出流速度的进一步增大，排污效率反而出现下降趋势。为进一步解释该结果产生的原因，气幕出流速度和排风量影响关系如图 10-9 所示。图中可以发现，350m³/h 排风量的情况下，1m/s 的气幕出流速度的排污效率最高，随着气幕出流速度增大，排污效率有所下降。但是，600m³/h 排风量的情况与 350m³/h 排风量的情况却不相同，600m³/h 排风量在气幕出流速度从 1m/s 增加到 2m/s 时，排污效率有所上升，但当气幕出流速度继续提高至 3m/s，排污效率出现下降。相似的结果也出现在 860m³/h 排风量的工况中，也即气幕出流速度 2m/s 为排污效率的拐点。上述结果说明气幕出流速度和排风量存在某种关联，对应于不同的排风量，气幕出流速度的合理范围不同。

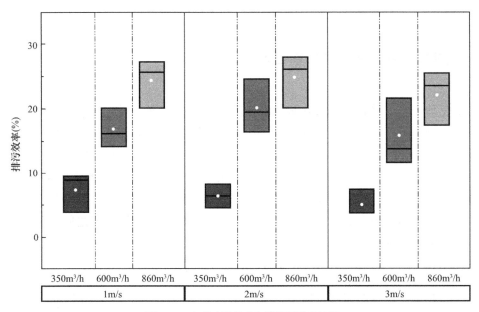

图 10-9　气幕出流速度和排风量影响关系

　　气幕出流条缝宽度变化同样会引起气幕式吸油烟机排污效率的变化，但是相比气幕出流速度，其影响效应有所减弱。气幕出流角度对排污效率的影响不大。

　　除上述对排污效率的定量分析以外，方差分析和 F 检验被用来评判各影响因素显著性水平的高低，正交试验结果 F 检验图如图 10-10 所示。可以看出，吸油烟机排风量、热源强度、气幕出流速度以及气幕出流速度和气幕出流条缝宽度的相互作用具有统计学显著意义，显著性水平为 0.01。气幕出流条缝宽度的显著性水平低于前述几个因素，为 0.05 的显著性水平。在本次正交试验结果分析中，气幕出流角度在统计学意义上不显著。显著性排序如下：排风量＞热源强度＞气幕出流速度＞气幕出流速度和气幕出流条缝宽度的相互作用＞气幕出流条缝宽度＞气幕出流角度。

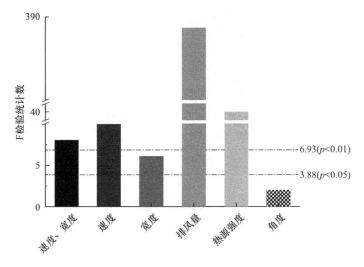

图 10-10　正交试验结果 F 检验图

10.2　气幕式吸油烟机性能影响因素的单因素分析

上述详细讨论了影响气幕式吸油烟机性能（以排污效率为指标）的不同因素的正交试验情况，得到了各因素的显著性水平。其中对于吸油烟机的共有参数来说，吸油烟机的排风量是最重要的。对于气幕式吸油烟机的独有参数来说，空气幕的出流速度最重要。虽然第 2 章基本完成了气幕式吸油烟机设计应用过程中的重要参数辨识，得到了参数的显著性水平排序，但是气幕式吸油烟机各参数是如何影响其性能，参数变化对于吸油烟机控制区域流场如何产生影响，排风汇流、烹饪热羽流和空气幕射流之间是如何相互作用等问题还未得到解决。因此，本节利用经过实验验证的 CFD 模拟方法，对于气幕式吸油烟机各参数变化下的流场、污染物浓度分布等进行详细研究。

10.2.1　CFD 模拟验证与可视化实验

厨房 CFD 模拟模型与前述实验台完全一致，以保证模拟结果的可靠性。模型采用 Fluent meshing 软件进行划分，并进行独立性验证。除独立性检验外，在网格处理中，还开展了 Y+ 值的计算设置。由于室内流动问题的非稳定性和复杂性，许多研究者应用不同的湍流模型来预测室内环境通风情况。本书选择 RSM 湍流模型进行后续计算。

模拟边界条件主要有吸油烟机排风口、锅和窗户，分别设置为速度出口（Velocity outlet）、速度入口（Velocity inlet）和压力入口（Pressure inlet），模型边界条件和观察面如图 10-11 所示。模拟边界条件如表 10-3 所示。

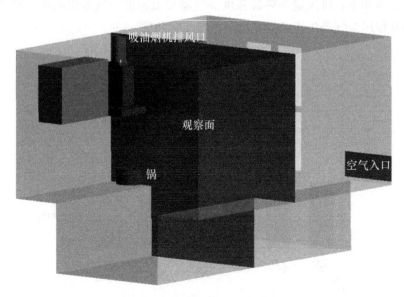

图 10-11　模型边界条件和观察面

模拟边界条件　　　　　　　　　　　　　　　表 10-3

名称	类型	具体设置
吸油烟机排风口	Velocity inlet	$v=-4.9\text{m/s}$、-8.3m/s、-12.5m/s、-16.6m/s（$350\sim1200\text{m}^3/\text{h}$）
锅	Velocity inlet	$v=0.29\text{m/s}$；$T=373.15\text{K}$；SF_6 质量分数＝10%
窗户	Pressure inlet	$T=288.15\text{K}$
墙面	—	绝热无滑移壁面

本节对文中 CFD 模拟结果与实验进行对照，选取 $600\text{m}^3/\text{h}$ 排风量的工况。热羽流轴心速度和厨房空间垂直速度分布验证图如图 10-12 所示。图 10-12(a) 展示了实验和 CFD 模拟热羽流轴心速度分布情况，可以看出 CFD 模拟结果与实验结果具有很好的一致性。同时，从图 10-12(b) 可以看出 CFD 模拟对于厨房空间垂直速度分布的预测结果与实验结果也基本一致。

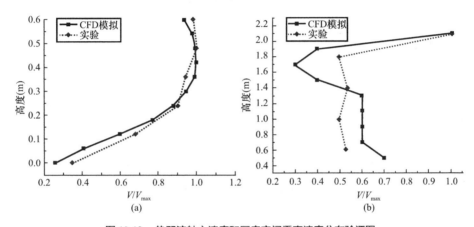

图 10-12　热羽流轴心速度和厨房空间垂直速度分布验证图
(a) 实验和 CFD 模拟热羽流轴心速度分布；(b) CFD 模拟结果与实验结果

为了进一步说明 CFD 模型的可靠性，吸油烟机排风口、呼吸区和体浓度点三个位置的 SF_6 浓度情况也被挑选用来验证，不同位置 SF_6 浓度验证如图 10-13 所示。在实验过程中，每个位置读数 10 次，其结果与 CFD 模拟计算结果进行比较。结果可以发现实验和模拟在三个点的浓度情况一致性很高，排风口浓度和体浓度值的偏差在 15% 以内。由于室外气流的干扰，同时热羽流会在接近呼吸区的位置溢散，导致呼吸区浓度波动比较大，从而使得呼吸区位置的实验和模拟结果偏差较大。但是整体上说，浓度值的偏差是可以接受的。

为更好地展示吸油烟机控制区域流场流动情况，解释空气幕作用下的排风汇流和热羽流的相互作用机制，本节开展可视化实验。可视化实验的光散射介质是水蒸气，实验时锅中充注 $400\sim600\text{mL}$ 沸水。一个 1mm 厚的激光切片从 12mW 的激光发射器中发射。从锅中散发的水蒸气散射激光切片，从而在激光切片范围内显示出清晰的热羽流轮廓。采用 120 万像素、帧速为 60fps 的高速摄像机来记录水蒸气的情况，连续记录 5min 热羽流的图像以避免由于热羽流摆动导致的偶然性。激光切片的位置与图 10-3 中观察面的位置一致。

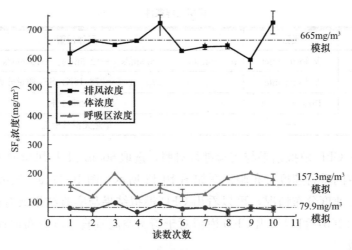

图 10-13　不同位置 SF₆ 浓度验证

10.2.2　单因素分析

CFD 模拟和可视化实验的结果在本节描述，基于正交试验的结果，热源强度取研究参数范围的最大值 2kW，气幕出流条缝宽度在本节确定为 1cm。单因素分析主要对吸油烟机排风量、气幕出流速度和气幕出流角度进行详细研究，目的是揭示排风汇流、热羽流和空气幕射流的相互作用机理，明确气幕式吸油烟机的作用方式。CFD 模拟结果的观察面如图 10-13 所示，其中排风量分别设定为 $350\text{m}^3/\text{h}$、$600\text{m}^3/\text{h}$、$900\text{m}^3/\text{h}$ 和 $1200\text{m}^3/\text{h}$；气幕出流速度从 0 开始，以 0.5m/s 为间隔；气幕出流角度在 $-8°\sim8°$ 变化。

1. 气幕出流速度

图 10-14 所示为 $350\text{m}^3/\text{h}$ 排风量下 SF₆ 浓度分布图，图 10-14（a）～（f）展示了在 $350\text{m}^3/\text{h}$ 排风量下不同空气幕出流速度时的 SF₆ 浓度分布情况。无气幕的传统吸油烟机作为基础工况，其结果在图 10-14（a）中给出，可以发现，$350\text{m}^3/\text{h}$ 排风量时，污染物从吸油烟机的上边缘溢散。其原因是排风量不足，不能够抑制热羽流在垂直方向的膨胀，导致大量污染物在厨房上部空间聚集，此时的厨房空气品质十分恶劣。当气幕出流速度为 0.5m/s 时，沿着吸油烟机边缘的污染物溢散被有效阻隔，不过，在这种情况下仍然有少量污染物贴附于上边缘溢散到厨房空间，这说明此时气幕出流速度未达到气幕出流速度的最优值。增大气幕出流速度至 1m/s，从图 10-14（c）中看到，气幕在吸油烟机边缘的溢散被完全阻挡，热羽流主体出现轻微收缩。但是在气幕出流速度为 1m/s 的情况下，热羽流上部由于气幕射流的影响，边界层出现涡流。继续增大气幕出流速度，在 1.5m/s 的出流速度下，虽然上边缘的溢散完全消失，但是受气幕的影响，在热羽流中部出现大涡，甚至有脱离热羽流和吸油烟机控制区域的趋势，此时气幕对热羽流开始产生破坏作用。当气幕出流速度增大到超过 2m/s 时，热羽流主体被彻底破坏，其形态从开始有气幕时的"收缩状态"变化到此时的"膨胀状态"，气幕起到负面效果。除此之外，新的污染物溢散点在锅的边缘被观察到。

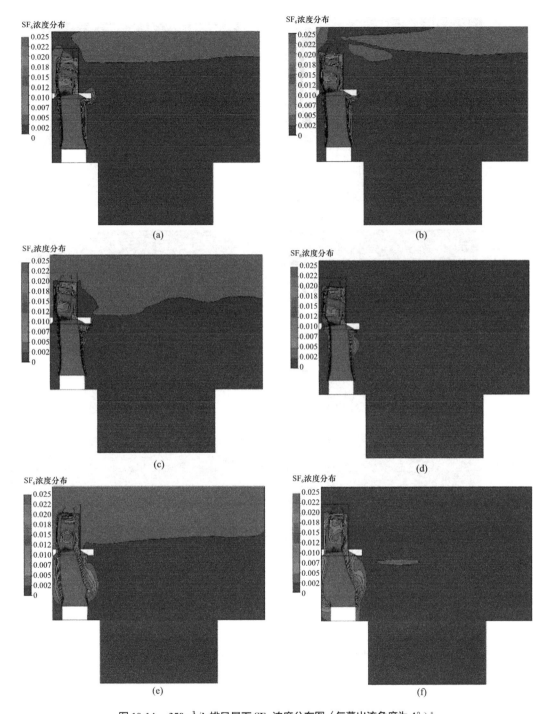

图 10-14　350m³/h 排风量下 SF₆ 浓度分布图（气幕出流角度为 4°）

(a) $V_a=0$；(b) $V_a=0.5\text{m/s}$；(c) $V_a=1\text{m/s}$；(d) $V_a=1.5\text{m/s}$；(e) $V_a=2\text{m/s}$；(f) $V_a=2.5\text{m/s}$

　　图 10-15 所示为 350m³/h 排风量下温度分布图，将该工况下的温度分布情况列出，可以看到，温度分布与污染物浓度分布一致，这与本次模拟污染物伴热散发的特性相符合。可以看出，由于吸油烟机对热羽流的控制能力不足，热羽流溢散到房间中，导致厨房空间出现热分层。即便增加空气幕，也很难消除热分层现象。

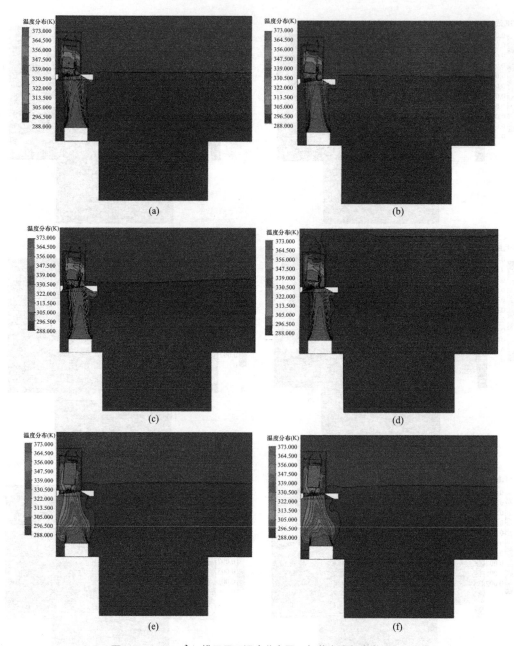

图 10-15　350m³/h 排风量下温度分布图（气幕出流角度为 4°）*

(a) $V_a = 0$；(b) $V_a = 0.5$m/s；(c) $V_a = 1$m/s；(d) $V_a = 1.5$m/s；(e) $V_a = 2$m/s；(f) $V_a = 2.5$m/s

　　结合图 10-16 所示 350m³/h 排风量下流线图，可以更加清晰地明确气幕的作用。在无气幕的情况下，吸油烟机上边缘的吸入气流来自几乎所有方向。当气幕开始起作用时，吸入气流的方向开始受到限制，吸油烟机上边缘上部的气流很难吸入吸油烟机控制区域。这对于减少正面吸入气流，提高吸油烟机控制区域平均控制风速具有重要的意义。随着气幕速度的继续增大，气幕射流动量增强，其直接冲击热羽流的中部甚至根部，彻底破坏热羽流的形态，导致吸油烟机控制区域产生强烈的旋涡。此时，气幕不仅无法起到提高吸油烟机性能的作用，反而导致厨房空气品质恶化。

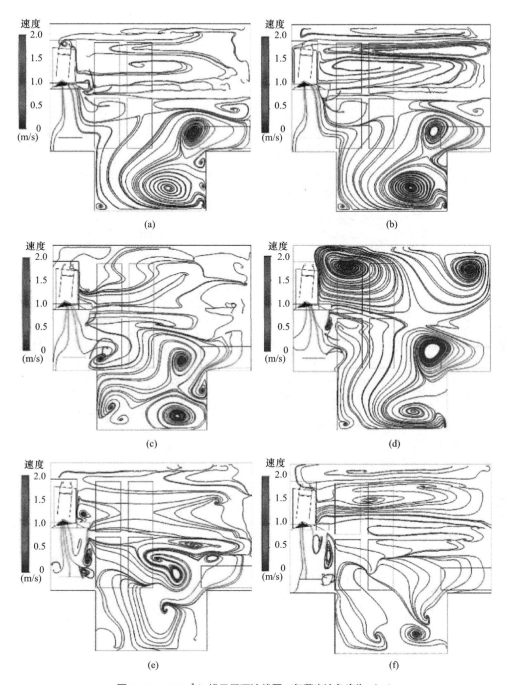

图 10-16　350m³/h 排风量下流线图（气幕出流角度为 4°）*

(a) $V_a = 0$；(b) $V_a = 0.5\text{m/s}$；(c) $V_a = 1\text{m/s}$；(d) $V_a = 1.5\text{m/s}$；(e) $V_a = 2\text{m/s}$；(f) $V_a = 2.5\text{m/s}$

2. 吸油烟机排风量

图 10-17 所示为 600m³/h 排风量下 SF_6 浓度分布图。图 10-17(a) 为无气幕出流的情况。排风量增大至 600m³/h 时，吸油烟机对于热羽流的控制作用增强，在吸油烟机上边缘位置不再出现明显的油烟溢散。同时，热羽流的断面也有所收缩。相比 350m³/h 排风量时，厨房空间未发现污染物的聚集，厨房空气质量得到改善。在气幕出流速度为 1m/s时，热羽流轻微收缩。气幕出流速度增大到 2m/s 时，气幕接触到热羽流并轻微改变热

羽流形状。随着气幕出流速度继续增大，气幕射流开始冲击热羽流，热羽流形态无法保持稳定。此时，吸油烟机控制区域流场被破坏，导致污染物逃逸至厨房空间。

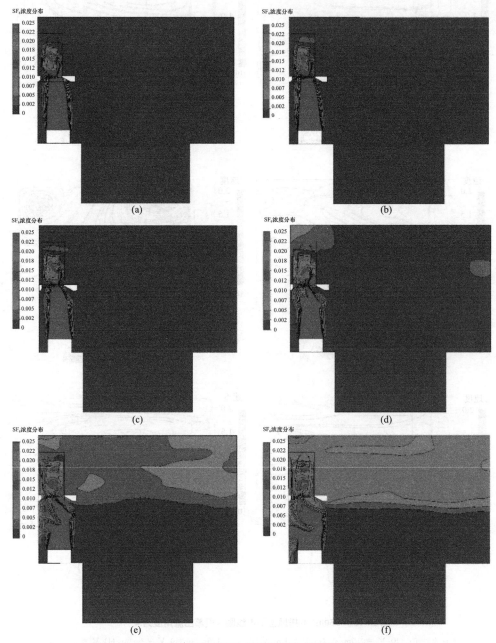

图 10-17　600m³/h 排风量下 SF₆ 浓度分布图（气幕出流角度为 4°）*

(a) $V_a=0$；(b) $V_a=1\text{m/s}$；(c) $V_a=2\text{m/s}$；(d) $V_a=3\text{m/s}$；(e) $V_a=4\text{m/s}$；(f) $V_a=4.5\text{m/s}$

但是，相比 350m³/h 排风量的工况，600m³/h 排风量的污染物浓度分布也出现了一些变化。（1）600m³/h 排风量下热羽流的相对收缩状态有利于保证厨房空气品质。热羽流呈现收缩状态导致其在吸油烟机上边缘很难出现溢散的情况。（2）排风量增大导致热羽流的稳定性增强，具体表现在与 350m³/h 排风量时相比，气幕出流速度的合理范围有所扩大。比如，在气幕出流速度 2m/s 时，350m³/h 排风量热羽流已经被破坏，但是

$600m^3/h$ 排风量的情况仍然可以提高吸油烟的性能。

总的来说，提高排风量对于提高吸油烟机性能有所帮助，同时，提高排风量也增加了热羽流的稳定性，扩大了气幕出流速度范围。

3. 气幕出流角度

前述正交实验结果显示，气幕出流角度为诸影响因素中的不显著因素，即改变气幕出流角度对吸油烟机的性能影响不大。图 10-18 展示了 $600m^3/h$ 时 SF_6 浓度分布图。可

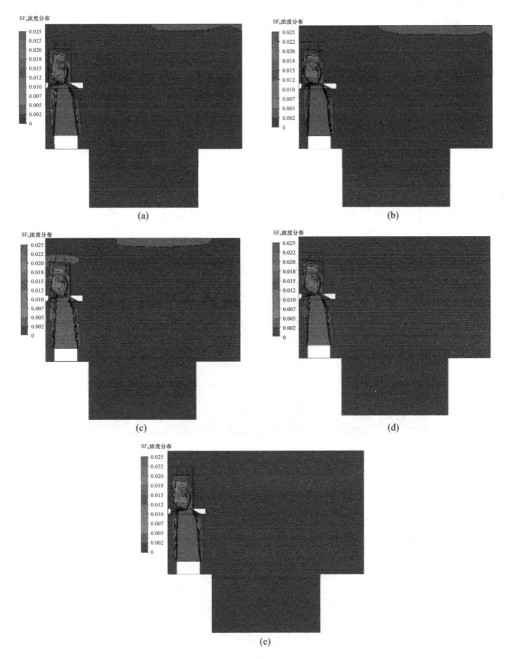

图 10-18　$600m^3/h$ 下 SF_6 浓度分布图（$V_a = 1.5m/s$）*

(a) $A_a = 0°$；(b) $A_a = -4°$；(c) $A_a = 4°$；(d) $A_a = -8°$；(e) $A_a = 8°$

以看出，改变气幕出流角度对于热羽流形态的影响不大。不过，由于排风汇流和气幕出流角度的影响，随着气幕出流角度从偏向热源外侧转向内侧，空气幕接触热羽流的高度升高。一般而言，气幕接触热羽流的部位越偏向热羽流的根部，对热羽流的影响就越大，越容易造成污染物的溢散。因此，出于减小污染物溢散风险的考虑，同时更加有效地利用空气幕提升油烟机的性能，建议气幕出流角度在 $0°\sim4°$。

10.2.3 几种射流形式的提出

从单因素分析描述中可以得到，不同吸油烟机排风量对应的合理气幕出流速度范围不同，气幕出流角度对热羽流的影响不大。在改变气幕出流参数的过程中，热羽流呈现了不同的形态，本节根据热羽流形态，结合排污效率，定义三种不同的射流类型，分别是"无效射流""增强射流"以及"破坏射流"。"无效射流"定义如下，当气幕出流速度太小以至于一出流就被吸油烟机"吸走"，此时空气幕不起作用。当气幕出流速度增大，大于能够维持稳定气幕的临界速度。同时，气幕可以改善吸油烟机的性能，此时称气幕射流为"增强射流"。随着气幕出流速度的继续增大，气幕破坏热羽流，对于吸油烟机的性能起负面作用，此时的气幕射流称为"破坏射流"。图 10-19 展示了 $600m^3/h$ 排风量可视化实验图，图中可以清晰地体现三种射流形式产生的效应，在气幕出流速度从 0 变化

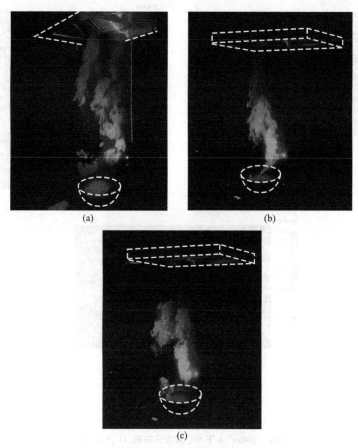

(a)　　　　　　　(b)

(c)

图 10-19　$600m^3/h$ 排风量可视化实验图[*]

(a) $V_a=0$；(b) $V_a=2.5m/s$；(c) $V_a=4.5m/s$

到 2.5m/s 时，热羽流的断面收缩，气幕起到提高吸油烟机性能的作用。可以设想，在 0～2.5m/s 之间，一定存在一个临界速度，只有大于这个临界速度空气幕才发挥作用，也就是"无效射流"和"增强射流"的分界。当气幕出流速度继续增加到 4.5m/s，从图中可以看到，热羽流几乎与排风口断开，热羽流膨胀，此时气幕的存在破坏了吸油烟机的性能。

图 10-20 展示了不同排风量和气幕出流速度时排污效率。通过排污效率，可以对上述三种射流进行更加明确的划分。以 600m³/h 排风量为例，如图 10-20 中圆点画线所示，气幕出流速度为 0.5m/s 时吸油烟机的排污效率即有所提升。当气幕出流速度增大到 1.5m/s 时，吸油烟机的排污效率达到该排风量下的峰值，相比无气幕的情况提升了大约 1.3 倍。随后增加气幕出流速度，排污效率开始下降，但是在达到 2.5m/s 之前气幕仍然具有提升排污效率的作用。对于 600m³/h 排风量的工况，0.5～2.5m/s 的出流速度范围都是"增强射流"范围，但是出流速度超过 1.5m/s 后再增加气幕出流速度与 1.5m/s 作为出流速度相比，不经济。当出流速度超过 2.5m/s 时，吸油烟机排污效率剧烈下降，低于无气幕的初始工况的排污效率。从 3m/s 出流速度以后，都是"破坏射流"的范围。以该范围内的出流速度作为气幕出流参数，不仅不会起到提高吸油烟机性能的作用，还会使得吸油烟机本身的性能遭到破坏。在 350m³/h 和 600m³/h 排风量下，没有观察到"无效射流"的现象，一方面该种情况下排风汇流作用比较弱，气幕出流后受到的偏转效应较小。另一方面本书的最小气幕出流速度为 0.5m/s，在这两种排风量下大于形成稳定空气幕的临界速度。不过在 900m³/h 排风量下，气幕出流速度为 0.5m/s 时，吸油烟机的排污效率并未得到提升，可以说明此时气幕出流后受到排风汇流的影响，直接被排风"吸走"，没有起到应有的效果。另外，在排风量过大的情况，也就是 1200m³/h 排风量时，吸油烟机本身的排污效率已经足够高，导致气幕在该工况时基本不起作用，增加气幕在增加能耗的同时甚至可能会破坏吸油烟机的性能（比如气幕出流速度大于 6m/s）。在前面单因素分析过程中，发现不同排风量的"增强射流"范围不同，该结论可以通过排污效率得到验证。从图 10-20 中可以得到，随着排风量变大，"增强射流"范围扩大。

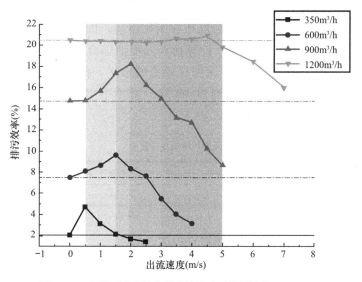

图 10-20　不同排风量和气幕出流速度时排污效率（$A_a = 4°$）

10.3   气幕式吸油烟机设计方法和运行策略初探

前述两节详细地讨论了影响气幕式吸油烟机性能的因素，阐明了气幕式吸油烟机作用机理。在实际应用中，气幕出流参数往往通过经验判断来确定。为简化气幕式吸油烟机的设计流程，更加有效地应用气幕式吸油烟机，本章提出基于排风量的气幕式吸油烟机设计方法，并通过实验对设计结果进行验证。此外，在吸油烟机运行过程中，受烟道压力波动的影响，其排风量往往偏离设定值。为在排风量变化的情况下保证气幕发挥作用，基于运行排风量的气幕式吸油烟机运行策略被提出，并通过 CFD 模拟进行验证。

10.3.1   吸油烟机排风量确定方法

本书讨论了三种排风罩的设计方法，并尝试将其应用于吸油烟机排风量的确定中，分别是控制风速法、热羽流流量法和流量比法。本节中将对这三种方法进行描述并根据热源强度计算吸油烟机排风量。其中，热源强度按照本书中的最不利热源强度 2kW 确定，吸油烟机尺寸为前述吸油烟机尺寸，排风罩口距离热源的高度为也与前述高度相同，为 0.65m。

根据控制风速法、流量比法、热羽流流量法三种方法和本章的散发条件，吸油烟机排风量计算如表 10-4 所示。由表中可以看出，控制风速法计算得到的吸油烟机设计排风量过大，有将近 1400m^3/h。可以从其计算公式中分析原因，对于一般排风罩来说，安装高度越贴近污染源越好，但是对于吸油烟机来说，安装高度太低会导致人员无法进行烹饪活动。因此，过大的安装高度是计算结果过大的原因之一。对于一般排风罩来说，罩口周长与热源周长相仿，但吸油烟机出于美观和热羽流膨胀等原因，周长远大于热源周长，这是第二个原因。可以得到，控制风速法对于吸油烟机的设计过程不太适用。对于流量比法来说，设计排风量接近 350m^3/h，但是通过前述分析可以得知，该排风量不能有效排除烹饪产生的污染物，污染物会堆积在厨房空间，因此采用流量比法设计的吸油烟机排风量偏低。对于热羽流流量法，计算得到的吸油烟机排风量在 600m^3/h 左右，前述 600m^3/h 排风量下的厨房空间浓度达到比较低的水平，排污效率也相对较高。同时，前述国家标准中也规定厨房排风量达到 600m^3/h，在本书中，采用热羽流流量法计算得到的排风量是较为合理的。

吸油烟机排风量计算表   表 10-4

	控制风速法	流量比法	热羽流流量法
排风量 （m^3/h）	1395.6	348.5	573.8

10.3.2   基于排风量的气幕式吸油烟机设计方法

根据前述研究结果，气幕式吸油烟机设计思想表述如下：

（1）选择烹饪过程中可能达到的最大热源强度作为设计热源强度。

（2）采用热羽流流量法，根据吸油烟机安装高度和罩口尺寸等参数确定设计排风量，考虑吸油烟机一般分为若干挡位（如低、中、高三挡），该计算结果可以作为中挡位的设定值。烹饪过程中也存在蒸煮等热源强度不大的烹饪方式，可以利用流量比法计算值作为低挡吸油烟机排风量。为避免极端烹饪情况，将吸油烟机排风量扩大一挡，作为高挡。

（3）确定排风量后，对应不同挡位的排风量情况，根据前述排污效率情况，确定不同挡位排风量下的最优气幕出流速度。

（4）确定气幕出流条缝宽度，根据工艺限制（不能太细）和美观要求（不能太宽），可以确定为 1cm 左右的条缝。

（5）确定气幕出流角度，根据本书结果，气幕出流角度对气幕式吸油烟机性能影响不大，但斜向热源内侧出流效果较优，推荐出流角度斜向热源侧 0°～4°。

为验证上节提出的基于排风量的气幕式吸油烟机设计方法的准确程度，本书根据上述思想进行气幕出流参数的优化设计，并进行实验验证。其中热源强度为 2kW，根据表 10-4 计算得到的排风量，确定三种挡位排风量分别为 350m³/h、600m³/h 和 900m³/h。气幕出流条缝宽度为 1cm，气幕出流角度固定为 4°。根据前述研究结果，确定对应的气幕出流速度分别为 0.5m/s，1.5m/s 和 2m/s。

本节依然采用排污效率作为评价指标，最优气幕设计参数验证如表 10-5 所示。根据模拟结果确定的最优气幕出流速度下的气幕式吸油烟机的排污效率，实验值和模拟值的偏差在 10% 以内。可以证明对气幕式吸油烟机的参数优化设计是成功的，同时也显示了基于排风量的气幕式吸油烟机设计方法的可靠性。

最优气幕设计参数验证表　　　　　　　　表 10-5

	350m³/h	600m³/h	900m³/h
排污效率（实验）（%）	5.16	10.46	16.39
排污效率（模拟）（%）	4.71	9.59	18.24

10.3.3 气幕式吸油烟机运行策略探讨

高层住宅厨房吸油烟机排风一般经过公共烟道排风，系统为多动力源末端集中排风系统，流动特性十分复杂。加之各户吸油烟机多自主采购，即在该多动力源几种排风系统中，各末端风机压头不一，导致整个排风系统各户风量很难平衡。同时，公共烟道内部为正压，为克服公共烟道中的正压影响，用户倾向选择风量和压头大的吸油烟机。这会导致公共烟道内正压更大，形成恶性循环。同时，对于底层用户来说，其位置距离屋顶排风口较远，排风沿程阻力大，产生排烟不畅的问题。在考虑热压作用的情况下，公共烟道内的压力分布展示出低-高-低的趋势，处于低区用户位置往往会出现压力最大值，意味着对吸油烟机排除油烟可能产生的不利影响。除此之外，吸油烟机开启情况不同时，公共烟道的压力分布也会随之发生变化。研究还发现，很多工况公共烟道中的多个用户排风量达不到吸油烟机设定值，无法有效排除污染物。研究发现，随着吸油烟机开启数量增多，或者吸油烟机开启倾向于低层用户，低层用户位置的公共烟道静压会变大，导致排烟情况的恶化。上述描述表明，在实际进行烹饪过程中，吸油烟机的实际排风量会受到公共烟道压力的影响，使得其偏离设定值。这种排风量的偏移对气幕式吸油烟机的应用产生影响，需要对其加以考虑。

根据上述研究可以发现，气幕式吸油烟机排风量和气幕出流速度是最重要的两个参数，气幕出流速度、排风量关系非常密切。举例来说，适用于 900m³/h 排风量下的气幕出流速度为 2～2.5m/s，如果由于烟道压力波动导致吸油烟机排风量降低至 300m³/h 左右，此时该气幕出流速度会破坏该实际排风量时的热羽流，对气幕式吸油烟机的性能产生负面作用。因此，在运行过程中根据吸油烟机的实际排风量调整气幕出流速度，以适应气幕式吸油烟机性能改善的需求非常关键。以上就是基于运行排风量的气幕式吸油烟机运行策略的基本思想。其中，获得吸油烟机的运行排风量十分关键，经童乐棋等人研究发现，可以通过检测吸油烟机电机参数，比如电压信号、转速和电流信号，根据提前测得的吸油烟机排风量和电机参数的对应关系，确定运行过程中的排风量。得到排风量后，可以根据前述所示的排风量和气幕出流速度的对应关系图，调整气幕轴流风机的转速，达到调整气幕出流速度的目的。本节主要提供基于运行排风量的气幕式吸油烟机运行策略，如何实现不在本书的研究范围内。为验证该运行策略的可靠程度，在下文进行 CFD 模拟验证。

本节比较了吸油烟机排风量受公共烟道影响发生变化时，气幕出流速度改变/不改变的排风周期内平均排污效率变化情况。为简化模拟同时说明问题，吸油烟机排风量变化为 900m³/h-600m³/h-350m³/h（每个风量持续 60s），两种工况被考虑，（1）排风量变化时气幕出流速度分别变化到该种排风量下的最优出流速度（分别为 2m/s、1.5m/s 和 0.5m/s）；（2）排风量发生变化，但气幕出流速度固定为 900m³/h 排风量时的最优出流速度（2m/s）。本节只给出两种工况下吸油烟机排风周期内的平均排污效率情况，固定气幕和随排风量可变气幕平均排污效率比较如表 10-6 所示。可以看出，对于时间累积的平均排污效率来说，固定参数气幕只是随排风量变化气幕的 60%，说明了基于运行排风量对气幕出流速度进行调整具有很大的优势。

固定气幕和随排风量可变气幕平均排污效率比较　　　　　　　　　　表 10-6

	固定参数气幕	随排风量可变气幕
排污效率（%）	6.42	10.85

10.4　本章小结

（1）通过设计和进行正交试验，对影响气幕式吸油烟机性能的因素做研究，主要包括吸油烟机排风量、热源强度、气幕出流速度、气幕出流条缝宽度、气幕出流速度和气幕出流条缝宽度的相互作用以及气幕出流角度。采用示踪气体实验方法，选取排污效率作为评价指标，研究发现各影响因素的显著性排序为：吸油烟机排风量＞热源强度＞气幕出流速度＞气幕出流速度和气幕出流条缝宽度的相互作用＞气幕出流条缝宽度＞气幕出流角度。吸油烟机排风量、热源强度、气幕出流速度以及气幕出流速度和气幕出流条缝宽度的相互作用的显著性水平为 0.01。气幕出流条缝宽度的显著性水平为 0.05。气幕出流角度对气幕式吸油烟机性能的影响不显著。得到结论，吸油烟机的排风量和热源强度是影响所有形式吸油烟机的重要因素，应重点考虑。

（2）对于传统无气幕吸油烟机来说，增大吸油烟机的排风量可以提高捕集效率，但是捕集效率的增量与吸油烟机排风量增量之间的关系非线性。热源强度越高，排污效率越低。比较气幕式吸油烟机和传统吸油烟机排风量和热源强度对应的排污效率发现，气幕式吸油烟机性能要优于传统吸油烟机。气幕式吸油烟机出流速度不是越大越好，在出流速度 3m/s 时，三种排风量下的吸油烟机排污效率都有所下降。2m/s 出流速度可以取得较高的排污效率。在气幕出流宽度为 0.5～1cm 的范围内，本书所有工况均可以保持稳定的空气幕。对于气幕出流角度来说，垂直出流和斜向热源出流要优于斜向热源外侧出流。

（3）基于正交试验的结果，对气幕式吸油烟机具有不同参数下的厨房流场进行 CFD 模拟，并经实验验证。同时，可视化实验的方式也被采用，来进一步说明气流流态的相关问题。结果发现，对应于不同吸油烟机排风量，气幕出流速度应该不同，即应该仔细考虑排风汇流、热羽流和气幕射流之间的相互作用，气幕出流参数不合理会导致吸油烟机性能遭到破坏。此外，探究了空气幕起作用的方式，主要有以下几种：①气幕可以阻挡污染物从吸油烟机上边缘溢散；②气幕可以改善吸油烟机上边缘流动特性，改善分离流动情况，减少涡的产生，降低污染物在吸油烟机上边缘聚集溢散的风险；③气幕可以减少吸油烟机正面气流的吸入，提高控制区域平均风速。根据热羽流形态，和排污效率的变化情况，将气幕射流分为三种形式，分别是"无效射流""增强射流"和"破坏射流"。气幕出流速度对于气幕式吸油烟机的影响不大的结论再次得到验证。

（4）基于正交试验和 CFD 模拟的结果，提出基于排风量的气幕式吸油烟机设计方法和基于运行排风量的气幕式吸油烟机运行策略，并分别经过实验和 CFD 模拟验证方法的可行性。对于设计方法，结论主要有：热羽流流量法可作为吸油烟机设计排风量的确定方法。对于流量比法来说，其设计排风量偏小；对控制风速法来说，其设计排风量偏大。确定排风量后，根据不同排风量下气幕"增强射流"范围，对该排风量时气幕出流参数进行设计。主要是选择气幕出流速度、气幕出流条缝宽度和气幕出流角度，在本书中推荐 1cm 和斜向热源侧 4°。对于运行策略，得到如下结论：在给定排风量变化范围内，与采用本章提出的控制策略的气幕式吸油烟机相比，固定气幕出流参数的气幕式吸油烟机排污效率只能达到其 60%。

参考文献

［1］　吕立鹏. 气幕式油烟机送风参数优化与运行策略研究［D］. 上海：同济大学，2021.

［2］　张辉，李杰，刘训谦. 人造龙卷效应在吸油烟机上的应用［J］. 2015，32（3）：484-9＋12.

［3］　王鹏飞. 旋转气幕式排风罩数值模拟及实验研究［D］. 湘潭：湖南科技大学，2009.

［4］　Huang R F，Nian Y C，Chen J K. Static Condition Differences in Conventional and Inclined Air-Curtain Range Hood Flow and Spillage Characteristics［J］. Environmental Engineering Science，2010，27（6）：513-22.

［5］ Huang R F，Nian Y C，Chen J K，et al. Improving flow and spillage characteristics of range hoods by using an inclined air-curtain technique ［J］. Ann Occup Hyg, 2011, 55 (2)：164-79.

［6］ Huang R F，Dai G Z，Chen J K. Effects of Mannequin and Walk-by Motion on Flow and Spillage Characteristics of Wall-Mounted and Jet-Isolated Range Hoods ［J］. Ann Occup Hyg, 2010, 54 (6)：p. 625-39.

［7］ Chen J K. Flow characteristics of an inclined air-curtain range hood in a draft ［J］. Ind Health, 2015, 53 (4)：346-53.

第 11 章　油烟颗粒净化装置——离心分离装置

用于厨房油烟捕集和净化的产品较多，本书介绍一种油烟颗粒净化的离心分离装置，首先分析了流场中颗粒的捕集机制，进而对该装置净化效率的影响因素进行分析，再通过模拟方法进行结构优化，最后对优化方案适宜性进行评估。本章完整地展示了该种油烟分离装置的优化研究全过程，并给出优化的结论。

11.1　流场中颗粒捕集机制分析

经典的过滤器理论研究归纳了各种典型的颗粒捕集机制，并建立了用于各个捕集机制的单元净化效率计算的经验或半经验预测公式。颗粒被捕集体捕获的机制包括以下几种类型：惯性碰撞、扩散作用、直接拦截、重力沉降和静电沉降。

1. 惯性碰撞机制

气体夹带颗粒与捕集体做相对运动时，气体发生绕流，流线出现弯曲，但质量远大于气体分子的质量，颗粒因惯性作用偏离流线而与金属丝表面发生碰撞。惯性碰撞的强度用惯性碰撞数 N_1 表示：

$$N_1 = \frac{\rho_p D_p^2 C_u U_m}{18 \mu D_r} \tag{11-1}$$

式中　ρ_p——颗粒密度，kg/m^3；

　　　C_u——滑移修正系数，无量纲；

　　　μ——空气动力黏度，$Pa \cdot s$；

　　　D_p——颗粒直径，m；

　　　U_m——气体运动速度，m/s；

　　　D_r——辐条丝径，m。本书中，辐条丝径和颗粒尺寸在尺度上存在数量级的差异，故通过直接拦截不足以实现颗粒物的有效捕集。

2. 扩散作用机制

扩散作用机制是指离散相颗粒在运动过程中，受到无规则运动气体或连续相中的原子、分子或分子团的撞击而产生布朗运动。大量颗粒的布朗运动引起布朗扩散。需要指出的是，扩散作用机制主要针对细微粒径颗粒（0.1μm 以下）起主要作用。另外，扩散作用机制只有在密集的纤维滤料过滤中才可起到较好的捕集作用，对于本书所采用的离心分离装置，粒子受到风机压力作用，随气流沿固定方向运动，此时粒子布朗运动对粒子轨迹的影响程度有限，因此，所产生的具体作用也并不突出。

3. 直接拦截机制

对惯性小、尺寸大的颗粒，直接拦截机制是主要的捕集机制，惯性小的颗粒对流线有较好的跟随性，但颗粒在绕流过程中，由于颗粒直径比较大，颗粒和捕集体的边界发生干涉，从而被捕集体捕集。直接拦截机制的强度如下：

$$N_R = \frac{D_p}{D_r}$$ (11-2)

式中　N_R——直接拦截机制强度系数，无量纲；

　　　　D_p——颗粒尺寸，m；

　　　　D_r——辐条丝径，m。本书中，辐条丝径和颗粒尺寸在尺度上存在数量级的差异，故通过直接拦截不足以实现颗粒物的有效捕集。

4. 重力沉降机制

重力沉降机制只有在颗粒密度相对流体密度非常大，且流体流动的速度和黏度相对很小的情况下才发挥作用。本次工作实际场景中，吸油烟机入口流速比较高，重力沉降机制作用有限，故不作考虑。

5. 静电沉降机制

静电沉降机制只有在颗粒和捕集体表面都带有相当数量的电荷量或处于外电场作用的情况下才发挥作用。本书研究范围内，静电沉降机制可以忽略。

综上，针对离心分离装置捕集油烟颗粒的场景，仅存在惯性碰撞、扩散作用和直接拦截三种捕集机制，其中惯性碰撞机制在本项目场景中起主要作用，通过扩散作用机制和直接拦截机制被捕集的颗粒占比极小。另外，由于油烟颗粒黏性很大，一旦附着在离心分离装置表面后，不易被气流从金属丝上吹走。因此，做如下合理假设：在前三种颗粒捕集机制作用下，只要油烟颗粒穿过净化装置时能够与金属丝的轮廓发生干涉，油烟颗粒即被捕集。

综合以上各类捕集机制可以发现，净化效率可以反映为油烟颗粒与辐条的碰撞概率，从理论上近似等于两相邻辐条位置交替所用时间 T_1 与油烟颗粒闯过离心分离装置厚度的时间 T_2 之比。由此，研究给出净化效率公式：

$$K = \sigma \times \frac{N \times D_r \times V_W}{V_y} \times 100\%$$ (11-3)

式中　K——净化效率，无量纲；

　　　　N——辐条根数，无量纲；

　　　　V_W——离心分离装置转速，r/s；

　　　　D_r——辐条等效直径（辐条的宽度及厚度），m；

　　　　V_y——油烟流速，m/s。

辐条等效直径 D_r 指过流断面面积的 4 倍与周长之比，对于圆辐条结构，辐条等效直径＝辐条丝径；对于矩形辐条结构，其数值大小仅与辐条的宽度（W）和厚度（T_h）有关，即 $D_r = 2W \times T_h / (W + T_h)$。

11.2　离心分离装置影响因素及模拟设置

11.2.1　净化效率影响因素分析

1. 颗粒粒径

由本书第 1 章所知，厨房油烟颗粒中 1～10μm 范围内颗粒质量浓度在 1～100μm 范围中的质量浓度占比较高，且明显高于 1 μm 以下的颗粒。

颗粒粒径越小，离心分离装置等离心式过滤器对颗粒的净化作用越小。这是因为在细颗粒的运动过程中，受到连续相的阻力大于其自身惯性力。粒径越小，阻力的相对作用效果越大，颗粒的跟随性越好。因此当辐条周围的连续相围绕辐条进行绕流运动时，细颗粒自身的惯性力不足以使其脱离连续相，从而被辐条捕获，而是跟随流场绕过辐条。可见油烟颗粒的粒径会对离心分离装置净化效率产生显著影响。已有研究显示，离心式动态过滤器对粒径 1 μm 以下粒子的净化效率极低，且很难通过提高过滤器性能得到有效提升，表明离心式过滤器的净化效率存在动力学极限，无法满足对细颗粒的净化要求。

相反，颗粒粒径越大，颗粒的跟随性越差，离心分离装置的净化作用也越大。综合考虑油烟颗粒的粒径分布特征和离心分离装置的适用粒径范围，宜以粒径范围 1~10 μm 之间的颗粒作为主要研究对象；为更深入了解离心分离装置对不同粒径颗粒的捕集效果，将粒径范围进一步放大，取作 0.1~50 μm，以此展开离心分离装置的性能优化研究工作。

2. 辐条数量

由式（11-3）净化效率公式可知，辐条的根数与净化效率成正比，随着辐条数量增加，可以有效增加颗粒和辐条的接触概率。

3. 离心分离装置半径

油烟颗粒在辐条任意半径 r 处所受离心力 F_L 可用下式表示：

$$F_L = \pi d_p^3 \rho \omega^2 r / 6 \tag{11-4}$$

式中　F_L——油烟颗粒所受的离心力，N；

　　　d_p——油烟颗粒的粒径，m；

　　　ρ——油烟颗粒的密度，kg/m³；

　　　ω——离心分离装置的转速，s⁻¹；

　　　r——离心分离装置的半径，m。

联合式（11-3）和式（11-4）可知，随着 r 值增大，油烟颗粒所受离心力逐渐增加，此时颗粒对流体的跟随性降低，克服流体约束的能力增强，进而与辐条发生碰撞被捕获的概率增加。

油烟速度由排风量和离心分离装置半径来决定，在排风量一定的情况下，可以通过增加离心分离装置半径来降低流速，从而提高净化效率；另外，离心分离装置的半径增加也有利于加大辐条和颗粒的有效接触面积。

4. 辐条等效直径

辐条等效直径是与辐条的宽度和厚度有关的参数，根据颗粒捕集机制可知，辐条的宽度或厚度在理论上与辐条对颗粒的接触机会存在线性相关的关系。然而实际上，由于设备结构或工程应用上的限制，宽度或厚度对净化效率的影响是存在极限的；此外，宽度和厚度的提高可能会带来离心分离装置阻力的不利影响，因此厚度和宽度应在合理范围内选取，其取值不宜盲目改变。我们将在本次项目中探索辐条等效直径参数与颗粒净化效率之间的关系，寻找合适的辐条设计尺寸，实现高效低阻的油烟净化效果。

5. 辐条结构

由颗粒捕集机制可知，离心分离装置辐条与颗粒的接触面积越大，越有利于增加颗粒与辐条在惯性碰撞机制下的接触概率。现有辐条全径向的直线辐条设计较为简单，缩短了辐条有效长度，但不利于增加接触面积，因此会削弱离心分离装置外围区域对颗粒的捕集。此外，矩形截面的直线辐条，在旋转过程中，流体绕流辐条后在辐条后侧容易形成涡流，引起部分机械能损失；通过对径向直辐条做形状上的改变，减弱绕流涡街强度，有可能缓和机械能损失。但最终是否有助于改善离心分离装置的阻力问题尚未有定论，还需通过模拟分析进行验证。

本书旨在探究离心分离装置净化效率的影响因素及其作用规律，优化离心分离装置结构设计参数，提升离心分离装置净化效率，同时保证吸油烟机风量、噪声等指标不受明显影响。基于颗粒捕集机制可知，合理加大离心分离装置的辐条表面积，增加颗粒和辐条的接触概率，可以有效提高捕集率。增加辐条表面积的主要措施有：（1）增加辐条数量；（2）放大离心分离装置半径；（3）提高辐条等效直径（即辐条的宽度和厚度）；（4）优化辐条结构等。

除以上措施外，根据文献调研结果可知，在吸油烟机风量已知的情况下，离心分离装置转速也是油烟颗粒捕集效率的重要影响因素。但转速大小属于吸油烟机的运行参数，难以在离心分离装置效率单体研究工作中本末倒置地把转速从吸油烟机整体中剥离出来进行优化，仅应作为离心分离装置优化工作的基准参数。另外，对于不同的油烟颗粒粒径，离心分离装置的净化效率也不同，在本研究中也需选择合适的粒径作为离心分离装置效率评估的基准参数。

11.2.2   模型建立与工况设置

针对离心分离装置，提取完整几何物理特征，进行计算流体动力学建模与网格划分。为了提高计算精度，本装置在保留整个离心分离装置整体的同时，去除了吸油烟机的机壳部分，在离心分离装置的两端分别构造了一段较短的油烟通道，便于进行离心分离装置的净化特性研究。在进行 CFD 计算之前，应对建模后的流场体积进行离散化处理，考虑辐条附近区域速度较大、流场变化较为复杂等因素，分别对此部分的局部网格进行分级加密处理。考虑离心分离装置的周期性特征，采用整个模型的部分扇面区域作为计算域单元。待计算完成后，在后处理阶段对其进行周期性处理。为了实现计算精度与时间之间的最优化，在计算之前进行了相应的网格独立性检验，图 11-1 所示为离心分离装置的 CFD 模型。

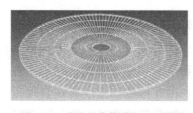

图 11-1   离心分离装置的 CFD 模型

基于上述影响因素分析，本项目数值模拟工况设置将围绕辐条数量、离心分离装置半径、辐条等效直径、辐条结构、离心分离装置转速五个主要影响因素展开。考虑吸油烟机内部结构尺寸、电机转速等限制，模拟工况参数设置范围如表 11-1 所示。采用多因素多水平的正交设计方法进行净化效率敏感性分析，确定最终优化设计方案，本项目初步确定油烟颗粒的粒径范围为 0.1～50μm，进行离心分离装置捕集性能分析。

模拟工况参数设置范围 表 11-1

影响因素	参数水平				
辐条数量设置 （根）	水平 1	水平 2	水平 3	水平 4	水平 5
	120	150	180	210	240
辐条半径设置 （cm）	水平 1	水平 2	水平 3	水平 4	水平 5
	10.6	12	13	14	15
辐条宽度设置 （cm）	水平 1	水平 2	水平 3	水平 4	水平 5
	0.4	0.6	0.8	1.0	1.2
辐条厚度设置 （mm）	水平 1	水平 2	水平 3	水平 4	水平 5
	0.2	0.4	0.6	0.8	1.0
转速变化 （r/min）	水平 1	水平 2	水平 3	水平 4	水平 5
	500	1000	1500	2000	2500
辐条结构	水平 1	水平 2	水平 3	—	—
	矩形直线辐条	矩形曲线辐条	圆形辐条	—	—

11.3　离心分离装置多因素模拟结果

11.3.1　原结构模拟结果

1. 流动方向切面速度与压力分布

对离心分离装置的原结构进行模拟，此时辐条半径为 106mm，内圈辐条数量 60 根，外圈辐条数量 120 根，模拟风量取 720m³/h。原结构中，辐条厚度为 0.3mm，辐条宽度为 0.6mm。离心分离装置对油烟颗粒的捕集效果用净化效率来表征，记作 η。η＝辐条捕集到的油烟颗粒数目/总释放油烟颗粒数目。

在转速为 1000r/min 的条件下，基于模拟得到离心分离装置中心流动方向切面速度与压力云图，如图 11-2 所示。由图 11-2(a) 可知，距离离心分离装置轴心位置越远，辐条线速度越高，扰动更强，因此辐条附近气流速度随着距轴心距离的加大而逐渐增加。辐条线速度的增加，可适当增大辐条和颗粒的接触概率，有利于对颗粒的捕集。

由图 11-2(b) 压力云图可知，辐条水平两侧的压力分布截然不同，一侧为正压而另一侧呈现负压。这是因为辐条旋转过程中与气流形成高速碰撞，在辐条的迎风面形成了滞流区，使得静压高于大气压力，因此显示正压；而在背风面则产生了涡流区，涡流区内静压低于大气压力，因此显示负压。当前工况下，离心分离装置原结构的阻力为 19.1Pa。

2. 离心分离装置对油烟颗粒的作用粒径分析

颗粒粒径属油烟颗粒自身特性，小粒径颗粒跟随性好，其净化效率提升有限，大粒径颗粒惯性作用大，其净化效率较高；为了解离心分离装置对不同粒径的净化效果，首先对离心分离装置净化效率随粒径变化的规律展开模拟，所选取的粒径范围在 0.1～50μm。

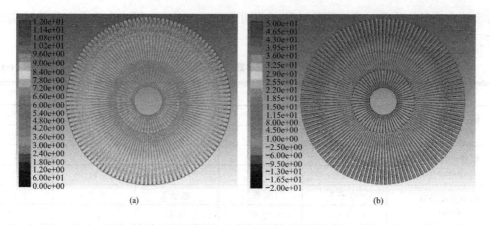

(a)　　　　　　　　　　　　　(b)

图 11-2　离心分离装置中心流动方向切面速度与压力云图*

(a) 中心横切面速度云图；(b) 中心横切面压力云图

当前模拟围绕离心分离装置原结构展开，该结构的辐条半径为 106mm，内圈辐条数量 60 根，外圈辐条数量 120 根，辐条厚度为 0.3mm，辐条宽度 0.6mm；模拟风量取 720m³/h，电机转速取 1000r/min。

图 11-3 所示为净化效率随粒径变化，由图 11-3 中曲线可知，离心分离装置性能会随颗粒粒径的增加逐渐提高。而粒径越小的颗粒越难以被离心分离装置过滤掉，尤其是当粒径在 1μm 以下时，离心分离装置的作用几乎可以忽略。此时，离心分离装置对粒径 5μm 颗粒的净化效率仅有 17.5%。

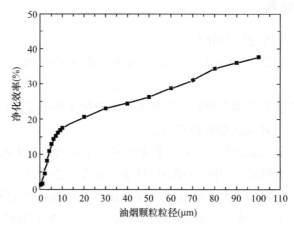

图 11-3　净化效率随粒径变化

根据计算结果可知，此离心分离装置原结构净化效率存在明显不足，难以实现对油烟颗粒的高效净化。因此，需要围绕离心分离装置优化提升路线展开离心分离装置的性能升级研究工作。在遵守离心分离装置原结构形式的前提下，围绕辐条宽度、辐条厚度、辐条数量这三个主要影响因素开展多水平正交模拟工作，各影响因素、参数水平的选取参考表 11-1。模拟过程中，排风量取 720m³/h，电机转速取 1000r/min。

对模拟结果进行了整理，提取 5μm 粒径下的油烟捕集数据，结果如图 11-4～图 11-6 所示，三个图分别显示了正交模拟结果中，离心分离装置阻力和净化效率仅随辐条的宽

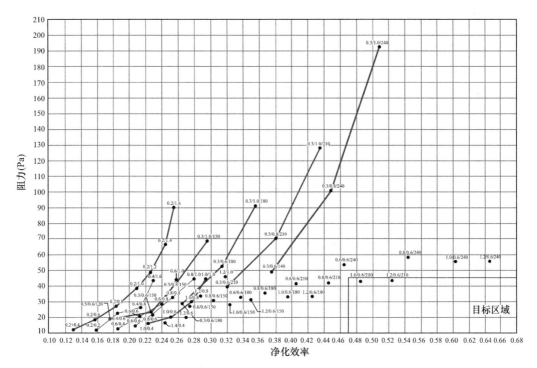

图 11-4　5μm粒径捕集效果散点图

不同的折线表示离心分离装置阻力和净化效率仅随辐条宽度变化的趋势。

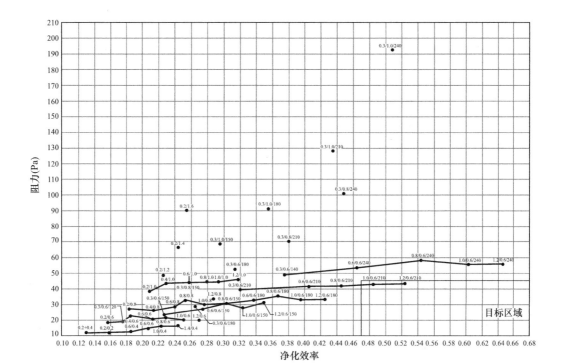

图 11-5　5μm粒径捕集效果散点图

折线表示离心分离装置阻力和净化效率仅随辐条厚度变化的趋势。

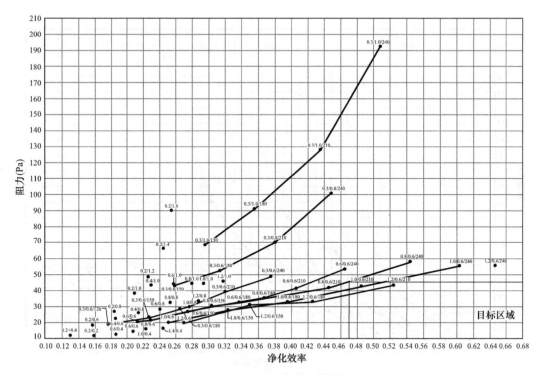

图 11-6　5μm 粒径捕集效果散点图

折线表示离心分离装置阻力和净化效率仅随辐条数量变化的趋势。

度、厚度、数量变化的趋势。

11.3.2　辐条宽度的影响

基于正交模拟结果，整理出当厚度、辐条数量维持原尺寸不变，仅改变辐条宽度的模拟结果。在原结构 0.4mm 宽度的基础上，我们另外选取了 0.5mm、0.6mm、0.7mm、0.8mm、1.0mm、1.2mm、1.4mm、1.6mm 共 8 个宽度，不同辐条宽度时净化效率随粒径变化如图 11-7 所示，粒径 5μm 时净化效率随辐条宽度变化如图 11-8 所示。

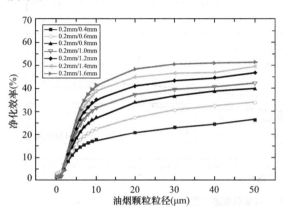

图 11-7　不同辐条宽度时净化效率随粒径变化*

由图 11-7 可知，随着辐条宽度增加，离心分离装置对所选取粒径范围内的油烟颗粒净化效率逐渐提升，表明宽度的增加有利于提高离心分离装置整体净化作用。同时我们从图 11-8 也发现，在辐条宽度增加的同时，阻力也逐渐呈指数攀升。当辐条的宽度为 1.6mm 时，其阻力达到了 90Pa，相比宽度为 0.4mm 的工况增加了 78.3Pa，而净化效率仅增加了 12.4%。

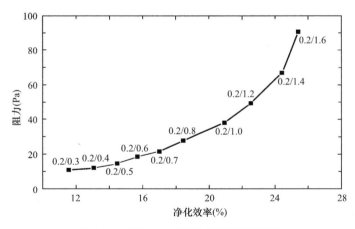

图 11-8　粒径 5μm 时阻力随辐条宽度变化

11.3.3　辐条厚度的影响

同样基于正交模拟结果，整理出当辐条数量维持原尺寸不变，仅改变辐条厚度的模拟结果。共选取 0.4mm、0.6mm、0.8mm、1.0mm 四个不同的辐条宽度的离心分离装置为基础，在每个宽度水平上进行独立的厚度因素分析。在每个宽度基础上，我们选取了 0.2mm、0.4mm、0.6mm、0.8mm、1.0mm、1.2mm 共 6 个厚度水平，粒径 5μm 下净化效率随辐条厚度变化如图 11-9 所示，图中每一条线代表一个辐条宽度，每一条线从左到右分别代表辐条厚度为 0.2mm、0.4mm、0.6mm、0.8mm、1.0mm、1.2mm。

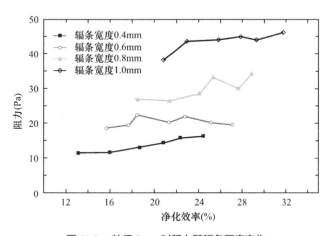

图 11-9　粒径 5μm 时阻力随辐条厚度变化

如图 11-9 所示，首先当辐条宽度为 0.4mm 时，随着辐条厚度增加，离心分离装置的净化效率有明显提升，当厚度提升至 1.2mm 时，净化效率从 13.5% 提高到了约 24%；同时随着效率增加，离心分离装置阻力的增加并不显著，仅增加 5Pa。随后辐条宽度分别为 0.6mm、0.8mm 和 1.0mm 时，可以看到其净化效率和阻力随厚度变化的趋势与辐条宽度为 0.4mm 时基本一致。在所有宽度水平基础上，当辐条的厚度从

0.2mm 增加到 1.2mm 时，辐条的净化效率均有明显提升，同时阻力的增加均不超过 10Pa。因此对于矩形辐条，在设计过程中适当增加辐条厚度以提高效率，是合理有效的措施。

11.3.4　辐条数量的影响

同样基于正交模拟结果，整理出当辐条宽度维持原尺寸不变，仅改变辐条数量的模拟结果。共选取四个不同的辐条厚度的离心分离装置为例，在每个厚度水平上进行独立的厚度因素分析。在每个厚度基础上，我们选取了 $n=120$ 根、$n=150$ 根、$n=180$ 根、$n=210$ 根、$n=240$ 根共 5 个数量水平，粒径 5 μm 时净化效率随辐条数量变化如图 11-10 所示。

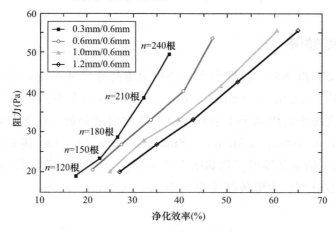

图 11-10　粒径 5 μm 时阻力随辐条数量变化

根据模拟结果，随着辐条数量增加，离心分离装置的净化效率有明显提升，当数量增加到 240 根时，净化效率可提升超过 20%。对辐条厚度为 1.2mm，宽度为 0.6mm 的离心分离装置结构，当辐条数量增加到 240 根时，辐条的效率提升了约 40%。这表明增加辐条数量对提高离心分离装置净化效率是十分有效的。除此之外，从图中也可发现，当辐条厚度为 0.3mm 时，即使辐条数量达到 240 根，也无法满足离心分离装置净化效率要求，因此需要更多的辐条数量以保证净化效率；当辐条厚度为 0.6mm 时，辐条数量增加至 240 根时方才达成净化效率目标；而当辐条厚度为 0.8mm 或 1.0mm 时，也至少需要 200 根的辐条数量以保证效率。而对于当前辐条结构，200 根以上的辐条数量在制作方面难度极大，难以实现。因此，要想通过增加辐条数量来改进净化效率，应考虑从离心分离装置结构上做出改变。

另外，辐条净化效率随着辐条数量增加的同时，可以看到离心分离装置的阻力也随之增加了。对辐条厚度为 1.2mm，宽度为 0.6mm 的离心分离装置结构，当辐条数量增加到 240 根时，阻力增加到了 55.9Pa，增长约 30Pa。可见，增加福条数虽然有助于提高净化效率，但是其对离心分离装置阻力的影响是不能忽视的，如何平衡效率和阻力之间的矛盾，也是后续工作的重点。

11.3.5　其他因素的影响

1. 离心分离装置转速

已知离心分离装置转速是影响辐条和粒径碰撞概率的因素之一，为探究转速对离心分离装置净化效率的作用效果，本次选取 $500\sim2500\mathrm{r/min}$ 范围内共计 5 个转速水平，模拟不同转速下离心分离装置的净化效率。模拟选取了 2 个不同辐条数量的离心分离装置，分别是 $n=120$ 根和 $n=240$ 根，此时离心分离装置辐条的厚度和宽度分别是 1.0mm 和 0.6mm，粒径 $5\mu\mathrm{m}$ 时净化效率随离心分离装置转速变化如图 11-11 所示。

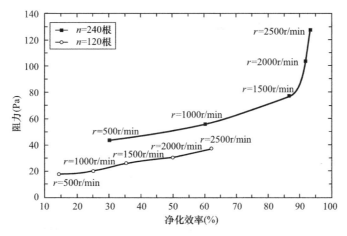

图 11-11　粒径 $5\mu\mathrm{m}$ 时阻力随离心分离装置转速变化

根据模拟结果，随着辐条转速增加，离心分离装置的净化效率有明显提升，同时阻力虽然有所增加，但增加的幅度远小于辐条数量的影响。当辐条数量为 120 根时，当辐条的转速从 500r/min 增加到 2500r/min 时，效率增加了近 50%，同时阻力控制在 40Pa 以下。当辐条数量增加为 240 根时，效率增加更加明显。因此，适当提高转速有利于离心分离装置对油烟颗粒的收集净化。

在实际应用中，直流变频电机吸油烟机大部分情况下的转速在 1000~1500r/min 之间，最高转速可达 2000r/min，因此吸油烟机风机的转速在运行过程中是一个动态过程，并非总是维持在高转速。根据模拟结果，离心分离装置的净化效率随转速增加而提高，因此如在低转速可实现辐条效率的有效提升，则高转速下亦满足效率提升要求。因此在后续模拟工作中，可选择 1000r/min 作为一个相对保守的评估转速，该转速的选取是合理的。

2. 离心分离装置半径

离心分离装置半径的改变会影响烟气的断面风速，可能是离心分离装置过滤效果的重要影响因素之一，为探究离心分离装置半径的作用，除了原始结构（$R=105\mathrm{mm}$）外，另选 120mm、130mm、140mm、150mm 四个半径作为对比，图 11-12 所示为离心分离装置结构。

模拟过程选取了 2 种离心分离装置厚度，分别是 0.6mm 和 1.2mm，此时离心分离装置辐条宽度是 0.6mm，辐条数量为 240 根，粒径 $5\mu\mathrm{m}$ 时净化效率随离心分离装置半径变化如图 11-13 所示。

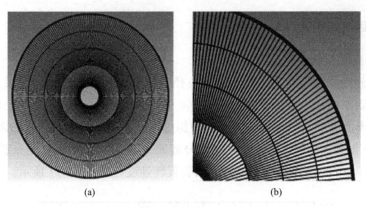

图 11-12 离心分离装置结构（*R*＝150mm）

（a）全部结构；（b）局部结构

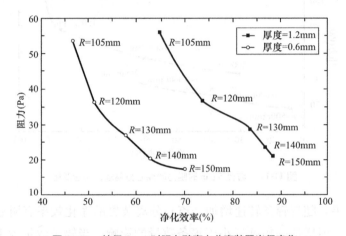

图 11-13 粒径 5μm 时阻力随离心分离装置半径变化

模拟结果显示，随着离心分离装置半径增加，离心分离装置效率有明显的提升，同时整体的阻力也从 105mm 时的 50Pa 左右降至 150mm 时的 20Pa 左右。由于半径增加，离心分离装置附近风速及伴随气流的油烟颗粒运动速度得以下降，使得颗粒与辐条捕集体的捕集体接触概率增加。这表明，如能增加离心分离装置半径，离心分离装置产品对油烟的净化能力将得到大幅度提升。

11.4 离心分离装置结构优化

通过前期多水平正交模拟研究结果，选定辐条等效直径和辐条数量作为离心分离装置结构优化的对象。已知辐条的宽度和厚度对离心分离装置效率和整体阻力水平的作用，另外综合离心分离装置结构稳定性，制作工艺以及成本等因素综合考虑，暂选定 0.6mm 的辐条宽度和 1.0mm 的辐条厚度作为下一步结构形式和辐条数量优化的辐条尺寸。

11.4.1 离心分离装置捕获颗粒沉积分布

在进行结构形式的优化之前，需要了解离心分离装置在捕集过程中的作用区域和作用方式。由于离心分离装置的高速转动对流场的扰动，颗粒在进入离心分离装置的同时做绕轴的离心运动。被捕获的油烟颗粒在离心分离装置上的沉积分布由内向外递增，由此可见，离心分离装置中越靠外的辐条部分对油烟颗粒的捕获作用越明显。

表 11-2 中捕获粒子在离心分离装置辐条上的分布。辐条各表面位置示意图如图 11-14 所示，旋转正向面记作 A 面，旋转背向面记作 C 面，迎风正向面记作 B 面，迎风背向面记作 D 面。在矩形辐条的四个面上，A 面和 B 面是捕集粒子的主要作用面，两者占总捕集数量的 98.4%。而在离心分离装置上由三条圆周辐条划分出的四个面域中，第 1 层辐条捕集比例仅为 1.4%，第 2 层、第 3 层辐条的捕集比例逐渐上升，到第 4 层辐条捕集比

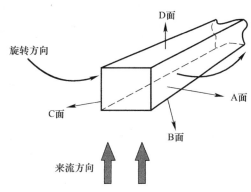

图 11-14　辐条各表面位置示意图

例达到了 35.1%。由此可见，离心分离装置的外层辐条是油烟粒子捕集的重点区域，该结论有助于指导离心分离装置结构优化工作。

捕获粒子在离心分离装置辐条上的分布　　　　　　　　　　　　　　　　表 11-2

	A 面	B 面	A 面＋C 面				
			第 1 层辐条	第 2 层辐条	第 3 层辐条	第 4 层辐条	总计
粒子捕集数	31979	21723	786	3779	8622	19155	32341
捕集比例（%）	58.6	39.8	1.4	6.9	15.8	35.1	59.2

11.4.2 离心分离装置结构优化方案

根据前述捕获粒径分布状态的模拟，我们得知离心分离装置过滤油烟颗粒主要依靠外侧区域。而当前原结构形式中，除最里圈，外圈辐条数一致，使得辐条分布内密外疏，与油烟粒子实际分布截然相反，导致捕集效果事倍功半。

在优化前，考虑离心分离装置结构的分层。分层越多，则设计越精细。由于本产品的半径为 105mm，除去轴心所在区域后，辐条总长度不足 90mm，当分为 5 层时，每层长度仅为不足 18mm，其调整空间相比 4 层辐条增幅不大，同时使结构形式过于复杂，大大增加了加工难度和成本。分为 4 层能够兼顾调整精度和加工成本。同样地，鉴于离心分离装置尺寸较小，每层的辐条长度按照常规形式进行平均划分即可，离心分离装置结构的优化形式如图 11-15 所示。

在前期多水平正交模拟阶段，当外圈辐条数为 240 根（内圈 120 根）时，离心分离装置效率为 60.2%，在所有工况中最高，同时阻力也到了 55.7Pa。离心分离装置结构优化过程如图 11-16 所示，该结构第 2 层辐条数量过密，不利于产品的开发生产，同时第 4

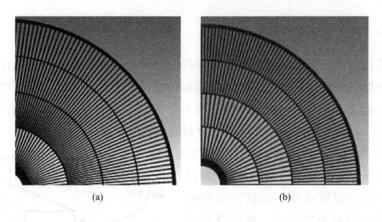

图 11-15　离心分离装置结构的优化形式

(a) 原结构形式；(b) 优化结构形式

层辐条数量相对最为稀疏，因此提出降低第 2 层辐条数量，同时提高第 4 层辐条数量的优化策略，基于此，确定了辐条数量优化的基础工况，其从内向外各层辐条数量为 120 根、180 根、240 根、300 根。结果显示，基础工况的净化效率达到 65.3%。

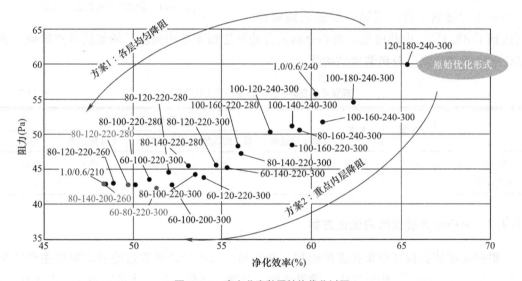

图 11-16　离心分离装置结构优化过程

(60-80-220-300 代表 1-2-3-4 层辐条数)

在优化调整辐条数量过程中，分析了两个优化方案：

（1）由表 11-2 可知，偏外侧的第 3 层辐条和第 4 层辐条承担了绝大部分的颗粒捕集工作，由此可见离心分离装置过滤油烟颗粒主要依靠外侧区域。因此，令外侧辐条尽量保持较高密度，通过降低内侧辐条的数量来降低阻力。第 4 层保持 300 根辐条数量，第 3 层维持 240 根辐条数量，以此保证净化效率；然后减少第 1 层和第 2 层的辐条数量，以此降低阻力；

（2）在优化方案（1）中，当内层辐条过于稀疏时，可能由于内外层阻力差异较大，粒子出现随气流沿内侧区域通过离心分离装置，从而存在导致净化效率的快速下降的可能。因此提出方案（2），即不考虑油烟颗粒在离心分离装置不同区域的分布，仅对各层均匀地进行辐条数优化。

11.4.3　优化方案分析

基于上述优化策略，将优化过程中得到的阻力不足 45Pa 的工况罗列出，部分优化方案的净化效率和阻力如图 11-17 所示。从中可以看出，随着优化过程的推进，净化效率随着辐条数量减少而逐渐下降；阻力也呈现出与净化效率一致的变化趋势，但一直保持在 42Pa 以上。

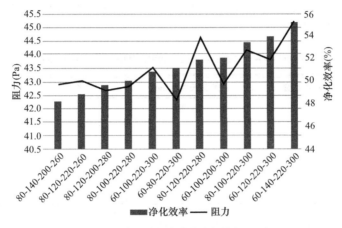

图 11-17　部分优化方案的净化效率和阻力

考虑在离心分离装置优化过程中，辐条的数量逐渐减少，辐条的总长度也会随之减少。为探讨辐条总长度与离心分离装置阻力和净化效率之间的关系，将离心分离装置阻力与辐条总长度罗列出来，部分优化方案的辐条总长度和阻力如图 11-18 所示。

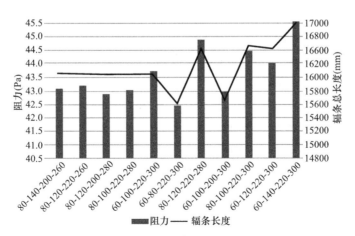

图 11-18　部分优化方案的辐条总长度和阻力

从图中可看到，辐条总长度的变化与阻力的变化一致，两者之间存在明显的相关性。进一步观察发现，当离心分离装置阻力超过 43Pa 时，辐条总长度均在 16200mm 以上。在保证离心分离装置净化效率的同时，如尽可能降低离心分离装置阻力，其辐条总长度应控制在 16200mm 之内。另外，对于辐条数为 80-140-200-260 的方案，其辐条总长度约为 16200mm，净化效率为 48.3%，若进一步减少辐条数量，净化效率将很快降至标准之下，同理见辐条数为 80-120-220-260、80-120-200-280、80-100-220-280 等方案。由此可见，对于直线辐条结构，辐条总长度的下限值不宜过低。结合现有优化方案，宜保证辐条总长度在 15500～16200mm 之间。

在前述工作中，得到了一个初步的直线辐条离心分离装置优化设计指标，即辐条总长度。该指标基于宽度为 0.6mm、厚度为 1.0mm 的辐条尺寸建立，因此对其他辐条尺寸是否适用，尚需验证。选取若干辐条宽度为 0.6mm、厚度为 0.6mm 的离心分离装置方案，通过模拟对辐条总长度指标的适用性进行验证，不同辐条总长度下离心分离装置的模拟结果如表 11-3 所示。

不同辐条总长度下离心分离装置的模拟结果（0.6mm/0.6mm）　　　　表 11-3

	各层辐条数量	辐条总长度（mm）	净化效率（%）	阻力（Pa）
方案 1	80-140-200-260	16080	37.6	37.5
方案 2	60-90-225-300	15936	38.3	38.2
方案 3	60-90-144-240	13007	30.3	32.5
方案 4	72-96-144-180	12190	26.1	27.8
方案 5	72-90-150-225	13102	29.7	31.8

由以上方案 3～方案 5 的模拟结果可知，辐条总长度不足对应了离心分离装置净化效率和阻力的低数值。而对于方案 1 和方案 2，虽然辐条总长度均满足指标要求，但其净化效率和阻力均大幅度低于辐条厚度为 1.0mm 时同等辐条总长度的方案的结果（图 11-17）。这表明，对于直辐条结构的离心分离装置，辐条的总长度不是影响其性能的唯一因素，还应考虑辐条的厚度和宽度水平。综合辐条总长度和辐条的厚度、宽度，可以得到一个辐条总面积指标。考虑前文颗粒在辐条不同表面上的沉降规律，我们可认为 A 面和 B 面表面积是辐条总面积中有效面积，C 面和 D 面由于对颗粒的捕集十分有限，可认为是无效面积。因此，对辐条总面积进行改进，最终得到一个新的评价指标——辐条总有效面积，记作 S_e。下面给出辐条总有效面积的公式：

$$S_e = (l_A + l_B) \times (n_1 \cdot l_1 + n_2 \cdot l_2 + n_3 \cdot l_3 + n_4 \cdot l_4 + L_c) \tag{11-5}$$

式中　l_A——矩形辐条的厚度，mm；

　　　l_B——矩形辐条的宽度，mm；

　　　l_1——第 1 层每根辐条的长度，mm；

　　　l_2——第 2 层每根辐条的长度，mm；

　　　l_3——第 3 层每根辐条的长度，mm；

　　　l_4——第 4 层每根辐条的长度，mm；

　　　n_1——第 1 层辐条的数量，根；

　　　n_2——第 2 层辐条的数量，根；

　　　n_3——第 3 层辐条的数量，根；

　　　n_4——第 4 层辐条的数量，根；

L_c——圆周辐条的总长度，mm。

已知厚度 1.0mm 的离心分离装置，当其辐条总长度在 15500～16200mm 时，可以较好地兼顾离心分离装置的净化效率和阻力；此时，其对应的辐条总有效面积的范围是 24800～25920mm^2。

11.4.4　推荐离心分离装置优化结构

基于上述辐条总有效面积评价指标，共计优选出三个离心分离装置优化结构，优化后所选取优化结构如表 11-4 所示。

优化后所选取优化结构　　　　　　　　　　　　　　表 11-4

	各层辐条数量	辐条总有效面积（mm²）	净化效率（%）	阻力（Pa）
优化结构 1	80-140-200-260	25728	48.3	42.9
优化结构 2	60-80-220-300	24998	51.1	42.3
优化结构 3	80-120-200-280	25715	49.7	42.7

从表 11-5 中的优化结构模拟结果对比可知，所选出的三个离心分离装置优化结构均能保证对油烟的净化效率提升 30% 以上，同时，其阻力也控制在 42～43Pa。

优化结构模拟结果对比　　　　　　　　　　　　　　表 11-5

	原结构	优化结构 1	优化结构 2	优化结构 3
净化效率（%）	17.6	48.3	51.3	49.7
阻力（Pa）	17.3	42.9	42.3	42.7

11.5　装置优化方案适宜性分析

11.5.1　离心分离装置风量损失评估

在确保离心分离装置净化效率达标的同时，其阻力必须控制在一定水平，否则会产生较大风量损失，从而引起厨房烹饪过程中产生的油烟不能被有效排出。因此，需对离心分离装置结构进行准确评估，确保其安装后产生的风量损失在可容许范围内。在评估过程中，选用了市场常见两种品牌吸油烟机作为评估对象，安装前运行风量为 720m^3/h。图 11-19 所示为不同风机运行状态下的风量损失对比。

离心分离装置风量损失对比如表 11-6 所示。从中可知，当安装前运行风量为 720m^3/h 时，在品牌 A 高速挡下，安装离心分离装置后的实际风量为 585m^3/h，损失了 135m^3/h。当把离心分离装置运用在品牌 A 爆炒挡和品牌 B 时，风量损失分别仅有 45m^3/h 和 42m^3/h，此时离心分离装置结构能够满足 1m^3/min 的风量损失要求。

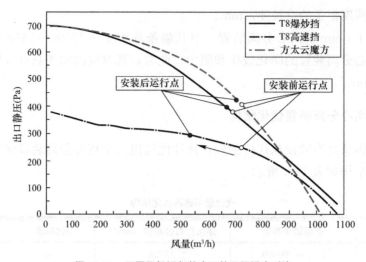

图 11-19　不同风机运行状态下的风量损失对比

离心分离装置风量损失对比　　　　　　　　　　　　　表 11-6

	原静压（Pa）	运行静压（Pa）	运行风量（m³/h）	损失风量（m³/h）
品牌 A 高速挡	248	290	585	135
品牌 A 爆炒挡	357	399	675	45
品牌 B	407	449	678	42

11.5.2　离心分离装置阻力评估

　　为挖掘离心分离装置潜能，研究进一步对离心分离装置的阻力展开评估，探寻当风量损失为 $1m^3/min$ 的情况下，离心分离装置的允许阻力上限。评估过程中同样选用品牌 A 爆炒挡、高速挡，以及品牌 B 作为评估对象，安装前运行风量为 $600m^3/h$。图 11-20 即基于 $1m^3/min$ 风量损失的允许压降对比。

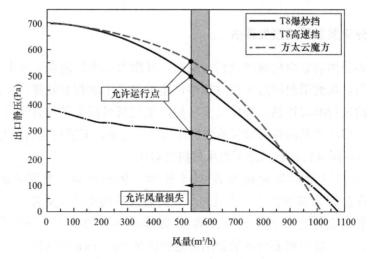

图 11-20　基于 $1m^3/min$ 风量损失的允许压降对比

安装离心分离装置压力损失对比如表 11-7 所示。从中可知，在品牌 A 高速挡下，若保证风量损失在 $1m^3/min$ 以下，安装离心分离装置后的压力损失即离心分离装置阻力不得超过 16Pa。考虑离心分离装置原结构 2 在 $720m^3/h$ 下的阻力已达 17.3Pa，对品牌 A 高速挡而言，$1m^3/min$ 的风量损失难度极大。而对于品牌 A 爆炒挡和品牌 B，其适用的离心分离装置阻力上限分别为 46Pa 和 44Pa。再次表明，所选取的优化结构可以满足离心分离装置阻力要求。

安装离心分离装置压力损失对比　　　　　　　　　　　表 11-7

	原静压（Pa）	运行静压（Pa）	压力损失（Pa）
T8 高速挡	278	294	16
T8 爆炒挡	454	500	46
方太云魔方	508	552	44

11.6　本章小结

本章完成了矩形直辐条结构的离心分离装置多水平正交模拟工作，对辐条厚度、辐条宽度、辐条数量、离心分离装置转速、离心分离装置半径等影响因素进行了系统分析。采用各层均匀降阻和重点内层降阻相结合的策略，以此开展并完成了矩形直线辐条离心分离装置结构的优化工作；总结出了离心分离装置优化设置评价指标—辐条总有效面积及其表达式，并初定了该指标在矩形直线辐条形式下的取值范围。模拟结果初步显示，该指标对不同辐条尺寸的矩形直线辐条结构具备良好的适用性，可以实现离心分离装置的快速优化设计；得到了满足总有效面积指标要求的三种离心分离装置优化结构；基于风量损失评估和允许阻力损失评估对优化结构进行了适宜性分析，结果表明所推荐的离心分离装置结构可以满足油烟净化效率提升 30% 及风量损失控制在 $1m^3/min$ 内的要求。

参考文献

[1] He Lianjie，Wu Yuhang，Gao，Jun，Zhang，et al．Flow resistance and particle separation efficiency of a rectangular-spoke rotating disk：Influence of spoke configuration and number［J］．Separation and Purification Technology，2024（335）：126169．

[2] Wu Yuhang，He Lianjie，Lv Lipeng，et al．Parametric analysis of a rotating disk for cooking oil fume particle removal．Building and Environment．2021（204）：108121．

[3] 张大鲁．橡胶加工领域的废气净化系统［J］．中国轮胎资源综合利用，2013（6）：17-20．

[4] R Kumar，J K Nagar，N Raj，et al．Impact of domestic air pollution from cooking fuel on respiratory allergies in children in India［J］．Asian Pac．J．Allergy Immunol．，2008，26（4）：213-222．

[5] B Du，J Gao，J Chen，et al．Particle exposure level and potential health risks of domestic Chinese cooking［J］．Build．Environ．，2017（123）：564-574．

[6] W To，L Yeung，Effect of fuels on cooking fume emissions［J］．Indoor Built Environ，2011，20（5）：555-563．

[7] C Wu，X Liang，Q Yuan，Fuzzy event tree analysis of cooking fume duct fire accident（In Chinese）［J］．Fire

　　　　Saf. Sci，2009，18（1）：10-14.

[8]　Z Guo，Y Wang. Experiment study on fire hazard of two type grease residues in exhaust duct of commercial kitchen［M］. New York：Ieee，2017.

[9]　C. N. 戴维斯. 空气过滤［M］. 北京：原子能出版社，1979.

[10]　Soole B W. Design of rotary filament filters for continuous separation of particles from fast-flowing gases［J］. Staub-Reinhalt. Luft，1968，28（7）：274-279.

[11]　Shaw，M J，Kuhlman. Aerosol filtration/sampling device based on irrigated rotating wires—（2）Experimental［J］. Environ Eng Sci，2003，20（2）：117-123.

[12]　孙道永. 动态网盘式净化器净化效率研究及控制系统设计［D］. 武汉：武汉理工大学，2009.

[13]　Taipale T，Heinonen K，Lehtimaki M. A novel grease removal system for kitchen ventilation［C］. Proceedings of Ventilation. 2012.

[14]　Wu Y，He L，Lv L，et al. Parametric analysis of a rotating disk for cooking oil fume particle removal［J］. Building and Environment，2021（204）：108121.

[15]　关醒凡. 现代泵理论与设计［M］. 北京：中国宇航出版社，2011.

[16]　何希杰，劳学苏. 低比速离心泵圆盘摩擦损失功率若干计算公式的精度评价［J］. 水泵技术，2010，（5）：16-20.

[17]　Daily J W，Nece R E. Chamber Dimension Effects on Induced Flow and Frictional Resistance of Enclosed Rotating Disks［J］. Journal of Basic Engineering，1960，82（1）：217-230.

[18]　刘厚林，谈明高，袁寿其. 离心泵圆盘损失计算［J］. 农业工程学报，2006，22（12）：107-109.

[19]　钱晨. 低比转速离心泵圆盘损失计算的探讨及内部流动特征的数值分析［D］. 兰州：兰州理工大学，2012.

[20]　董玮，楚武利. 离心泵叶轮平衡腔内液体流动特性及圆盘损失分析［J］. 农业机械学报，2016，47（4）：29-35.

[21]　Walsh M J. Riblets as a Viscous Drag Reduction Technique［J］. AIAA Journal，1983，21（4）：485-486.

[22]　Yuji S，Nobuhide K. Turbulent Drag Reduction Mechanism above a Riblet Surface［J］. AIAA Journal，1994，32（9）：1781-1790.

[23]　Goldstein D B，Tuan T C. Secondary Flow Induced by Riblets［J］. Journal of Fluid Mechanism，1998（363）：115-151.

[24]　Abbas A，Bugeda G，Ferrer E，et al. Drag Reduction via Turbulent Boundary Layer Flow Control［J］. Science China Technological Sciences，2017，60（9）：1281-1290.

第 12 章　吸油烟机捕集效率重构

住宅厨房受限空间内，吸油烟机排风抽吸、烹饪热羽流卷吸膨胀以及有/无组织补风气流挤压等耦合作用下的流体动力学机理复杂，烹饪油烟污染捕集/逃逸机制不明晰，尚未形成统一、科学、有效的吸油烟机捕集效率定义及其确定方法。前述以吸油烟机总捕集量建立的常态气味降低度、捕集效率等指标难以有效辨识不同吸油烟机产品间的捕集性能差异，即吸油烟机局部排风源头捕集能力、全面排风稀释排污能力这两个方面的差异。本章拟从厘清厨房空间复杂流场特征与污染扩散运动机制出发，深入剖析吸油烟机局部排风源头捕集与全面排风空间稀释的耦合作用关系，研究开展吸油烟机捕集效率、排污效率等指标的科学重构，分析明确相关指标精准辨识所面临的瓶颈。进一步地从稳态空间分离和动态时间分离两个维度出发，构思探索吸油烟机捕集效率辨识方法。

12.1　吸油烟机捕集效率重构

12.1.1　直接捕集效率与回流捕集效率

吸油烟机排风抽吸、开窗补风（或关窗有组织补风）气流及烹饪热羽流共同作用，形成了厨房受限空间内相对独立的流场，且可划分为烹饪区和非烹饪区两个通过流动界面紧密关联的区域。

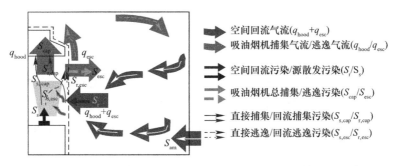

图 12-1　住宅厨房受限空间内复杂气流形式及烹饪油烟污染的捕集和逃逸机制·

图 12-1 描绘了住宅厨房受限空间内复杂气流形式及烹饪油烟污染的捕集和逃逸机制。将吸油烟机外沿垂直投影至灶台面且与灶台围合而成的烹饪油烟污染控制区域定义为烹饪区，剩余厨房空间定义为非烹饪区。在烹饪区，吸油烟机总捕集量 S_{cap} 包含了两部分：（1）在烹饪热羽流抬升和排风汇流抽吸的耦合作用下，从烹饪散发源头直接捕集排出的污染物量，即直接捕集量 $S_{s,cap}$；（2）在烹饪热羽流卷吸膨胀或补风等干扰气流挤压作用下，烹饪油烟污染随逃逸气流运动扩散进入非烹饪区后，随吸油烟机抽吸形成的

空间回流气流进入烹饪区且被吸油烟机再次捕集排出的污染物量,即回流捕集量 $S_{r,cap}$。

显然,直接捕集量表征了吸油烟机作为局部排风装置的源头直接捕集能力。从吸油烟机局部排风的源头捕集能力辨识出发,采用吸油烟机的直接捕集效率指标进行吸油烟机局部排风捕集性能评价,其计算公式为:

$$\eta_d = \frac{S_{s,cap}}{S_s} = \frac{S_{cap} - S_{r,cap}}{S_s} \tag{12-1}$$

式中 η_d——吸油烟机的直接捕集效率,%;

S_s——烹饪源头的油烟污染散发量,kg/s;

$S_{s,cap}$——吸油烟机的烹饪油烟污染直接捕集量,kg/s;

S_{cap}——吸油烟机的烹饪油烟污染总捕集量,kg/s,其可通过吸油烟机运行排风量和排风口浓度测试或计算获取,当在稳态条件下且厨房空间无其他排风口时,则烹饪油烟污染总捕集量等于源头油烟污染散发量;

$S_{r,cap}$——吸油烟机的烹饪油烟污染回流捕集量,kg/s。

吸油烟机的直接捕集效率 η_d 高(即直接捕集量 $S_{s,cap}$ 大),表明吸油烟机局部排风的源头捕集能力强,相应地,稳态下的回流捕集量 $S_{r,cap}$ 小。而回流捕集量则归结为吸油烟机全面排风的稀释排污作用,但回流捕集量 $S_{r,cap}$ 的大小,并不能完全表征厨房空间物浓度或含量(即回流污染通量 S_r)的高低,还与二次逃逸 $S_{r,esc}$ 有关。二次逃逸实际上取决于吸油烟机对假想空间污染源的捕集性能,若该捕集性能越好,则二次逃逸 $S_{r,esc}$ 越少。

为完全表征厨房空间污染物浓度水平,充分反映吸油烟机全面排风的空间稀释排污能力,可将空间的逃逸堆积油烟污染视作一空间虚拟污染源,并参照直接捕集效率计算方法,定义以吸油烟机全面排风的空间污染捕集能力为表征的吸油烟机的回流捕集效率,即吸油烟机的烹饪油烟污染回流捕集量与空间回流污染通量之比,计算公式如下:

$$\eta_r = \frac{S_{r,cap}}{S_r} \tag{12-2}$$

式中 η_r——吸油烟机的回流捕集效率,%;

S_r——空间回流污染通量,kg/s。

总的来说,只有当吸油烟机的直接捕集效率高(局部排风源头捕集能力强)且吸油烟机的回流捕集效率也高(全面排风空间捕集能力强)的情况下,厨房空间污染物浓度或含量就低。吸油烟机的直接捕集效率、回流捕集效率明确表征了吸油烟机局部排风和全面排风双重功能的捕集能力。下面将进一步围绕吸油烟机局部排风源头直接捕集和全面排风空间回流捕集的复杂关系辨识,从厨房空间污染物浓度控制水平出发,应用直接捕集量和回流捕集量对传统排污效率指标进行重构。

12.1.2 直接排污效率与回流排污效率

如上所述,吸油烟机的烹饪油烟污染总捕集量 S_{cap} 包含了源头直接捕集量 $S_{s,cap}$ 和回流捕集量 $S_{r,cap}$ 这两个部分。而在吸油烟机等典型局部排风场景下,传统排污效率指标实际上是排风装置局部排风直接捕集和全面排风空间回流捕集两个部分综合排污能力的体现,且在局部排风直接捕集的主导作用下(局部排风下,污染源通常距排风口较近),该值往往远大于 1，难以真实反映该场景下全面通风气流组织模式的优劣。为此，围绕传统排污效率计算方法（假定房间污染进风浓度为 0），可进行如下分解：

$$\varepsilon = \frac{C_e}{\overline{C}} = \frac{S_{cap}/Q_e}{\overline{C}} = \frac{(S_{s,cap} + S_{r,cap})/Q_e}{\overline{C}} = \frac{(C_{s,e} + C_{r,e})}{\overline{C}} = \varepsilon_d + \varepsilon_r \tag{12-3}$$

$$\varepsilon_d = \frac{C_{s,e}}{\overline{C}} = \frac{S_{s,cap}/Q_e}{\overline{C}} \tag{12-4}$$

$$\varepsilon_r = \frac{C_{r,e}}{\overline{C}} = \frac{S_{s,cap}/Q_e}{\overline{C}} \tag{12-5}$$

式中　ε——吸油烟机的总排污效率，无量纲；

　　ε_d——吸油烟机的直接排污效率，无量纲；

　　ε_r——吸油烟机的回流排污效率，无量纲；

　　Q_e——吸油烟机的排风量，m^3/h；

　　C_e——吸油烟机总捕集量贡献所对应的污染物排风浓度，mg/m^3；

　　$C_{s,e}$——吸油烟机直接捕集量贡献所对应的污染物排风浓度，mg/m^3；

　　$C_{r,e}$——吸油烟机回流捕集量贡献所对应的污染物排风浓度，mg/m^3；

　　$\overline{C}$——厨房空间污染平均浓度，mg/m^3。

这样，在吸油烟机等典型局部排风场景下，就可以将基于总捕集排风浓度的排污效率指标分解为直接排污效率和回流排污效率。其中，直接排污效率，即体现了吸油烟机局部排风源头直接捕集的排污能力；回流排污效率，则体现了吸油烟机全面排风空间回流捕集的排污能力。直接排污效率越大，表明相应场景下的吸油烟机局部排风可以排出更多的源头散发污染；而回流排污效率越大，则表明相应场景下的厨房空间气流组织能够快速、有效地排出逃逸至厨房空间的污染物。

12.1.3　直接捕集/回流捕集辨识的关键问题

基于上述分析，若能在厨房流场中将直接捕集和回流捕集科学辨识出来，则以直接捕集效率、直接排污效率表征的吸油烟机局部排风源头直接捕集能力和以回流捕集效率、回流排污效率表征的吸油烟机全面排风稀释排污能力就能实现了。不难发现，吸油烟机的直接捕集与回流捕集在空间上有融合、时间上有重叠，这给吸油烟机捕集效率的科学辨识带来了极大挑战。通过第 2 章关于现有厨房通风污染控制评价方法的分析，可以发现，目前吸油烟机直接捕集和回流捕集尚缺乏科学合理的分离量化方法，已成为吸油烟机捕集效率科学辨识的关键问题，亟待突破。

本书拟将从稳态空间分离和动态时间分离两个维度，分别开展吸油烟机直接捕集和回流捕集的精准辨识研究，并推动建立吸油烟机直接捕集效率等指标的计算及测定方法，为吸油烟机捕集性能科学辨识与优化提升奠定基础。

12.2　基于空间分离的回流污染通量分配法

围绕稳态空间维度下吸油烟机直接捕集与回流捕集的分离量化，本书拟先尝试从烹饪区流动界面复杂的双向气流特征（逃逸气流与回流气流）出发，厘清非烹饪区空间回流污染通量的分配量化机制，进一步引入基于风量的回流污染通量分配修正系数并研究其确定方法，以实现回流捕集准确分离量化。

12.2.1　回流捕集分离量化

依据 3.1 节将厨房空间划分为烹饪区和非烹饪区两个通过流动界面紧密关联的区域（图 12-1）。受烹饪热羽流卷吸膨胀、补风气流挤压及吸油烟机排风气流抽吸等综合作用影响，在烹饪区和非烹饪区的流动界面上存在复杂的双向交换气流（即逃逸气流与回流气流）。部分烹饪源头散发污染 S_s 在热羽流抬升膨胀或补风气流挤压等扰动作用下，随着逃逸气流由烹饪区运动扩散至非烹饪区，而后在吸油烟机抽吸及烹饪热羽流卷吸的耦合作用下随回流气流进入烹饪区。从厨房非烹饪区进入烹饪区的回流污染通量 S_r，一部分被吸油烟机捕集排出，即为回流捕集通量 $S_{r,cap}$；另一部分再次逃逸至非烹饪区，即为回流逃逸通量 $S_{r,esc}$。那么，回流污染通量 S_r 是如何分配到回流捕集 $S_{r,cap}$ 和回流逃逸 $S_{r,esc}$？这是破解直接捕集、回流捕集准确分离量化难题的关键。

回归到烹饪污染运动扩散的机理层面，在厨房受限空间流场条件下，烹饪污染运动扩散主要依赖于空间气流的湍流扩散运动，可以认为回流污染通量大体上按照风量进行分配。在回流污染通量从厨房非烹饪区空间回流进入烹饪区后，按照其被捕集或逃逸的路径，即可以对吸油烟机捕集气流质量流量和逃逸气流质量流量进行分配；考虑烹饪区内及其流动界面附近局部流场的高度复杂特性（烹饪热源羽流、补风横向气流挤压及吸油烟机抽吸气流复杂耦合作用所致），进一步引入基于风量的回流污染通量分配修正系数，以推动实现回流捕集准确分离量化。显然，在现有条件下，通过实验测试方法准确测定回流污染通量、精准捕捉烹饪区与非烹饪区流动界面的逃逸气流质量流量，尚存在较大的困难和技术瓶颈。但利用计算机数值仿真提供的详细空间流场信息和污染分布动力学特征，则有望解决回流污染通量和逃逸气流质量流量确定的难题，进而可以实现回流捕集的准确分离量化。具体实现方法介绍如下：

基于 CFD 数值计算的稳态空间流场及浓度场分布信息，通过烹饪区与非烹饪区流动界面上各网格节点的法向速度方向进行判定，并利用各网格节点质量流量与对应的质量分数计算得到回流污染通量 S_r：

$$S_r = \sum q_{m,in}(i,j) \times y(i,j) \tag{12-6}$$

式中　　　i——烹饪区与非烹饪区的流动界面编号（包含吸油烟机前侧及左右两侧）；

j——流动界面上的网格节点编号；

$q_{m,in}(i,j)$——从流动界面 i 上网格节点 j 的回流空气质量流量，kg/s；

$y(i,j)$——对应网格节点的污染质量分数，%。

在厨房空间气流湍流运动扩散为主要驱动力的条件下，厨房空间烹饪污染回流污染通量 S_r 可认为基本上按照吸油烟机排风气流质量流量 q_{hood} 与烹饪区与非烹饪区流动边界溢出气流质量流量 $q_{m,esc}$ 进行分配；考虑烹饪区内及其流动界面附近局部流场的高度复杂特性的影响，引入基于风量的回流污染通量分配修正系数 α，便可计算确定出回流捕

集量 $S_{\mathrm{r,cap}}$：

$$S_{\mathrm{r,cap}} = S_{\mathrm{r}} \times \alpha \times \frac{q_{\mathrm{hood}}}{q_{\mathrm{hood}} + q_{\mathrm{m,esc}}} \tag{12-7}$$

$$q_{\mathrm{m,esc}} = \sum q_{\mathrm{m,out}}(i,j) \tag{12-8}$$

式中　　q_{hood}——吸油烟机排风质量流量，kg/s；

$\qquad q_{\mathrm{m,esc}}$——烹饪区与非烹饪区各流动界面的总逸气流质量流量，kg/s；

$q_{\mathrm{m,out}}(i,j)$——从流动界面 i 上网格节点 j 的溢出空气质量流量，kg/s；

$\qquad\qquad \alpha$——基于风量的回流污染通量分配修正系数。

上述提及的烹饪区与非烹饪区各流动界面网格节点的回流空气质量流量 $q_{\mathrm{m,in}}(i,j)$ 及其对应的污染质量分数 $y(i,j)$、溢出空气质量流量 $q_{\mathrm{m,out}}(i,j)$，均可通过 UDF (User Defined Function，用户自定义函数) 代码编译获取。

实际上，结合回流捕集效率定义及计算公式 (12-2)，若将非烹饪区空间的回流污染通量 S_{r} 视为一虚拟空间污染源，回流捕集分离量化结果实际上便取决于吸油烟机对虚拟空间污染源的回流捕集效率。根据回流捕集效率的计算公式 (12-2)，式 (12-7) 则可转化为：

$$\eta_{\mathrm{r}} = \frac{S_{\mathrm{r,cap}}}{S_{\mathrm{r}}} = \alpha \times \frac{q_{\mathrm{hood}}}{q_{\mathrm{hood}} + q_{\mathrm{m,esc}}} \tag{12-9}$$

因此，从吸油烟机对虚拟空间污染源的捕集层面来看，基于风量的回流污染通量分配修正系数 α 则是基于捕集风量和逸气风量计算吸油烟机回流捕集效率的一个修正系数，又可称为基于风量的回流捕集效率修正系数。

为了实现回流捕集的准确分离量化，尚需进一步研究确定基于风量的回流污染通量分配修正系数 α（或基于风量的回流捕集效率修正系数）。

12.2.2　基于风量的回流污染通量分配修正系数确定方法

基于风量的回流污染通量分配修正系数 α 是解决吸油烟机直接捕集/回流捕集准确分离量化这一复杂问题的关键参数。空间回流污染来源于住宅厨房受限空间的非烹饪区，在吸油烟机抽吸和烹饪热羽流卷吸双重驱动下，随厨房空间回流气流进入烹饪区，而后部分被吸油烟机抽吸气流捕集排出，剩余部分随烹饪热羽流膨胀或干扰气流挤压再次逸散至非烹饪区空间。因此，空间回流污染通量及其分配主要与厨房空间多股复杂气流综合作用所形成的流场分布及空间污染浓度分布有关。在实际住宅厨房烹饪场景下，烹饪热羽流、吸油烟机排风抽吸气流、厨房补风气流等共同作用形成的复杂空间流场分布主要受烹饪热源强度、吸油烟机排风量及其流体动力学结构形式、补风方式等因素影响。另外，在实际厨房的非烹饪区空间，受厨房热分层作用，烹饪溢出污染则通常积聚在厨房非烹饪区的上部空间。

为研究确定基于风量的回流污染通量分配修正系数这一关键参数，本书建立了污染源、烹饪热源独立散发的场景，即在非烹饪区设置污染散发源，烹饪区仅保留烹饪热散发源、而无污染散发源；则在该场景下，吸油烟机的捕集量即为回流捕集量，这样既保证了与实际烹饪场景一致的空间流场，同时又解决了实际烹饪场景下烹饪区散发污染源与非烹饪区空间回流污染源共存所带来的直接捕集/回流捕集准确分离的难题，如图 12-2 所示为厨房空间污染源及窗户污染源位置示意图。

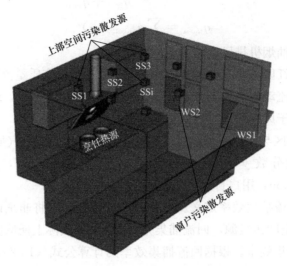

上部空间污染散发源

SS3

SS2

SS1　　SSi

WS2

WS1

烹饪热源

窗户污染散发源

图 12-2　厨房空间污染源及窗户污染源位置示意图[*]

考虑烹饪溢出污染通常积聚在非烹饪区上部空间，通过在上部空间设置若干散发量独立设定的污染释放源（SS1、SS2…SSi…），实现污染源同时均匀散发或独立散发，以复现实际烹饪过程中上部空间均匀或非均匀污染积聚场景；同时考虑不同补风口位置的窗户污染散发源（WS1、WS2）。通过 CFD 数值仿真获取污染源、烹饪热源独立散发场景下的厨房空间流场及浓度场分布详细信息，计算得到回流污染通量 S_r[式（12-6）]、回流捕集量 $S_{r,cap}$（即吸油烟机污染捕集量）、吸油烟机排风质量流量 q_{hood}、流动界面总逃逸气流质量流量 $q_{m,esc}$[式（12-8）]，而后利用式（12-7）便可确定相应空间流场下的基于风量的回流污染通量分配修正系数 α。

12.3　基于空间分离的非烹饪区虚拟净化法

围绕稳态空间维度下吸油烟机直接捕集与回流捕集的分离量化，有别于前述回流捕集分离量化方法（回流污染通量分配法），本书拟进一步尝试采用 CFD 数值分区虚拟净化方法，以剔除非烹饪区空间回流捕集量的干扰，直接获得吸油烟机的直接捕集量。

为确定吸油烟机局部排风功能对烹饪污染散发源的直接捕集量，则需要从吸油烟机污染总捕集量中剔除源于吸油烟机全面排风功能所带来的非烹饪区空间回流捕集量的干扰。前述回流污染通量分配法利用 CFD 数值仿真提供丰富的空间流场及浓度场分布信息，研究提出了回流污染通量分配及其分配系数确定方法，完成了厨房复杂空间流场条件下回流捕集量的精准辨识，进而实现了吸油烟机直接捕集量/回流捕集量的准确分离量化。那么，是否可以利用在厨房非烹饪区空间设置净化器，实现非烹饪区污染完全净化以消除空间回流污染源，使吸油烟机污染捕集完全来自烹饪区的污染散发源，即吸油烟机捕集完全为直接捕集呢？显然，现阶段尚无法通过实验手段实现厨房非烹饪区空间污染完全净化，且不影响厨房空间的既有流场分布。

　　本书尝试采用基于计算流体动力学的分区虚拟净化技术，通过对特定计算域的人工设定，将厨房非烹饪区空间的污染物"清零"，以彻底消除空间回流污染源，这样计算出的吸油烟机总捕集量即为仅来自烹饪区源头散发的直接捕集量。在厨房空间建模及边界设置过程中，将厨房空间划分为烹饪区和非烹饪区两个通过流动界面紧密关联的区域，通过在相对独立的非烹饪区计算域，采用数值虚拟净化方法给予非烹饪区"清零"赋值，以覆盖数值迭代计算过程中所得到的质量分数数值。即在厨房空间流场和浓度场的数值仿真迭代计算过程中，从烹饪区逃逸进入非烹饪区的污染物都将被完全净化，便实现了厨房非烹饪区空间的污染物"清零"。这样，来自厨房非烹饪区空间的回流污染通量 S_r 即为 0，相应地，吸油烟机回流捕集量 $S_{r,cap}$ 也为 0，此时计算得到的吸油烟机总捕集量即为其直接捕集量 $S_{s,cap}$。非烹饪区虚拟净化方法，有望形成一种相对简洁且精准的直接捕集分离量化方法，并可用于验证前述以回流捕集分离量化为导向的空间回流污染通量分配方法。

12.4　基于时间分离的直接捕集排风浓度峰值法

　　前述的回流污染通量分配法和非烹饪区虚拟净化法均是从稳态空间分离维度出发，借助 CFD 数值计算方法完成直接捕集/回流捕集准确分离量化，实现吸油烟机直接捕集效率精准辨识；但均难以推动建立吸油烟机直接捕集效率的实验测定方法。另外，厨房空间污染非均匀分布，使得已有采用空间特征点浓度量化表征回流捕集的方法存在较大的局限性。因此，从动态时间分离维度出发，本书尝试将空间三维复杂的污染浓度信息映射到时间一维坐标，聚焦吸油烟机油烟污染动态捕集过程，明晰直接捕集/回流捕集的动态形成机理，研究分析排风浓度动态变化规律，进一步推动建立吸油烟机直接捕集量化计算及其实验测定方法。

　　关注吸油烟机油烟污染的动态捕集过程，不难发现，在烹饪热羽流抬升和吸油烟机排风气流抽吸的综合作用下，一部分烹饪源头散发污染直接被吸油烟机快速捕集排出，即直接捕集，其未曾逃离烹饪区，污染物驻留时间短。而在烹饪热羽流卷吸膨胀扩散、补风气流挤压等扰动作用下，剩余部分的烹饪源头散发污染则随逃逸气流逃离烹饪区，并经历逃逸-扩散-回流-捕集等过程后被吸油烟机排出，即回流捕集；其逃离烹饪区且在非烹饪区运动扩散，污染物驻留时间则相对较长。从吸油烟机的动态捕集过程理论分析，回流捕集在时间上具有一定的滞后性。因此，基于回流捕集形成的时间滞后性，有望通过快速捕捉仅直接捕集独立贡献形成的排风浓度一次峰值，进而实现直接捕集、回流捕集准确分离量化，即直接捕集排风浓度峰值法。

　　为阐明吸油烟机直接捕集/回流捕集的动态形成机理，在厨房空间稳态流场基础上开展特征污染物稳定持续释放的动态仿真研究，本节重点从方法论层面阐述基于时间分离的直接捕集排风浓度峰值法，可获得两种不同运行排风量下（Q_1、Q_2），两种排风量下

SF$_6$ 稳定持续释放的排风浓度动态变化如图 12-3 所示，图中 $Q_1 < Q_2$。从图中可以看出，在烹饪热羽流抬升、吸油烟机排风抽吸及特征污染物对流扩散的综合作用下，排风浓度快速上升并达到了稳定浓度峰值 C_1，此浓度峰值可认为仅由直接捕集所贡献。另一方面，一些特征污染物经历了从烹饪区逃逸、非烹饪区扩散与回流等过程（图 12-4），再次进入烹饪区且被吸油烟机捕集的部分则形成了回流捕集。在回流捕集的贡献下，排风浓度进一步缓慢上升，并最终达到了稳定浓度峰值 C_2，此浓度峰值由吸油烟机总捕集（直接捕集＋回流捕集）所贡献。

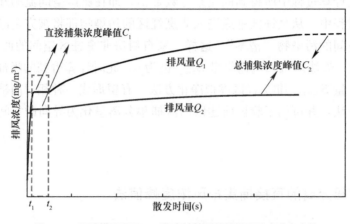

图 12-3   两种排风量下 SF$_6$ 稳定持续释放的排风浓度动态变化

在受限厨房空间且无其他排风口条件下，达到稳定状态时的总捕集浓度峰值 C_2 实际上等于烹饪源头的油烟污染源散发量与吸油烟机排风质量流量之比（S_s/q_{hood}）。基于上述分析可知，在直接捕集浓度峰值 C_1 阶段，吸油烟机的污染捕集速率（空间回流捕集尚未到来，其仅由直接捕集所贡献）与源散发速率之比，即可视为吸油烟机局部排风的直接捕集效率，计算公式如下：

$$\eta_d = \frac{S_{s,cap}}{S_s} = \frac{S_{cap}}{S_s} = \frac{Q_e \times C_1}{Q_e \times C_2} = \frac{C_1}{C_2} \tag{12-10}$$

式中 C_1——仅由吸油烟机直接捕集贡献形成的排风浓度峰值，mg/m^3 或 ppm；

C_2——由吸油烟机总捕集贡献形成的排风浓度峰值，mg/m^3 或 ppm。

由式（12-10）可知，通过捕捉单一排风测点的直接捕集浓度峰值 C_1 和总捕集浓度峰值 C_2，即可实现吸油烟机直接捕集效率的测定。

从图 12-4 还可以发现，直接捕集浓度峰值 C_1 有一相对稳定窗口期 $[t_1, t_2]$。其中，起始时间节点 t_1 取决于直接捕集抵达并完全对流扩散均匀的时间，主要受热羽流抬升速度、吸油烟机安装高度等

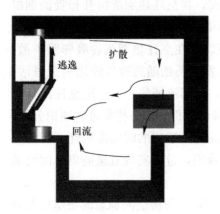

图 12-4   烹饪过程逃逸污染的运动扩散路径示意图

影响；终止时间节点 t_2 取决于回流捕集的抵达时间，其主要受厨房气流组织、厨房空间大小等影响。显然，在厨房复杂流场条件下，采用理论分析计算确定直接捕集浓度峰值 C_1 及其窗口期存在一定困难，而基于 CFD 动态数值仿真提供的排风浓度详细信息，则有望实现直接捕集浓度峰值 C_1 及其窗口期的准确捕捉，并可进一步指导吸油烟机直接捕集效率的实验测定研究。

由上述分析可知，基于时间分离的直接捕集浓度峰值法，有望推动建立一种无空间测点的、快速简易的吸油烟机直接捕集效率测定方法。

12.5　本章小结

（1）以吸油烟机局部排风的源头直接捕集能力和全面排风的空间稀释排污能力独立评价为导向，建立了吸油烟机直接捕集效率、回流捕集效率这两个指标；进一步实现了传统排污效率的重构，即排污效率由直接排污效率（源头直接捕集贡献）和回流排污效率（空间回流捕集贡献）共同贡献而形成。

（2）分析明确了吸油烟机捕集效率科学辨识所面临的关键问题，即吸油烟机源头直接捕集与空间回流捕集准确分离量化的难题。

（3）从直接捕集/回流捕集的空间分离维度出发，通过空间回流污染的运动扩散分配机制研究，提出了回流污染通量分配系数及其确定方法，实现了回流捕集分离量化（即回流污染通量分配法）；同时，引入了数值分区虚拟净化方法，剔除了空间回流捕集的干扰，实现了直接捕集分离量化，形成了吸油烟机直接捕集效率精准辨识方法（即非烹饪区虚拟净化法）。

（4）从直接捕集/回流捕集的时间分离维度出发，明晰了直接捕集/回流捕集的动态形成机理，提出了基于时间分离的直接捕集效率计算方法（即直接捕集排风浓度峰值法），为吸油烟机直接捕集效率实验测定方法的建立奠定了可靠的理论依据。

参考文献

[1]　曹昌盛. 吸油烟机捕集效率辨识方法研究 [D]. 上海：同济大学，2024.

[2]　Changsheng Cao，Wuhao Xie，Yunfei Xia，et al. Direct capture efficiency of range hoods in the confined kitchen space [J]. Building Simulation，2022 (15)：1799-1813.

[3]　国家市场监督管理总局，国家标准化管理委员会. 吸油烟机及其他烹饪烟气吸排装置：GB/T 17713—2022 [S]. 北京：中国标准出版社，2022.

[4]　王诗琪，徐先港，董建锴，等. 油烟机捕集性能测试与评价方法 [J]. 家电科技，2022，(1)：22-27＋42.

[5]　曹昌盛，吕立鹏，高军，等. 家用吸油烟机捕集率实验研究 [J]. 暖通空调，2019，49 (7)：24-30.

[6]　US-ANSI. ANSI/ASHRAE. Ventilation and acceptable indoor air quality in residential buildings：standard 62.2-2016 [S]. Atlanta：ASHRAE，2017.

[7]　Chen R N，You X Y. Effects of chef operation on oil fume particle collection of household range hood [J]. Environmental Science and Pollution Research，2020，27：23824-23836.

［8］ Geerinckx B，Wouters P，Vandaele L. Efficiency measurement of kitchen hoods ［J］. Air Infiltration Review，1991，13（1）：15-17.

［9］ Lv L，Zeng L，Wu Y，et al. Effects ofhuman walking on the capture efficiency of range hood in residential kitchen ［J］. Building and Environment，2021，196（2）：107821.

［10］ Nagda N L，Koontz M D，Fortmann R C，et al. Prevalence，use，and effectiveness of range-exhaust fans ［J］. Environment International，1989，15（1-6）：615-620.

［11］ Revzan K L. Effectiveness of local ventilation in removing simulated pollution from point sources ［J］. Environment International，1986（12）：449-459.

［12］ Singer B C. Experimental evaluation of installed cooking exhaust fan performance ［R］. California：Lawrence Berkeley National Laboratory，2011.

［13］ Zhang J，Gao J，Wang J，et al. The performance of different ventilation methods in residential kitchens with different spatial organizations：A literature review ［J］. Building and Environment，2021（201）：107990.

［14］ Farnsworth C，Waters A，Kelso R，et al. Development of a fully vented gas range ［J］. ASHRAE Transactions，1989，95（1）：759-768.

［15］ Wolbrink D，Sarnosky J. Residential kitchen ventilation-a guide for the specifying engineer ［J］. ASHRAE Transactions，1992，98：1187-1198.

［16］ Kosonen R，Mustakallio P. The influence of a capture jet on the efficiency of a ventilated ceiling in a commercial kitchen ［J］. International Journal of Ventilation，2003，1（3）：189-199.

［17］ Risto K，Panu M. Analysis of capture and containment efficiency of a ventilated ceiling ［J］. International Journal of Ventilation，2003，2（1）：33-43.

［18］ Li Y，Delsante A. Derivation of capture efficiency of kitchen range hoods in a confined space ［J］. Building and Environment，1996，31（5）：461-468.

［19］ Li Y，Delsante A，Symons J. Residential kitchen range hoods-buoyancy - capture principle and capture efficiency revisited ［J］. Indoor Air，1997，7（3）：151-157.

［20］ Huang R F，Dai G Z，Chen J K. Effects of mannequin and walk-by motion on flow and spillage characteristics of wall-mounted and jet-isolated range hoods ［J］. Annals of Occupational Hygiene，2010，54（6）：625-639.

［21］ Jansson A. Local exhaust ventilation and aerosol behaviour in industrial workplace air ［D］. Sweden：Kungliga Tekniska Hogskolan，1991.

［22］ Kim Y S，Walker I S，Delp W W. Development of a standard capture efficiency test method for residential kitchen ventilation ［J］. Science and Technology for the Built Environment，2018，24（2）：176-187.

［23］ Kim Y S，Walker I S，Delp W W. Development of a Standard Test Method for Reducing the Uncertainties in Measuring the Capture Efficiency of Range Hoods ［R］. California：Lawrence Berkeley National Laboratory，2019.

［24］ Madsen U，Breum N，Nielsen P V. Local exhaust ventilation—a numerical and experimental study of capture efficiency ［J］. Building and Environment，1994，29（3）：319-323.